基礎飯店管理

郭防 主編

崧燁文化

目錄

第三章 飯店管理的理論基礎

第一章 飯店概述

本章重點

　　旅遊飯店是旅遊業的重要組成部分，它是一個國家旅遊業的物質基礎，是獲得旅遊經濟收入的重要來源。今天飯店業在很多國家已發展成為重要的經濟支柱產業。飯店業屬於第三產業，隨著一個國家現代化程度的日益提高而提高，第三產業在其國民經濟中所占的比重會隨著國民所得提高而越來越大。本章主要介紹飯店的概念與主要功能，飯店的特點與類型，飯店發展的歷史，飯店集團的經營優勢和成功飯店集團的管理經驗等有關內容。

教學目標

　　1. 向學生講解飯店的概念和功能

　　2. 使學生明確飯店的特點和類型

　　3. 幫助學生認識飯店業的發展歷史

　　4. 幫助學生認識飯店集團的經營優勢和管理經驗

▌第一節 飯店的概念、功能與特點

　　飯店是旅遊業的重要組成部分，是在傳統飲食和住宿產業的基礎上發展起來的服務性企業，它是一個國家發展旅遊業的物質基礎，是獲得旅遊經濟收入的重要來源。作為旅遊供給的重要要素，飯店成為旅遊業經濟活動中必不可少的物質條件和重要的產業支柱，在國民經濟中發揮著越來越重要的作用。飯店業屬於第三產業，在其國民經濟中所占的比重將越來越大。這裡，我們先來研究一下飯店的概念、功能和特點。

一、飯店的概念

　　飯店（Hotel）一詞源於法語。原意是指貴族在鄉間招待貴賓的別墅，後來歐美國家沿用了這一名稱。現在，Hotel 已成為一個國際性的概念。在

亞洲國家還有賓館、酒店的叫法。無論何種叫法，不論設施是簡單還是豪華，飯店都必須具備提供餐飲和住宿的基本能力。除此之外，現代化飯店還具有滿足客人購物、通訊、商務、健身、旅遊等各種功能。國外的一些權威辭典對飯店下過這樣的定義：

飯店是在商業性的基礎上向公眾提供住宿，也往往提供膳食的建築物。

——《大不列顛百科全書》

飯店是裝備好的公共住宿設施，它一般都提供膳食、酒類與飲料以及其他的服務。

——《美利堅百科全書》

飯店是提供住宿，也經常提供膳食與某些其他服務的設施，以接待外出旅遊者和非永久性居住的人。

——《韋伯斯特美國英語新世界詞典》

飯店是提供住宿、膳食等而收取費用的住所。

——《牛津插圖英語詞典》

飯店一般地說是為公眾提供住宿、膳食和服務的建築與機構。

——《科列爾百科全書》

從上述定義來看，作為一個飯店，應該具備以下四個條件：

（1）它是由一個建築物或諸多建築物及裝備好的設施組成的接待場所；

（2）它必須是經政府批准的，能夠提供住宿、餐飲及其他服務的接待場所；

（3）他的服務對象是公眾，主要是外地旅遊者，同時也包括本地居民和半永久居住的人；

（4）它是商業性的服務企業，以營利為目的。

　　綜上所述，我們可以給飯店下這樣一個定義：飯店是以接待性建築設施為依託，為公眾提供食宿及其它服務的商業性的服務企業。今天的飯店已成為人們的社會活動中心、商務活動中心與休閒活動中心。

　　飯店這一定義包含了多層含義：

　　第一，飯店是一個經濟組織。飯店是商品經濟的產物，按照資本增值的特性和規律，使投宿設施的資本得以運動的這個實體就變成了飯店企業。

　　第二，飯店是從事旅遊接待服務活動的經濟組織。飯店以有形的空間設備、產品和無形的服務效用為賓客提供服務，滿足其投宿活動的需要。他有其自身的客觀規律，與工商企業、金融企業等其他經濟組織是有區別的。

　　第三，飯店是一種獨立的經濟組織。飯店作為一個企業的主要標誌是：必須擁有一定的資金和設備，有法人地位，獨立核算，自負盈虧。由此可見，飯店和一般行政事業單位有所區別，因此，要使飯店具有生機和活力就必須承認它是一個相對獨立的旅遊企業，在業務經營活動中具有獨立性和自主權。

二、飯店的功能

　　飯店的功能是指飯店為滿足賓客的需求而提供的服務所發揮的效用。飯店最基本、最傳統的功能就是住宿和餐飲的功能。飯店的這些功能滿足了賓客在旅途生活中的基本需求，並為旅遊業的發展提供了基礎。同時飯店業透過為賓客提供的食宿服務獲取利潤。

　　為了滿足賓客的各種需要，現代飯店正朝著多功能綜合性的方向發展。現代飯店除了滿足賓客住宿和餐飲需求外還設有商場、健身房、會議廳等設施，從而使飯店成為當地的社交、商務、購物、旅遊活動的中心。同時還具有提供舉行記者招待會、商品展銷會、時裝發表會、各種團體年會等活動場所的多種功能。

　　現在飯店的功能和服務項目還在增加，如商場部從為賓客提供商場購物，發展到幫助賓客訂購產品；飯店的游泳池從公共游泳池發展到多型號、多水溫的游泳池；健身房從公共健身房發展到客房健身服務。國外有些高檔飯店

還附設有直升飛機場和小型飛機場。隨著飯店與通訊服務業、航空運輸業、食品行業等行業的合併，飯店將會具有更多更新的設施和服務功能。總的來說，飯店的功能主要有：

（一）住宿功能

飯店為遊客提供多種客房（標準房、單人房和套房），包括床位、洗手間和其他生活設施。以清潔、舒適的環境和熱情、周到的服務，使遊客在旅途中得到很大的便利和很好的休息，獲得「賓至如歸」的感受。

（二）餐飲功能

飯店一般設有不同的餐廳，以精美的菜食，良好的環境、可靠的衛生條件和規範的服務，向遊客提供包餐、風味餐、自助餐、點菜、小吃、飲料以及酒水、宴會等多種形式的餐飲服務。

（三）商務功能

商務型飯店為商務旅遊者從事商務活動提供各種方便快捷的服務。飯店設置商務中心、商務樓層、商務會議室與商務洽談室，提供傳真，國際、國內直撥電話等現代通訊設施。當今更是出現了客房商務化的趨勢，傳真機、兩條以上的電話線、與電話連接的影印機、電腦網路 WIFI。有的飯店有電子會議設備，設有為各種聯絡所需要的終端。未來的飯店將透過高科技的武裝而更加智慧化、訊息化，從而使商務客人的各種需求得到更大的滿足。

（四）渡假功能

隨著渡假旅遊市場的興起和不斷發展，對渡假型飯店的需求日益增長。渡假飯店一般位於風景區內或附近，通常注重提供家庭式環境，客房能適應家庭渡假、幾代人渡假以及獨身渡假的需要，娛樂設施也很齊備。著名的旅遊勝地夏威夷和加勒比海地區的飯店，決大多數屬渡假飯店。

（五）會議功能

飯店可為各種從事商業、貿易展覽、科學講座等客人提供會議、住宿、膳食和其他相關的設施與服務。飯店內有大小規格不等的會議室、談判間、

演講廳、展覽廳。會議室、談判間都有良好的隔板裝置，並能提供多國語言的同步翻譯，有的飯店還可以舉行視訊會議。

（六）家居功能

飯店是客人的「家外之家」，應努力營造「家」的氣氛，使入住飯店的客人感到像在家裡一樣親切、溫馨、舒適、方便。尤其是公寓飯店，一般帶有生活住宿性質，主要為常住客服務，價格便宜，自助服務設施齊全（如自助廚房、自助洗衣等），客人自由方便，家居功能尤為典型。

此外，飯店還具有娛樂健身功能、通訊和訊息集散功能、文化服務功能、商業購物功能等。可見，現代飯店已不僅僅是住宿產業，而是為旅遊提供多種服務、具備多種功能的生活產業。

三、飯店的特點

（一）飯店企業的服務性

飯店是提供勞務的服務企業。通常說的飯店產品，是飯店有形的設施和無形的服務的有機結合，是勞務服務為主，設施設備為輔。飯店產品中的實物部分，實際上只發揮促進服務和銷售的作用，習慣上被看作是「助銷產品」。因此，從本質上講，飯店生產和銷售的只是一個產品——服務。服務產品所具備的無形性、生產消費的同時性、價值不可儲存性、品質的不穩定性等特徵，決定了飯店與其他行業有著不同的特點。

（二）飯店業務的綜合性

飯店是一個具有綜合能力的企業。現代飯店不僅要滿足顧客的住宿和飲食的基本要求，還需要同時滿足不同客人的多種消費需求。如商業貿易、會議、渡假、健身、娛樂、購物、貨幣兌換、票務等等。因此，飯店必須提供相應的設施和服務來滿足客人多種多樣的需求。綜合飯店已經是飯店競爭的重要手段，一家飯店的多功能越完備，就越能滿足客人多樣化的需求，獲得更多的客源。

　　所謂飯店業務的綜合性是指飯店產品不是有一個部門所能提供的，它是所有部門提供的使用價值的綜合體。雖然從表面上看，各個部門提供各自的使用價值，如客房、餐飲等，但由於各部門獨立的業務和使用價值都包容在飯店的整體中，他們不過是整體中的一部分；而飯店各部分業務的組合也不是隨意的，相反具有一定的科學性與規律性。另外賓客在飯店的消費往往不是單一的，他們得到的服務絕不會是某部門的單一服務。再者說每一部門使用價值的產生和業務的運行都要涉及其他部門，要和其它部門相聯繫，同時，各部門之間的業務又具有共進性，當一個部門的業務很繁榮，那麼對其他部門的業務也會有促進，反之亦然。因此，飯店提供給賓客的滿意的飯店產品，是由飯店各部門共同提供的。

（三）飯店業務的文化性

　　探求異地文化是旅遊者的共同需求。這裡的文化是通常所說的大文化，是指有地域、民族、歷史、政治所決定的人類知識、信仰和行為的整體，它包括語言、思想、信仰、風俗習慣、禁忌、法規、制度、工具、技術、藝術、禮儀、意識及其他有關成分。旅遊飯店作為旅遊者在旅遊過程中居留的場所，不僅應該是客人的物質消費場所，更應該是客人感受異地文化的精神場所。飯店應該積極營造良好的文化氣氛，要倡導主流文化、健康文化、特色文化。透過外在的、有形的店景文化和內在的企業文化的建設，豐富飯店的文化內涵，使飯店勞務昇華成為一門服務藝術，把飯店服務產品中的使用價值，推進到具有文化附加值的新境界，使客人在多彩的飯店文化氛圍中，感受到精神的享受和愉悅。

　　飯店業務的文化形式由飯店企業的特殊性所決定的。

　　1. 飯店接待的對象絕大部分是旅行者。旅行者外出旅行的一個共同動機是探求異地文化。飯店自然而讓成為了他們感受異地文化的一種途徑。

　　2. 飯店生產和銷售的是無形產品。無形產品的使用價值包含了環境文化、氛圍營造、服務的附加價值。無形產品給賓客的不僅是旅居或社會需求的滿足，還給予賓客精神享受和心理感受上的滿足。這種享受和感受主要靠文化的魅力和影響力。

第二節 飯店的類型與等級劃分

一、飯店的類型

由於地理位置的不同，世界各地的飯店根據功能、設施、客源、特點、計價方式的不同，有以下幾種基本類型。

（一）根據飯店的功能分類

1. 商務型飯店（commercial hotel）

商務性飯店主要接待商務客人、旅遊客人及因為其他原因只作短暫停留的客人。這類飯店通常位於城市中心、商務中心或當地政府辦公機構附近，一般等級較高。此類飯店在設施上比較豪華、舒適，服務設施齊全，設有商務中心，可向客人提供影印、電傳、祕書、翻譯等服務項目。還設有各類會議廳、宴會廳及商務套房和行政樓層。

2. 會議型飯店（convention hotel）

會議型飯店的主要接待對象是各種會議團體。會議賓館平均每天消費額一般高於單獨商務客，會議型飯店通常設在大城市和政治、經濟中心，或交通方便的遊覽勝地。要求飯店設置足夠數量的多種規格的會議廳或大的多功能廳，有的飯店還設展覽廳。會議飯店還應具備會議設備，如投影機、錄放影機設備、擴音設備和先進的通訊、視聽設備和同聲傳譯裝置。會議飯店一般都配備專門的會議工作人員幫助會議組織者協調和組織會議各項事務，要求飯店提供高效率的接待服務。

3. 渡假型飯店（resort hotel）

渡假型飯店多位於海濱、湖畔、山區、森林、海島或溫泉附近，遠離城市，而且交通便利。以接待遊樂、渡假的客人為主。開設的服務項目主要以體育娛樂項目為主，如滑雪、騎馬、狩獵、划船、潛水、衝浪、網球、高爾夫球等，這些活動的吸引力是一個渡假飯店成功的關鍵。渡假飯店最多的地方是加勒比海和夏威夷等地。近年來，在許多飯店業發達的國家，還出現了渡假型與商務型相結合的飯店，而且被認為是當代飯店設施發展的方向。

4. 長住型飯店（residential hotel）

長住型飯店的建築布局與公寓相似，因此這類飯店也叫公寓旅館。飯店客房多採用家庭式設備布局，並提供廚房設備供賓客自理飲食。此類飯店的賓客通常長期或永久居住，因此其主要市場是在當地短期工作或渡假的客人或者家庭。飯店在服務上力求營造家庭是氛圍，服務特點是親切、周到、針對性強。

5. 汽車飯店也稱汽車旅館（motel）

汽車飯店崛起於第二次世界大戰以後，常見於歐美國家公路幹線上，備有免費的停車場，價格比較低廉。早期的汽車飯店設施簡單，規模較小，以接待開車旅行者投宿為主。現在，汽車飯店已向豪華方向發展，除可提供給客人基本的食宿外，還提供現代化的綜合服務。在美國，假日飯店集團霍華德約翰遜集團等均擁有大量的汽車飯店。

（二）根據飯店的計價方式分類

1. 歐式計價飯店（European plan hotel）：目前世界上大多數酒店都在使用此種計價方式。這主要是為了便利客人。收費是以房間費用為準，不包括三餐費用。

2. 美式計價飯店（American plan hotel）：以房間與三餐費用合併計價為準，渡假型飯店較多採用這種方式。

3. 修正美式計價飯店（Modifide American plan hotel）：收費包括房費和兩餐費用在內。

4. 歐陸式計價飯店（Continental plan hotel）：收費包括房費和歐式早餐費用。

5. 百慕達式計價飯店（Bermuda plan hotel）：收費包括房費和美式早餐費用。

（三）根據飯店的規模分類

1. 大型飯店（large hotel）：亞洲國家房間數在 100 間至 299 間，歐美國家客房數在 600 間以上的。

2. 中型飯店（medium hotel）：亞洲國家房間數在 30 間至 100 間，歐美國家房間數為 300 至 600 間。

3. 小型飯店（small hotel）：亞洲國家房間數在 30 間以上，歐美國家在 300 間以下。

（四）其他分類方法

1. 按建築投資費用分類

每個標準間的建築費用在 2～4 萬美元為中低檔飯店；每個標準間的建築費用在 4～6 萬美元為中檔或中檔偏上飯店；每個標準間的建築費用在 8 萬美元以上為豪華飯店。

2. 按生產資料所有制分類

生產資料歸國家的為公有制飯店；有兩個或兩個以上的投資者聯合經營的為合資飯店；有外國投資者在該國境內開設的投資飯店為外資飯店；由私營企業和個人投資經營的飯店為私營飯店；獨立的飯店之間的聯合形式為飯店聯合體。

二、飯店的等級劃分

飯店等級是指一家飯店的豪華程度、設施設備水準、服務範圍和服務性質等方面所反映的級別與水準。不同國家或地區的飯店，通常根據飯店的位置、環境、設施和服務等情況，按照一定的標準和要求對飯店進行分級。大多數國家採取的是「五星制」，即由低到高分為一星到五星。星級越高，設施和服務越好。

（一）飯店的分級方法

目前國際上採用的飯店登記制度與表示方法大致有以下幾種：

1. 星級制

星級制是飯店根據一定的標準分成的等級,用星號(★)表示,以區別其等級的制度。比較流行的是五星級別,星越多,等級越高。這種星級制在歐洲採用的最為廣泛。

2. 字母表示方法

許多國家將飯店的等級用英文字母表示,既 A、B、C、D、E 五級,A 表示最高級,E 表示最低級。也有用 A1 或豪華級來表示。

3. 數字表示法

用數字表示飯店的等級一般採用最高級用豪華表示,然後由高到低依次為 1、2、3、4,數越大,檔次越高。

(二)星級規定的主要內容

規定的主要內容有以下幾點:

1. 星級評定目的和等級劃分

評定目的是符合國際標準,保護旅遊經營者和旅遊消費者的利益。飯店的等級按一星、二星、三星、四星、五星劃分,星級越高,等級越高。

2. 星級評定範圍

凡準備開業或正式開業不滿 1 年的飯店,給予定出預備星級,正式開業 1 年以上的正式評定星級。

▌第三節 飯店產品的概念

飯店產品是飯店企業賴以生存和發展的基礎,是飯店生產經營系統的綜合產品。飯店產品對開拓旅遊市場,引導市場消費,提高企業在旅遊市場的競爭地位,都發揮關鍵的作用。

一、飯店產品的概念

一般的市場產品是一種有形的產品，它是透過產品本身的外型包裝、品質規格、性能、品質信譽、售後服務以及合理價格和商品的使用價值來贏得顧客的歡迎和大量銷售。

作為旅遊業的個體──旅遊飯店的產品是一種特殊的服務產品，它主要由飯店的服務項目、服務品質、服務範圍、服務設施及服務環境或稱飯店的整體氛圍構成的。確切地說，飯店產品是指飯店出售的能滿足旅遊者需要的有形物品和無形服務的總稱。它是透過飯店服務人員的熱情周到服務和令人滿意的服務技藝、技巧以及準確無誤的服務程式和品質標準向下榻在飯店的賓客提供住、食、行、娛、購等綜合服務。它包括有形的設施和無形的服務。

二、飯店產品的構成

從顧客的角度講，飯店產品是一段住宿經歷。顧客的這段住宿經歷是個組合產品，由三部分構成：

一是物質產品，指顧客實際消耗的物質產品，如食品、飲料等；

二是感覺上的享受，它是透過住宿設施的建築物、家具、用具等來傳遞的。顧客透過視覺、聽覺、嗅覺等領略物質享受；

三是心理上的感受，指顧客在心理上所感覺到的利益，例如地位感、舒適感、滿意程度、享受程度等。顧客在飯店這段住宿經歷品質的好壞主要取決於飯店產品的物質形態和無形形態，如建築物、家具、部件、食品、飲料以及飯店提供的各種服務，也取決於顧客主觀的經歷和看法。

從飯店的角度講，飯店產品是由飯店有形設施和無形服務兩部分構成的。有形的設施，是向賓客提供舒適、清潔、方便、安全服務的物質基礎。它包括大廳設施、飯店的空間環境、飯店的外觀形象、飯店的整體內裝修及客房的裝飾、健身房及康樂中心設備、商務中心設施、公共服務中心和餐飲設施等。

　　無形的服務，主要指服務員的儀表、儀容、儀態，服務員的服務態度、服務員的技能技巧，服務員的程式、標準，服務員的交際能力、知識視野、應變能力，服務員的服務效率及服務效果等。

　　它主要涉及以下幾個部分：

　　1. 飯店的地理位置：指飯店與機場、車站的距離，周圍的環境，距遊覽景點和商業中心的遠近等。飯店地理位置的好壞意味著交通是否方便，周圍環境是否良好。有的飯店位於城市中心商業區附近，也有的位於風景名勝區，不同的地理位置構成了飯店產品不同的內容。

　　2. 飯店的設施：飯店設施是飯店產品的一個重要組成部分。它是指飯店的建築規模、各類客房、商務套間、豪華套間、總統套房，各類別具特點的中餐廳、風味廳、速食廳、麵包房、會議廳、娛樂設施等。在不同類型的飯店中，它們的規模、大小、面積、接待量和容量也不相同，而且這些設施的裝潢和所體現出的氣氛也不一樣。

　　3. 飯店的服務：包括服務內容、方式、態度、速度、效率等。不同星級飯店的服務種類及服務水準是不可能完全相同的。

　　4. 飯店氛圍：指現代化裝飾的豪華設施配上不同格調的園林布局和不同檔次的壁畫、藝術品以及與之相適應的服務員的服飾打扮給顧客的總體印象。

　　5. 飯店形象：指賓客對飯店產品的一致看法，它是由飯店設施、服務和地理位置等多個因素共同創造的。飯店透過銷售與公關活動在公眾中所形成的良好形象，涉及飯店的歷史、知名度、經營思想、經營作風、產品品質與信譽度等諸多因素。

　　6、飯店的價格。價格表現了飯店透過其地理位置、設施設備、服務和形象給予客人的價值。

　　飯店一向把有形的設施和無形的服務當成企業的生命。因為沒有現代化的服務設施，沒有高品質的服務，就意味著企業沒有顧客，而沒有客源，企業也就無法生存。所以，現代飯店歷來都高度重視飯店設施的改善和服務品

質的提高。只有將高品質的有形設施和優質的服務有機的結合起來，才能使飯店的產品得以實現。

三、飯店產品的特點

旅遊者所購買的飯店商品，即有與其他產品相同的屬性，又有不同於一般產品的特殊性。飯店產品的特殊性在於：

（一）飯店產品的不可儲存性

飯店產品不存在獨立的生產過程，而是透過服務或勞務直接滿足賓客需要的，只有當賓客購買它並在現場消費時，飯店產品才能實現其價值。他不像一般的商品那樣，一是銷售不出去可以儲存起來以後在賣。而像客房、餐飲、娛樂等產品一天賣不出去其價值就無法實現，也不能在第二天重新彌補損失。因此飯店行家把客房產品稱為「只有 24 小時生命的產品」。鑒於飯店產品的這種特性，飯店必須十分關心自己商品的使用率，要採取措施，使用靈活的價格政策和推銷手段擴大飯店產品銷售量，以獲得更大的收益。

（二）飯店產品的不穩定性

產品品質具有不穩定性，是相對於一般產品而言。一般工業產品有一定的工藝規程，相對來說產品品質的穩定性較強。而飯店產品的品質很大程度上取決於服務人員對客人提供的面對面的服務上，服務員的情緒波動往往很大，所以飯店產品的品質不容易穩定。因此要求飯店制定並執行嚴格的品質標準，培養員工良好的服務意識、服務知識、服務技能和職業道德與職業習慣，協調好內部的人際關係，推行以人為本的管理方式，培養良好的企業精神和員工士氣，是提高和穩定飯店服務品質的重要途徑。

（三）飯店產品的脆弱性

這常常表現在飯店產品價值的實現上，要受到自然的、政治的、經濟的和社會等諸多因素的制約和影響。例如自然環境中的地震、疾病，經濟因素中的世界性經濟危機，政治因素中的戰爭，動亂等等，都會導致旅遊的停滯，使飯店產品極少有人問津。

（四）飯店產品的生產與消費的同步性

飯店產品在空間上都以旅遊者的目的地為活動為舞台，時間上幾乎是同時發生和同時結束的。這一特性注定了飯店與整個旅遊業有著相互依存的關係。飯店除了應積極配合整個旅遊業以外，還必須提高飯店產品的品質，提高本飯店產品在賓客心目中的地位，以樹立其良好的形象。另外飯店的這一特性還注定了飯店的生產經營必須受到區域性的限制，市場範圍受到一定的侷限，所以飯店必須既重視銷售的環境，也重視生產環境。並要求飯店服務員重視現場銷售的機會，要努力向賓客介紹推薦飯店產品，在各自的職位上造成促銷作用。

（五）飯店產品的綜合性與季節性

表現在飯店產品是由設施設備和服務組成，不僅包括物質產品還包括精神產品不僅要提供食宿產品和服務還要提供行、遊、溝、娛訊息等多種產品和服務。飯店企業從綜合性角度出發，應盡可能滿足旅遊者不同空間、不同時間的多方面的需求，把各種不同的服務聯繫在一個不間斷的服務序列中去，使每一個服務環節納入綜合的服務鏈之中，使旅遊者獲得物質、感官、心理等多方面的享受。

▌第四節 飯店業發展的歷史、現狀與趨勢

一、飯店業的發展歷史

飯店業的發展經歷了一個漫長的過程。伴隨旅遊活動的發展和社會經濟的進步，飯店業的發展走過了客棧時期、大飯店時期、商業飯店時期和飯店聯號時期四個階段的歷程。

（一）客棧時期

客棧時期是指從住宿業產生直到 19 世紀中葉的漫長的歷史時期。

在公元前 11 世紀到公元前 8 世紀的西周時代，中國人就已建成了 3000 都公里長的驛道。羅馬帝國更擁有四通八達的公路網，在這些大道沿途，出

現了許多早期食宿設施，也稱「傳舍」、「驛站」，其中有一些後來慢慢演變為客棧。客棧真正流行是在 12 世紀以後，盛行於 15-18 世紀。他是現代意義上旅館的雛形，主要指鄉間或路邊的小客棧、小旅店，供沿途經過的傳教士、信徒、外交官吏、信使、商人等旅行者寄宿之用。早期的客棧只提供簡陋的住宿設施與簡單的食物，但衛生條件不盡如人意，而且安全性差，住店客人被偷、搶的事件時有發生。

客棧時期歷經的時間很長，其特點是：規模小，設施簡陋，服務項目少，品質差，房租低廉，安全性能差。

（二）大飯店時期

大飯店時期又稱為豪華飯店時期。18 世紀末，英國的產業革命帶來的一系列技術革命為旅館設施的革新創造了良好的條件，紡織業的發展使旅館主可以負擔購置大量部件的費用。電話、電燈等一系列發明也被應用於旅館業，使服務更快捷，飯店更美觀。

在 19 世紀初世界第一座豪華型旅館在德國建成，它就是巴登別墅。隨後歐美的大多數城市裡，都大興土木爭相建造豪華飯店。其中著名的有柏林的凱撒大飯店、巴黎的巴黎大飯店和羅浮宮大飯店、瑞士日內瓦的拜格大飯店、倫敦的薩依伏大飯店、紐約的官場飯店等。這些飯店的共同特點是都具有宏偉的外觀與極其講究的室內裝飾，應用宮廷中的餐飲服務方式，大量使用製造精細、品種繁多的銀餐具。

這一時期值得一提的是建於 1821 的美國波士頓的特里蒙特飯店。這家飯店在涉及管理上有許多創新，極大影響了歐美飯店業的發展，為整個新興的飯店行業確立了明確的標準。特里蒙特飯店擁有 170 間客房，並第一次把它們分為單人間和雙人間；另外它還第一個設立前廳，把拴有小鐵片的鑰匙房卡交給客人自行保管，客人再也不必在酒吧櫃臺上進行登記了；第一次在客房內設計了洗漱間備有臉盆，並免費提供肥皂。餐廳設有 200 個座位，供應法式菜餚，服務人員訓練有素。特里蒙特飯店由此文明，成為飯店歷史上的里程碑。

這一時期飯店經營者中最具代表性的人物是瑞士人塞薩·裡茲，它首先提出了「客人永遠不會錯的」經營理念。他所經營的飯店是豪華飯店的代表。因此後來 Ritzy 一詞成為非常豪華、極其時髦、講究排場的代名詞。

總結大飯店時期的特點主要有：接待對象主要是王公貴族、豪門巨富與社會名流；建築上力求豪華，設備上配備先進，併力求為客人提供一流的服務；投資者的經營目的不完全是經濟效益，而是透過經營來滿足特權階層的虛榮心，以求得良好的社會聲響；管理開始從服務中分離。

（三）商業飯店時期

20 世紀初期商業飯店首先在美國出現。美國的埃爾斯沃斯·斯塔特勒被公認為商業飯店的創始人，後人稱其為「商業飯店之父」。他提出了飯店經營成功的根本要素是「地點、地點、地點」的原則，還提出「客人永遠是正確的」、「飯店從根本上來說，只銷售一樣東西，這就是服務」等至理名言。1907 年，他在布法羅城建成了一家由他親自設計並用自己名字命名的斯塔特勒飯店，開創了商業飯店的新時代。

斯塔特勒飯店共有 300 間客房，規模不算很大，房間價格便宜，一個帶洗手間的客房房價僅為 1 美元 50 分。斯塔特勒飯店還有很多新穎之處：每個房間內都配有浴室，並裝有浴巾掛鉤。每兩間客房的浴室背靠背相連，各層浴室韻味於同一個位置，水、暖、電管縣均集中安放在兩間浴室間；每間房間安放一部電話、一臺收音機、一個落地梳妝鏡；客房內有循環冰水，並免費洗熨客人衣物；每天提供一份免費報紙，房門鎖裝在門把手上，電燈開關安在門外；設置連同各樓層的郵件通道與防火安全門；房價公開，明碼標價。斯塔特勒的做法受到客人們的廣泛好評，斯塔特勒飯店也被譽為現代商業飯店的里程碑。

這一時期，隨著汽車在交通中的大量使用，開始出現了汽車飯店，但住宿設施十分簡陋。1925 年在加利福尼亞的聖路易斯·奧比斯波地區，出現了一家叫「邁爾頓」的飯店，這是最早使用「汽車旅館」這個稱號的飯店。

商業飯店時期是世界飯店是中極其重要的一個時期，也是世界各國飯店業最為活躍的時期，它從各方面奠定了現代飯店業的基礎。他的主要特點是：接待對象以商務旅行者及社會各界人士為主，飯店從豪華轉向方便、舒適、清潔、安全，且價格合理；飯店的擁有者與經營者逐漸分離，經營者講求經濟效益；廣泛採用最新的科學技術和材料來裝備飯店；服務開始面向大眾，講究技巧性與標準化；飯店業的法規日益健全。

商業飯店的出現為現代飯店業的發展打下堅實的基礎，飯店開始向連鎖化邁進。

（四）現代飯店時期

現代飯店時期於 20 世紀 50 年代至今。第二次世界大戰結束，世界經濟高速發展。生產力的提高使人們擁有更多的可支配收入與充分的閒暇時間，為外出旅遊創造了條件。加之航空業的發展為人們提供了高速舒適的交通工具，汽車在歐美國家更是走入百姓家庭，從而引起了人們對飯店需求的劇增，世界飯店業迎來了飯店發展的黃金時期。

20 世紀 60 年代中期，隨著國際旅遊業的發展，飯店資本迅速積累起來，出現了許多國際飯店聯號公司，它們以簽訂管理合約、授讓特許經營權等形式進行國內升值跨國的連鎖經營，同一聯號的成員不但使用統一的名稱、標識、管理方法和服務程式，更透過電腦預訂網絡壟斷客源市場和價格。世界著名的飯店聯號公司有：假日飯店集團（Holiday inns Corp.）、希爾頓飯店集團（Hilton Hotel Crop.）、喜來登飯店集團（Sheraton Crop.）、凱悅飯店集團等（Hyatt International）。由於這些飯店集團的出現使世界飯店也發生了巨大的變化。

現代飯店時期的主要特點是：飯店設施朝向更多樣、更完善的方向發展；市場結構的多元化帶來企業類型的多元化；世俗業的高額利潤加速了市場競爭，飯店業走向聯合集團化；管理日益科學化與現代化。

21 世紀，在人員管理上，體現企業人本管理精髓的「土壤學說」將替代原有的「屋頂學說」。所謂的「屋頂學說」，指企業提供許多資源，修建成

一個大屋，讓員工在屋裡面成長，企業替員工遮風擋雨；員工透過任勞任怨的工作來回報企業，企業和老闆的尊嚴神聖不能侵犯。而「土壤學說」則是指在現代飯店企業中，員工與企業的關係已經變成如下一種新關係：飯店企業有很多資源灌溉土壤，所有的員工在這片豐碩的土地上自然成長，接受風吹雨打，能夠長多高就可以長多高，企業是員工成長的「沃土」。

人本管理的最終目的不是以規範員工的行為為終極目標，而是要在飯店企業內部創造一種員工自我管理、自主發展的新型人事環境，充分發揮人的潛能。因此，未來的飯店企業將會更加注重提高員工的知識含量。在人員培訓上，將會以一種「投資」觀念捨得大投入。在飯店企業內部，將會建立一套按能授職、論功行賞的人事體制，透過員工的合理流動，發揮員工的才能；透過目標管理，形成一套科學的激勵機制，在企業內部做到自主自發；透過飯店企業文化，利用文化的滲透力和訴求力，培養忠誠員工，確保飯店企業人力資源的相對穩定，避免飯店因頻繁的人事變動而大傷元氣。

飯店服務定製化

跨入二十一世紀，飯店業將進入一個「消費者至上」時代。一個消費者將有十個不同的聲音，個性化、多樣化的消費潮流使每個消費者都希望透過購買、消費不同的產品或服務來表現出自己獨特的個性、品位和格調。因而，對於飯店而言，在提供各類服務時，就不能再將理想的服務模式定在規範化服務這一起點上，而應透過「量體裁衣」的方式為每一位消費者提供最能滿足其個性需求的產品或服務，即定製化的服務。

所謂定製化服務模式，就是飯店為迎合消費者日益變化的消費需求，營造出一種「特別的愛給特別的你」的「高尚」境界，以針對性、差異化、個性化、人性化的產品和服務來感動企業的諸多「上帝」的服務模式。

切實貫徹定製化服務模式，就要求飯店企業應深入細分客源，根據自身的經營條件選準客源市場中的一部分作為主攻對象；透過建立科學的客史檔案，靈活提供各種「恰到好處」的服務；強化客源管理；並以獨特的主題形象深入人心，在充分理解顧客需求、顧客心態的基礎上，追求用心極致的服務，和顧客建立一種穩定的、親近的關係。

飯店行銷網絡化

行銷網絡化指飯店企業在開展行銷活動時，要綜合利用「關係網絡」和「互聯網絡」，透過「人工網絡」和「電子網路」的互補，全方位構建飯店企業的行銷網絡。

「關係網絡」行銷區別於原先的行銷方式。這種行銷方式將行銷的重心轉移到如何吸引更多的賓客重複使用或購買飯店的產品或服務。它注重鞏固飯店和這些賓客的關係，以建立長期的交易關係作為行銷的目標。可見，它將飯店從片面追求短期效應的圈子中解放出來。「關係網絡」行銷的基礎是飯店向顧客提供各類附加利益，以附加值來增加飯店產品的價值。在飯店經營管理過程中，飯店應把客人超常的需要看作是增加價值的機會，而不是對正常工作的擾亂；飯店還可以透過減少顧客消費總成本的方法來增加客人的滿意程度，如減少顧客的貨幣成本、時間成本、體力成本和精神成本等。

現代飯店應充分發揮「互聯網絡」的互動優勢，靈活開展網路行銷，促進飯店業的持續發展。

飯店人員職業化

知識經濟就是人才經濟，人才是飯店企業的靈魂。因此，對人才的苛求將成為現代企業的最大願望。對於飯店企業而言，經過二十多年的發展，已經形成一套相對成熟的運行機制和管理機制，專業化管理的水準要求不斷提高，「入世」腳步越來越近，這就對專業的飯店從業人員尤其是管理人員提出了一種挑戰，要求有一種國際型、創新型、複合型的職業經理群體。在這種背景下，職業飯店人應運而生。他們一般具備豐富的飯店管理經驗、崇高的道德品質、優秀的經營意識、良好的心理素質、寬闊的知識結構，藉著這些資本，他們將會成為各大飯店趨之若鶩的追求目標。為強化從業人員的責任意識和風險意識，年薪制將會成為新世紀飯店的主要特徵之一，它將個人收入的高低和飯店收益的大小直接掛鉤，使得個人和企業成為息息相關的命運共同體。

為培育更多的優秀職業飯店人，飯店企業在對人力資源進行開發時，應根據市場的實際需求而靈活調整培訓方式、培訓重點，除了加強一般的飯店管理知識外，還應分析、學習國際化的管理經驗，並進行創新能力的開發和鍛鍊，培養一專多能的複合型人才。在人才利用上，應改變原先重經歷輕學歷，重能力輕潛力，重實用輕培訓的短視行為，建立能上能下、可進可出、自然吐固、自動納新、公平競爭、優勝劣汰的人力資源動態管理模式。

飯店設施設備科技化

在知識經濟時代，科技成為飯店企業生存和發展的資本。並且，為滿足現代人「求新奇、求享受、求舒適」的需求，飯店企業將會更多地應用各類新科技、新知識，強化現代企業的智慧個性。

首先，飯店企業可利用新科技加強飯店企業的訊息管理。在以訊息為主要驅動力量的現代社會，飯店企業可透過互聯網拓展飯店形象訊息；收集來自全球的各類所需訊息；滿足顧客尤其是商務顧客對訊息的強烈渴求。其次，飯店企業可利用新科技加強飯店企業的服務能力。飯店可將電視與電腦聯為一體，實現櫃檯和後臺的多項傳播，如有客人在櫃檯辦理好登記入住手續，客人一進房間，電視上即顯示「歡迎某某先生（小姐、太太）」字樣；客人外出歸來，電視螢幕能自動顯示留言、到訪、天氣等訊息。未來飯店借助於新技術，可大大改善各種設施設備，營造出一種無所不在的人性關懷，在提高客人舒適程度的基礎上提高客人的滿意程度。如床頭櫃可成為集電視、空調、燈光、窗簾啟閉於一體的電子控制中心，方便客人操作；漩渦式浴缸、按摩浴缸、溫泉浴缸以及可自由調節水壓、高度的噴淋設施將帶來一個全新的沐浴概念……科學技術還可提高員工的工作效率，使其適時適當地為客人服務，如服務人員只需坐在樓層的工作室注視紅外線感應即可知道客人進出房間的情況，無須敲門、按鈴或查看有無「請速打掃」等訊息牌。

再次，飯店企業可利用新科技加強飯店企業的控制管理。如開發智慧卡，加強客人的安全控制；也可利用各類多功能化的 IC 卡，方便客人在吃、住、行、娛、購等方面的消費。日本還生產設計出一種採用集成電路控制的小冰

箱，能自動記錄冰箱內每一種物品的存取，一旦客人結帳離房，冰箱就會自動鎖上。

第五節 現代飯店集團

飯店集團化經營是飯店企業在激烈的市場競爭中，擴大自身優勢，實現規模經濟，提高其競爭能力的一種重要方式。飯店集團是市場經濟內生的產物。他透過一種或幾種靈活的管理形式輸出企業具有優勢的價值活動，是飯店集團的優勢得到最大程度的發揮。

一、飯店集團化經營概述

飯店集團是指飯店電公司擁有或控制兩家以上的飯店，這些飯店使用統一名稱、相同標誌，實行統一的經營管理程式與服務標準，聯合經營形成的系統。21 世紀的飯店業無疑將是飯店集團化經營的世紀。

飯店集團最初出現在美國，本世紀 50 年代以來，隨著各大航空公司、跨國公司等對飯店業的介入，是飯店集團在世界範圍內有了很大的發展。最早的跨國飯店集團是 1902 年成立的「裡茲發展公司，是以歐洲著名的飯店管理大師裡茲的名字命名的。他的出現使得國際飯店業逐漸用」托拉斯「來代替 19 世紀下半葉興起的」卡特爾「壟斷形式。裡茲發展公司透過簽訂管理公司迅速在歐洲擴張，並於 1907 年以特許經營的方式獲得了美國紐約」裡茲 - 卡爾頓「飯店的經營權，隨後又在蒙特羅、里斯本、波士頓、開羅、約翰內斯堡等世界其他地方不斷擴充其飯店集團規模，成為當時世界最大的飯店集團之一。

二戰以後，國際飯店業開始政爭的大規模全球擴張。美國由於在戰爭中積累起來的大量財富開始了全方位的向世界輸出資本和產品，這也給了美國飯店業千載難逢的發展機會。美國最著名的國際航空公司泛美航空公司於 1946 年成立了全資子公司」洲際飯店公司「（IHC）。到 1982 年，泛美航空公司將 IHC 賣給大都會集團時，洲際飯店集團在全球已擁有了 109 家飯店。

1946 年成立的」希爾頓飯店公司「在美國收購了多家飯店集團後開始向美國以外擴張，在此後的二三十年的時間，美國其它新崛起的飯店集團，如：喜來登飯店公司、假日集團、馬里奧特等，也先後加入了飯店國際化的行列。與此同時，歐洲的飯店集團也在美國飯店集團的壓力下，從 50 年代開始逐步加入了飯店業國際化競爭的行列。美國的飯店集團一直壟斷著飯店業的國際市場，這種競爭格局一直持續到 80 年代，由於歐洲和亞洲的飯店集團的興起才被打破。

進入 80 年代以後國際飯店業發生了戲劇化的變化，隨著歐洲經濟共同體朝著單一市場邁進步伐的加快，歐洲飯店集團也加快了聯合與擴展的步伐，以抗衡美國飯店集團對歐洲市場的滲透，同時向世界各地投資，並在全球範圍內與美國的飯店集團展開了競爭到 90 年代，歐洲飯店集團已迅速成為國際飯店業的一支重要力量。

經濟迅速增長的亞太地區及該地區欣欣向榮的旅遊業為國際飯店業提供良好的投資場所和來自世界的源源不斷的客源。在過去的 20 年中，不斷良好的投資場所和來自世界各地的西方的飯店集團紛紛投資該地區，而且，以日本、香港和新加坡為首的亞洲本土的飯店集團也迅速崛起。他們還制定了更加雄心勃勃的全球化策略。這些亞洲飯店集團在發展的初期得益於亞洲相對廉價的勞動力，但很快他們就將競爭的重點轉移到了提高飯店的聲譽和服務品質上。如以香港為基地的亞洲四個主要的飯店集團——文華東方、半島、麗晶和香格里拉已當之無愧的出現在世界第一流飯店的名單上，而且他們都在試圖向亞洲和亞洲以外的地區擴張。1988 年 2 月，大都會集團將洲際飯店公司賣給了總部設在東京的集團，從而集團控制了洲際飯店 100% 的股份。這在國際飯店業中掀起了軒然大波，亞洲財團的巨資注入改變了國際飯店業的」遊戲規則「，這標誌著國際飯店業已不再是由歐美一統天下了。至 90 年代末，亞洲飯店集團已有了長足的發展，在一些地區市場上能夠與歐美相抗衡，隨著 21 世紀後這一地區的飯店業將更具活力和競爭力，從而推動亞太地區旅遊業的發展。

二、飯店集團的管理形式

國際飯店集團一般採取以下五種管理形式進行擴張。

1. 管理合約

飯店集團公司的出現和發展實際是兩權分離後，經營權獨立運動的結果，以企業的形式代替了單個的經理人員。管理公司使用統一的聯號、品牌、訓練有素的管理人員以及集團的預訂網絡，作為資源投入到飯店的經營管理中。一般來說，飯店集團指派包括總經理在內的各部門主要管理人員根據集團既定的經營覺得、管理方法、操作規程，負責飯店的日常管理活動，以保證達到該集團所確立的服務水準和風格特色。如果管理的是新建飯店，飯店集團通常還派人擔任工程顧問，併負責包括物資設備採購、人員應徵和培訓等開業前的準備工作。像希爾頓、喜來登、馬里厄特等世界知名的飯店集團都不同程度的採用管理合約的方式擴大規模。

這種管理形式是管理公司和業主之間採取利潤分成的方式，兩者共擔風險，這種方式較固定，可以使管理者與所有者利益一致、風險共擔。對於業主來說既是沒有管理能力也可以投資飯店，對於管理者來說可以透過最小成本擴大聯號網絡而且不用向業主付費，沒有所有權方面的風險。但是這種方式如果沒有比較嚴格的契約，就會出現兩權分離所帶來的一系列問題。

2. 特許經營

所謂特許經營，就是飯店集團向企業轉讓特許經營權，允許受讓者飯店使用該集團的名稱、標識，加入該集團的廣告推銷和預訂網絡，成為其成員。特許權轉讓者還在可行性研究、廣告宣傳、企業地點選擇、籌資、建築設計、熱源培訓、管理方法、操作規程和服務品質等方面得到指導和幫助。受讓者需向轉讓者支付特許權轉讓費、特許權使用費和廣告推銷費作為報酬，但在企業所有權和財權上保持獨立，不受飯店集團控制。近年來由於特許網絡的發展越來越多的獨立業主加入了特許經營，同時以協議其他管理形式為主的飯店集團也開始採用特許經營的形式。這種管理形式對於業主來說可以參加特許經營網絡的銷售，在營業前和營業階段可以得到特許者的指導；對於特

許者來說可以用最少量的投資擴大連鎖網絡，用最小的成本增加特許經營收入。這些優點會使特許經營雙方在市場經營中獲得相互關聯的優勢。特許者能憑藉自己的品牌和網絡迅速擴大。特許經營也並非十全十美，它也存在著不足之處，對於業主來說須承擔最大虧損風險，還需支付固定的特許費用；對於特許者來說對飯店品質標註和服務規範控制最小，營業收入侷限於特許經營酬金。

3. 聯號轉讓

飯店集團允許受讓者飯店使用該集團的名稱、標識並加入銷售和預訂系統，在其他方面並不進行干預，業主自己經營完全自主，受讓者向飯店支付固定的聯號使用費用後自由支配受益。對於業主來說這種方式的優點是能夠使用標識和預訂網絡系統也可同時保留自己的名稱，擁有完全的經營自主權可以獲得最大的財務受益；對於聯號轉讓的飯店集團來說可以用最少的投資擴大聯號網絡，以最小成本增加聯號使用權收入。

4. 租賃經營

飯店集團租賃業主的飯店經營支付業主固定租金具有完全獨立的經營權，租賃的範圍包括業主的飯店建築物設備家具以及土地等。優點是對於業主沒飯店經營能力也可以投資飯店，並且風險小。對於經營者具有可擁有獨家經營權可以用少量投資擴大聯號網絡等優點。同時業主也會面臨失去經營管理權、財務收入少，對於經營者缺點是面臨較高的經營風險租賃合約結束時會失去飯店經營管理權。

5. 飯店組織

飯店組織是由獨立的飯店業組成的，它們之間的聯繫僅僅是使用共同的預訂系統和組織為成員提供的有限的經營服務。各飯店的所有權與經營權獨立，只要支付使用預訂系統和相關服務的費用。他們一般採用同一公認的標識，統一訂房系統推行，統一的品質標準和一定程度的統一廣告宣傳等手段，與那些大飯店集團抗衡。隨著飯店全球預訂系統 GDS 的開通和網絡技術的發

展越來越多的獨立飯店加入到國際飯店組織中以求在競爭中生存和發展。飯店組織為獨立的飯店業提供了兩個優勢,透過全球預訂系統進入全球市場並細分市場的專業化。

其次是透過併購重組的資本經營途徑來推進飯店集團的成長與發育。20世紀90年代以來,世界範圍內的產業重組又掀起了新一輪的兼併和收購浪潮。飯店業受到這一大環境的影響,兼併收購此起彼伏,出現了許多金額巨大、意義深遠的兼併收購。這些兼併收購在很大程度上反映出了世界飯店業將來的發展趨勢,並將影響飯店業今後競爭格局的變化。1998年世界排名第一的聖達特公司就是透過一系列兼併收購活動得到不斷發展壯大的。

1980年,聖達特的前身HFS（Hospitality Franchise System,酒店特許連鎖系統股份有限公司）收購了當時在美國飯店聯號中分別列第三位和第七位的拉馬達（Ramada）和霍華得·約翰遜（Howard Johnson）;1992年HFS收購了天天客棧（Days Inns）;1993收購了超級汽車飯店8（Super 8 Motels）;隨後,HFS還收購了Red Carpet/Master Host Inns、Passport and Scottish Inns、Travelodge、Knight『s Inn及Park Inn等一系列飯店公司。1997年10月,HFS和CUC（美國國際旅遊服務公司）合併成為聖達特公司（Cendant Corporation）,成為世界上最大的酒店連鎖系統及國際旅遊服務公司,總資產為140億美元。2001年5月,聖達特出資9億美元收購了全球最大的渡假村管理公司FAIRFIELD（良園）;6月18日,它又出資29億美元成功收購了全球最大的航空業的全球分銷系統之伽利略系統。

值得注意的是,國際飯店集團的併購越來越具有跨國的背景,並成為進入一個新的國家和地區的主要途徑之一。例如,雅高收購的兩家經濟型飯店 - 紅屋頂客棧（Red Roof Inns）和汽車飯店6（Motel 6）都是美國公司;1998年4月,紐約的黑石飯店投資公司（Blackstone Hotel Investment）花費8.6億美元買下了倫敦的薩伏依（Savoy Group）的5家飯店。跨國收購的增加也表明飯店業中國際化經營的步伐加快了。1998年,巴斯在全球95個國家經營飯店;雅高的飯店分佈在72個國家;史達屋（Starwood）則

在全球 70 個國家擁有或經營飯店。飯店業生產力布局的特點內在地要求大型飯店公司開展跨國經營，從而促進了飯店業跨國收購的增加。正如希爾頓國際的執行長米歇爾所說，「如果你在布宜諾斯艾利斯沒有建立一家飯店，那麼，你就不能稱之為一個全球經營者」。

第三透過集團化發展，當前國際飯店市場的競爭已經發展到了品牌競爭階段，以品牌為代表的無形資產的增值已經成為國際飯店集團的策略目標之一。比如聖達特國際旗下經營著 Howard Johnson、Ramada、Days Inn、Super 等涵蓋高中低檔的 9 個飯店品牌，占領了全球飯店市場 22% 的市場份額。再比如 SCH 公司以 Inter-Continental、Crown Plaza、Holiday Inn、Holiday Express 等品牌分別主打豪華、高檔、中檔和經濟飯店市場。可以說，在今天的飯店市場上，那種不注重飯店品牌的內涵或者希望用一種品牌去包打天下的時代已經過去了。

第四，飯店集團將會越來越注重尋求與上下游企業、關聯企業、教育研究機構的互動，從科技與文化兩個方面打造自己的競爭力。由於歷史的原因，一般對於飯店集團的認識往往與飯店聯號（Hotel Chain）、飯店管理公司等業態混淆，導致了在飯店集團的實踐過程中也是水準一體化，甚至是在某一個區域內部的水準一體化為主。實際上，飯店集團首先具有企業的一般屬性，其核心支配力量是資本及其追逐利潤最大化的動機。國際飯店集團往往是透過水準、垂直、混合等不同形式的一體化途徑成長與發展的。至於究竟選擇哪一種成長路徑，則取決於當時的制度環境、市場環境以及企業自身的資源條件和策略取向。

三、成功飯店集團的管理經驗

1. 希爾頓飯店的信條和使命書

希爾頓在飯店業奮鬥了 60 年，1946 年它創立了希爾頓飯店公司，19479 年為了便於向海外擴張希爾頓有創立了作為希爾頓飯店公司子公司的希爾頓國際飯店公司，同年透過簽訂管理合約接管了加了比希爾頓飯店的管理工作開始向海外擴張，到 1997 年低希爾頓飯店集團已在全球 52 個國家擁有或管

理者 225 家飯店。他在他的一本名為《來做我的客人》的自傳中總結了他的經營信條和人生哲學。

七條信條：飯店聯號的熱飯店必須有自己的特點以適應不同國家不同地區的客人的需要，要做到這一點要選好的經理並賦予他們管好飯店所必需的權利；預測要準確，如人員使用成本預算等；大量採購；把飯店的每一村土地都變成盈利空間；管理人才的培養；加強推銷；希爾頓飯店間的相互幫助預訂客房。

希爾頓的十條人生哲學：尋找自己的特有的天資；胸懷大志敢想、敢幹、敢憧憬；誠實；對生活充滿激情；不要讓你佔有的東西佔有你；有了煩惱不要擔憂；要擔負起自己所生存的這個世界的全部義務；不要沉溺於過去；儘量尊重別人;不斷滿懷信心地祈禱。他對自己和員工的這些要求歸結為:勤奮、自信和微笑。

2. 喜來登十誡

創始人歐內斯特.亨德森，在 40 歲時才真正從事飯店行業。他在運營方面的始終遵循成本最小化、投資收益最大化的原則。他於 1937 年創建了喜來登飯店公司到 1998 年隸屬於斯塔沃德飯店集團的喜來登飯店在全球 57 個國家擁有或經營 320 餘家飯店，成為世界最大的飯店集團之一。喜來登的成功經驗與亨德森始終倡導的喜來登十誡是分不開的。喜來登十誡是：不濫用職權和要求特殊待遇；不要收取那些討好你的人的禮物；不要叫你的經理插手飯店的設計工作；不能違反已經確認的客房預訂；管理人員在沒有完全弄清楚確切目的之前不要向下屬下達命令；小飯店的成功經營經驗可能是大飯店的失敗教訓；為了做成交易不要放盡人家的最後一滴血；放涼的飯菜不能上桌；決策要靠實際計算與知識，不能只靠直覺；下屬出現差錯時，不要不問緣由的大發脾氣。

3. 假日成功之道

假日集團的創始人凱蒙斯韋爾遜先生於 1952 年建立了第一家假日飯店，他強調飯店的地理位置的重要性。創業初期飯店多建在高速公路附近面向中

產階級服務。韋爾遜假日集團首創了標準化與聯號經營，並在短短 30 多年的時間裡，從一個僅有幾家汽車旅館的假日公司發展成為世界上最大的飯店集團。到 1989 年的假日已在全球 52 個國家擁有經營和特許經營飯店 1605 家。假日的成功主要表現在以下幾個方面：堅持貫徹標準化管理，嚴格按統一的品質標準提供產品和服務，並為此制定了一套嚴格的品質標準保證體系，以確保聯號的每一家飯店都達到標準，以出售特許經營權的方式進行企業發展。60 年代由於假日集團的成功經營，愈來愈多的飯店購買它的特許經營權，這是集團將諮詢範圍初步擴展到了資產以外的各項服務，同時還提供系統的經營方法銷售網絡和管理制度。70 年代以後全球每年申請獲得特許經營權的飯店超過 10000 家，但經過嚴格的挑選只有其中很少一部分獲得批准。除進行成本控制儘量降低成本統一採購節約開支外，假日集團還在許多細節方面對成本進行控制，例如使用廉價的床單和地毯，收集碎肥皂作洗滌劑，使用節能鑰匙房卡電源開關等。在品牌上不斷進行創新，先後推出了皇冠型、庭院型、開放型飯店以適應不同的市場需求。另外在促銷方面假日集團還充分利用它所擁有的 Holidey-II 的電腦網絡系統為成員飯店提供方便快捷的預訂服務。假日以樸實無華、誠實可靠、堅持不懈、樂觀大度、熱性洋溢的精神造就了高素質的員工，也贏得了無數賓客對假日的信賴和滿意。

本章小結

作為全書的開篇之章，本章從一般意義上闡述了飯店的概念及飯店的產生和發展；揭示了飯店作為特殊企業所具有的特徵及功能；探討了飯店的現狀及未來的發展趨勢；介紹了世界著名的飯店集團，為以後章節的學習奠定了基礎。

思考與練習

1. 如何給飯店下定義？

2. 現代飯店應具有什麼功能？

3. 作為企業的飯店應具有什麼特徵？

4. 飯店分類有哪幾種方法？

5. 評定星級飯店的內容是什麼？

6. 飯店產品由哪幾部分組成？

7. 飯店業的發展經歷了哪幾個時期？

8. 簡述飯店業的未來發展趨勢？

第二章 飯店建築與設備

教學目標

1. 瞭解飯店建築造型的特點、組合方式和處理方法；

2. 理解和評價通曉飯店的主要功能區的結構布局；

3. 瞭解飯店設備系統的特點、作用以及主要的設備體系情況；

4. 探討飯店建築設計的發展趨勢和設備系統的發展趨勢。

▌第一節 飯店建築與結構布局

飯店的建築與設施設備是飯店的硬體，是飯店投資的主體和重要的經營資源，也是飯店產品的重要組成部分。而現代旅遊飯店的建築本身往往就是城市景觀中的一道靚麗的風景，許多現代化大飯店甚至代表了某一城市的形象。因此，飯店建築對飯店的經營者有著至關重要的作用。

一、飯店建築的選址

（一）飯店類型主要取決於城市的性質

飯店的空間、環境和服務設施，必須滿足客人的生活與活動的要求，不同性質的城市設置不同的飯店，配備相應的空間和設備，才能滿足不同客人的需求。

1. 旅遊勝地、世界名城，要有同等級的旅遊飯店，為賓客提供好的休息、餐飲和藉以消除疲勞的健身康樂設施，才能滿足可人的需要。

2. 商業重鎮、沿海港口城市，要有商務型飯店，有良好的通訊條件、商務活動場所。

3. 政治、文化中心，要有接待來訪貴賓的高級賓館，有滿足各級官員進行社交等活動的場所和相應的服務，以及一些特殊服務等。

4. 交通樞紐地區，要有滿足客人路過、中轉、候機、候車、侯船的飯店，可以只提供食宿服務，最好能提供有關航班、車次和船班的訊息。

5. 大城市入城幹道路口、長距離公路的中點，往往布局汽車飯店，提供住宿、餐飲，設有停車場，有修車、洗車、加油等服務，可設有一定的康樂設施。

6. 風景勝地，要有交通方便、風景好的渡假村。以小別墅或低層樓群形式為主，有集中的服務中心。

7. 會議多的城市，要有功能齊全、完善、設施較為詳盡的各類會議中心。

8. 使館、領事館和有眾多外商辦事機構的城市，要建有公寓式飯店，出租給較長時間暫住的客人。

（二）飯店規模取決於客源市場的情況

從城市各地段的性質來看，需要對那些要求提供住宿、餐飲服務的各類設施和場所進行評價，因為這些設施的規模、數量、等級、大小等因素直接關係到飯店的類型和規模。

（三）飯店的舒適度取決於城市地段的地理位置

1. 性質與規模

根據市場調查和基地選擇結果、根據主要經營方針，擬定接待旅客的層次、管理水準及酒店名稱的吸引力等，來確定酒店的性質、等級、規模與結構。應儘量符合所選定的基礎，一旦發現不足應及時對其進行調整和完善。

2. 同行競爭

要瞭解該區域內現有的酒店旅館設施情況與競爭對手的經營特色與狀況：是否有新建酒店的規劃，以及區域內飲食設施、規模特兒色、營業時間、顧客層次、消費單價、營業額、菜系和菜單內容等。

3. 人口與交通

還要調查該城市的居住人員情況，經濟人口和流動人口情況，應該是以人氣旺為佳。鐵路、航空及其它交通乘客的流動數量，交通的發展及可能改變的規劃，交通樞紐及交通工具的變化等。

4. 酒店結構

酒店結構也由市場需要，經營方式和等級來決定，除客房部分外，其它公共活動部分和飲食部分也占很大比例，高級的大型酒店應設有餐廳、商場、會議廳，游泳池，健身房，文化娛樂等各種設施，在餐宴內部還分不同的菜系特色，不同規模的廳事等。從經營角度講，酒店由收益部分和非收益部分構成。

當總建築面積確定之後，面積結構應精心安排以下幾個部分：客房部分包括單床房、雙床房、雙人房、各種套房等。餐飲部門包括主餐廳、副餐廳、主酒吧、俱樂部、雞尾酒室、咖啡室等，另外應包括與宴會有關的大、中、小宴會廳；其它營業部門，包括會議室、健身設施、三溫暖、美容、游泳池、洗衣部、商業中心等。非收益部分包括，大堂、總服務臺、辦公室、行李房、電話總機室、電腦室、倉庫、更衣室、醫務室、員工食堂、鍋爐房、停車場、洗車場等，以上這些應請專業人員設計建設為好。

5. 酒店規模

酒店的規模基本指標是建築面積和客房間數。這一方面取決與市場預測，同時也取決於基地條件，道路情況，地區類別。規模大小，還應該結合客房和其它部分按比例決定。不同性質等級，不同經營方式的酒店，比例都不相同。一般來說客房面積和其它配套面積各占百分之五十為妥。

6. 酒店的星級

酒店的星級，相當一部分取決於客源分析。國際上旅遊業發達的國家，如法國、瑞是西班牙、日本等多數以二星、三星級酒店，迎合國際國內大眾旅遊者的需要，就連香港二星、三星級酒店也占百分之六十左右。當然，在

大城市或者世界著名旅遊名勝區，四星、五星級酒店的生意也會很好的。因此，酒店需根據包括城市特點在內的各種因素來決定其性質和等級。

7. 地理要求

要觀察酒店選址的地理位置，道路交通，環境景觀，水文地質，以及地表情況，從而確定建築類型。

8. 地段和區域

城市中的地段和區域各具特點，如有需要提供住宿餐飲服務等各項設施及活動場所，就有酒店旅館的客源保證。對這些設施與場所的現狀與發展做出分析是地區評估的內容之一。除此之外，還要查看區域內的風景遊覽，文化活動、宗教活動、娛樂活動、體育活動等等。這些因素的規模、數量、大小，對酒店旅館的建造很有參考價值。

9. 城市類型

在建造酒店之前，先要對將建設酒店的城市類型作一評估。就一個城市性質而言，有大量批發商品銷售的商業型城市，是建造酒店旅館的理想地點。在觀光城市，也是建造酒店的理想城市，不過有一定的季節性。而消費型、生產型的城市對酒店需求就不如商業觀光型城市。另外，還應該從全國或大區域看城市的地位，與周圍城市的關係等。

（四）飯店建築選址適宜在下列地段

1. 經濟較為發達、交通條件好的地區

2. 交通便利、通達度高的地區

3. 接近市中心或鬧市區的地區

4. 環境安靜、具有一定私密性的地區

5. 風景優美的旅遊勝地

（五）飯店建築選址的評價

1. 基地面積、土地價格、地形地貌、市政設施條件

2. 與道路的連接、限制與規定

3. 街面的長度、深度與進出方向

4. 有關規劃、法規、規定對基地的限制

5. 基地的日照、通風、影印面積、周圍建築與環境、背景噪音等

6. 建成後飯店形像是否突出景觀效果

7. 汽車出入是否方便

二、飯店建築的造型

建築是第一個展示飯店文化的形象體。人們對飯店的最早印象和感觸從飯店的建築開始。從人們的感官接受順序來看，飯店建築的外形輪廓給人產生第一印象，人們視覺在一定距離內就能感受到飯店建築的作用。聳立在都市的高樓大廈、分佈在風景勝地的別墅小樓都以其獨特的建築造型啟示美、新、廳、特，體現出飯店的文化內涵和個性。所以在飯店的裝飾設計環節中，飯店的建築無疑造成整體、宏觀的效果。因為建築是任何飯店建設中最先出現的實體，它直接影響到飯店的文化定位、功能規劃、飯店周圍環境和內部空間的裝飾設計等後期工作。因此在飯店的規劃與設計環節中，飯店建築造型是首要考慮的問題。

（一）飯店建築造型的特點

建築造型是對構成空間實體的塑造。各類建築的內部空間有明確的物質功能、精神功能，以滿足人們的需求。民用住宅主要提供給家庭居住，公共設施向人們提供進行各種公共活動的場所，如音樂廳、體育館、博物館等。飯店建築屬商業性居住和公共活動的綜合性建築，不同於一般民用住宅和專業性的公共建築，以其獨特的造型成為當地的一道亮麗的風景線；它還是某種文化的展示櫥窗，向客人傳播不同國度、不同民族文化的精髓。所以飯店建築具備與其他建築不同的特點。飯店的設計應該體現真、善、美。總括起來飯店建築具有以下特點。

1. 功能性

飯店的建築造型設計首要考慮的是飯店建築的形狀和空間如何滿足客人的需求。建築造型不能脫離建築空間，建築空間必須依賴空間的整體布局，而整體布局應與整個飯店的動作協調。所以，不能單純考慮建築造型的藝術和美觀，還必須從飯店的功能布局、空間構成考慮建築造型。否則，將不能滿足飯店正常的管理和動作，給日後飯店經營管理造成困難。

2. 商業性

飯店是商業性建築，不同於民用建築和公共設施。因此，飯店從造型上乃至內部空間分割上應給人一種鮮明的商業特徵。飯店新穎別緻的造型是一個飯店區別於其他飯店的標誌，作為一個飯店的形象吸引客人，甚至作為一個城市的代名詞或者象徵。

3. 文化性

隨著旅遊業的發展和人們教育程度的提高，客人對精神的需求日益增長。飯店不再是單純的吃、住、休息的場所，它應提供給客人有文化品位的精神食糧，同時，飯店也是中西方文化交流與撞擊的地方。因而，飯店建築造型必須具有深邃的藝術思想，不能平淡無奇，讓客人從接觸飯店的一剎那開始就能深刻地體會到它所表達的文化內涵，使客人從中瞭解這個城市、區域或是這個國家特定的風貌和感受到異域他鄉特有的文化氛圍。

4. 時代性

飯店是世界各地訊息信集匯和交流的場所，飯店的建設是一個國家或區域城市化進程中的重要推動力量。因而，飯店成為一個城市與時代同步發展的產物和窗口，飯店的建設最快也最能反映時代前進的步伐。所以，飯店建築本身應體現強烈的時代氣息，反映當代的科學技術水準的進步和文化藝術思潮的發展。

5. 環境性

飯店建築不能脫離環境而生存，它需要與周圍的環境保持協調一致，依靠環境烘托，產生獨特和諧的結果。如果不顧周圍環境的條件，一味追求脫離現實的唯美主義，儘管造型優美新穎，但與周圍環境相差甚遠，就會產生一種不倫不類、反差對比強烈的效果。不僅破壞了周圍環境，也損害了自己的形象。

6. 共性與個性

由於飯店功能性的制約，所有飯店建築的造型及空間分割在某些方面必須具有某些相同或相似之處，這就是飯店建築的共性。然而，不能所有的飯店都是一個模樣，每個飯店必須有自己造型和布局上的特點，以區別於其他飯店，體現並突出自己的風格，這就是飯店建築的個性。

（二）影響飯店建築造型的主要因素

綜上所述，飯店建築不單純是展示藝術形象的創作，它的規劃與設計必定與周圍的環境、飯店的規模、檔次、功能、布局、空間組合諸多因素密切相關；同時，還受到建築材料、設備、施工、投資者審美意識、建築設計師專業素質等條件的制約。

1. 環境因素

環境因素包括地理環境和社會環境兩個因素。地理環境是指飯店所處的地理位置的自然狀況，是依山傍水，還是坐落在繁華都市？社會環境是指飯店所處地域的社會、民族、政治等狀況，是自然景觀區、還是人文景觀地？是少數民族聚集區域，還是沒有明顯民族特性的地域等等。無論哪種環境因素都要求建築造型與此協調一致，做到物景合一。

2. 建築占地形狀及大小

建築占地的形狀和大小直接影響飯店建築造型，俗話說「量體裁衣」，這是一個硬指標。根據地形和大小才能確定建築的平面形狀。

3. 飯店文化主題

飯店的文化主題決定著飯店建築的造型和風格。

4. 飯店管理

商務型飯店與渡假型飯店所接待的客人不同、客人消費目的的不同，導致建築的造型迥然不同。

5. 飯店管理模式

許多國際飯店管理集團對自己集團下屬的飯店有約定，按照統一的風格或有關規定設計建築造型，如國際青年旅社組織對自己所屬成員飯店的建築設計有相應的規定。

（三）飯店建築造型的設計思維

在進行飯店建築的設計時，必須有清晰、明確的設計思路，包括主題的確定、功能性和藝術性的統一以及藝術的深化處理。

1. 主題的確定

建築造型的前提是確定飯店的主題。根據主題的精神，明確飯店建築的造型。如突尼斯非洲廣場飯店，以展翅飛翔的雄鷹的造型形體現出非洲人為擺脫殖民統治爭取自由而鬥爭的民族精神。而北京大觀園飯店則代表了中華民族特有的民族特色。

飯店建築主題往往與地域的民族建築風格和時代等息息相關，進行飯店建築設計，就必須瞭解不同的建築風格。

傳統東方式風格體現了典型的東方文化的思想，其創作手法一般是採用大屋頂、琉璃瓦、木結構的梁架和隔斷，追求形式上的對稱，顯示中國宮殿建築風格的特徵。還有一些吸收中國園林的建築風格，將飯店融合於周圍特定的文化氛圍中。東方傳統建築風格自成系統，巧妙而科學的框架式結構、庭院式的組群布局、豐富多彩的藝術形象以及富有詩情畫意的園林藝術，偏重於含蓄、平緩、深沉、連貫、流暢的「功到深處氣意平」的審美觀和「天人合一」的哲學思想。

古典西方式風格飯店，是歐洲一些國家將跨世紀留下來的驛站、客棧、別墅、磨坊、城堡、宮殿、教學修道院等經過改造，保留建築風格而形成的。這樣的飯店從外觀、內部結構到布局、裝飾都保持濃厚的民族特色，給人一種懷舊的情緒。如土耳其伊斯坦堡四季酒店是一座將監獄改造成的星級飯店。

鄉村式風格的飯店採用當地產的竹、木、石、磚等材質和本地的傳統生活用品建造和裝飾。這樣的飯店具有古樸、純真、清新的鄉土氣息，富有民間、人情的迷人風韻。如南非德蘭士瓦馬卡里裡私人娛樂保護區渡假中心建在野生動物保護區的旁邊。整個建築從特製的磚、門、門把手都用手工製作。客房的茅屋採用當地的材料，牆上塗抹黏土，室內用吊傘和壁爐代替空調，完全借鑑當地的建造風格。

現代風格飯店以現代科學技術、現代工業化材料為，為講究功能性和經濟效益，以幾何形狀和流線條為傾向特性，造型簡潔色彩上強調功能作用和心理效果，基本形式為高層主樓建築加裙樓。高層主樓主要作為住宿部分，體量大，客房標準化；裙樓作為公共活動場所及辦公、設備用房。現代飯店還採用現代藝術品進行裝飾，形成強烈的時代感。

綜合式風格飯店不侷限於上述某一個風格，而是將上述各個風格取長補短進行綜合，將中西方、近代和古代不同建築風格的特點合理地融合在一起。

2. 功能性與藝術形式的統一

建築不同於專門用於欣賞的雕塑或某個藝術品，它是人為自己安排的生活環境，首先應以適合功能需要為主，然後在該基礎上發揮材料的性能和創造的智力進行藝術設計，加以美化，使主題表達得更明確、清晰。所以建築設計中首先應保證使用方便、合理。若違背這一點。飯店建築造型再美，但由於給使用帶來諸多不便，甚至造成巨大的浪費，即使人們第一感覺能接受它，但一旦走進飯店，美的感覺就會蕩然無存。

但飯店建築不能都是一個模具澆注出來的，建築本身是凝固的藝術。建築一誕生，將會較長時期地聳立在那裡，使人自覺和不自覺地去注視它，建

築的美觀直接影響人們的感覺和情緒；同時，建築的形式美也標誌著社會教育程度的高低，代表時代的氣息，所以建築的形式美至關重要。

3. 藝術深化處理

飯店建築是一個物理形體，它透過人的視覺感官產生美的效應。視覺空間必須符合一定的構成才有美的感覺。這些視覺空間構成包括一些基本因素，人們從長期的實踐和理論探索中得出這些因素構成形體的基本規律。飯店建築在進行藝術深化處理時要達到實體與空間完美統一、輪廓的完善、穩定、均衡、比例的協調等藝術規律。

(1) 實體和空間的統一

飯店建築的實體包括牆、地板、屋頂等與實體所圍起的空間，各有相對的獨立性。但只有統一，才能構成完整的建築藝術形象，表達一定的主題，飯店建築實體存在的表現形式是線和形，結合具體材料的色彩和紋理，利用自然光線和產生的陰影得到強烈的藝術效果。飯店建築實體與空間構成的藝術形象不同，便會產生不同的建築氣氛和建築意境。上海金茂大廈採用中國寶塔式外形，表面質地粗獷，是實體和空間結合的好範例。

雪梨歌劇院風帆式的薄殼屋頂實體形體、輕盈材料和質地、巧妙運用的光線和空間的和諧。

阿聯酋 JUMEIRAB 酒店建築透明牆體、鯨魚形流線型線條、表面光滑紋理、人工射光以及倒影與容納空間、周圍環境的一致、有深邃感比較雪梨歌劇院，兩者簡直是異曲同工的創作。

埃及米瑞瑪飯店採用紅土牆壁處理，造型穩重，配合通透的窗戶和門洞使造型產生變化，整個建築擺脫呆板感覺。

美國米西納州布魯比爾城堡賓館斑跡纍纍的古城堡直接隱喻飯店的名稱，歷經滄桑的主體空間與兩側形成鮮明對比，用時空概念展示飯店的歲月。

（2）輪廓的處理

建築的總體輪廓表現飯店建築的個性和風格。東方古典建築是重檐飛閣，屋宇連綿，偏於寫意，因而輪廓迂迴曲折，較多流暢的曲線；西方古典建築採用古城堡屋頂和羅馬式的卷柱形式；現代建築，多採用預製件，所以輪廓線多呈幾何形。飯店建築輪廓因民族、地域、時代不同而不同。飯店建築的輪廓可以反映其民族、國度、時代等內涵。所以，飯店建築的設計應從總體上考慮輪廓與飯店建築的性質相適應。

如瑞士 Dolder 飯店呈現了西歐古典的風格。而德國瑞士飯店則完全採用了現代主義的手法。

（3）尺度

飯店建築組成各部分的大小關係以及它與人體之間的關係。飯店建築的構件是人們經常接觸的物體，人們往往憑藉構件判斷飯店建築的大小，如人們日常使用較頻繁的門窗一般都在一定的尺度範圍內，這樣可以根據門窗的大小小出飯店建築的大小。由於這些常用構件已在人們的心目中形成固定格式，所以在飯店建築的設計中儘量保持其真實性，不要隨意誇大或縮小它們的尺寸，否則會讓人產生一種錯覺。

（4）比例

飯店建築各部分之間應有正確的比例，即飯店建築在三度空間和二度空間的各個部分之間的比例關係、虛與實的比例關係、凹與凸的比例關係、長、寬、高的比例關係。目前，尚沒有明確的比例率衡量比例的正確與否，關鍵是和諧，即高矮、寬窄、凹凸保持適中、協調。

如白天鵝賓館主體與裙樓垂直和水準方向的協調；杜拜喜來登酒店左右和凹凸的和諧；阿拉伯塔飯店鏤空外牆與實體的虛實結合；美國桃樹廣場底座與玻璃幕實虛的組合等。

(5) 平衡

飯店建築特別強調平衡，人們對飯店建築的平衡存在強烈的心理意識，對不平衡的飯店建築總是心有餘悸。飯店建築的平衡可以透過輪廓、質地、色彩等手法進行對稱、均衡的處理而達到。

(6) 穩定

如同平衡一樣，穩定也是使空和對飯店建築安全心理產生重要影響的因素，不穩定的建築可能讓人產生恐懼的心理。在前面的裝飾理念中已經介紹有關處理平衡的手法。

(7) 節奏（韻律）

建築是凝固的音樂，一個飯店建築由多個形體組合，多個部件構成，組成飯店建築的形體和部件的安排、體型的變化、位置的安排、甚至裝飾圖案和顏色的明暗，都按照一定的規律形成不同的建築節奏和旋律。如窗戶、陽臺、立柱、牆面的裝飾色塊、牆面凹凸結構的重複、變化都構成飯店建築的韻律。如果韻律沒有變化，整個飯店建築將顯得呆板、沒有生氣。如果飯店的構件沒有規律的變化，或者變化零碎，就顯得雜亂無章、沒有重點。

(8) 質感、色彩

飯店建築表面的形態存在不同的質感處理，從而形成不同的風格。粗糙的表面顯得雄壯，細緻的表面顯得雅緻。不同的材質又產生不同的質感，花崗岩粗獷，塑料輕盈，木材淳厚等等。不同的質感產生不同的心理作用，如花崗岩顯得堅實、穩重。所以在飯店建築的設計中應考慮材質的選擇，加強飯店建築的質感，體現飯店建築的內涵。色彩也是反映飯店建築形式的重要因素，它反映民族、宗教環境以及人們好惡等等。飯店建築的色彩選擇要考慮所在地域的習慣、世族的特點、政治的要求、宗教信仰等因素，不能單從藝術角度出發。如失落之城宮廷大酒店採用褐黃色岩石或磚石建造，體現了建築物的粗獷、古樸。

(9) 環境的襯托

飯店建築必須與周圍的環境協調，融合成一體，依靠環境來襯托建築物本身，特別是位於人文景觀和自然景觀的渡假飯店或渡假村。北京的「香山飯店」等就是比較好的典範。運用這個原則時應注意，飯店建築絕不能喧賓奪主，飯店建築只是領隊自然環境而存在，是整個自然環境的點綴，透過自然環境展示自己。

(10) 主體結構形式處理

飯店主體結構是建築造型的具體體現，開闊各異的主體結構無論對建築施工、飯店的經營、客人的活動乃至心理效果都有一定的影響。常見的飯店建築的主體結構可從兩個方面進行分析。

① 主體斷面形式

a) 順序形式

順序形式的主體結構的客房按一定方向和一個流線順序排列。它包括直線形和曲線形兩種。

直線形結構形式包括一字形、Z（或反 z）字形、折形、L 形等。這種結構形式簡便，結構強度較好，便於客房合理設置以及客房的安全管理。安全通道一般設置在兩端，電梯一般設置在拐彎處，客人的行進目標比較明確。但該結構比較單調。一字形和 Z 字形的視野受到結構形式的約束，飯店建築一般為南北朝向，建築占地利用率高。折形和 L 形結構形式一般適用於交通主幹道的交叉處、或前面有開闊的觀賞景觀的位置。大門入口一般設置在折處的凹點，分翼的建築實體猶如伸開的雙臂、融合空間的向心作用。一般在圍合位置建設噴水池、雕塑、旗杆等標誌性裝飾物，或用作臨時停車場地，也有將大門入口設置在折處的凸點，利用凹處圍合作為停車場或後庭院，但這樣處理有一種排外的心理效果。這種結構形式建築占地利用率稍低。

曲線形一般有圓弧形、S 形等。曲線具有柔和、親切、舒適、運動、流暢感，特別是 S 形更具有一種飄逸、瀟灑的風度。圓弧形比上述的 L 形、折形更具有一種吸納向心力。但在設計和施工上比直線菜要複雜些，在曲率半

徑較小或扇形角度過大，對客房的平面開關和客戶的安全管理有一定的影響。圓弧形同上述折形和 L 形一樣適用於前面有開闊視野觀賞景觀的地方，圓弧的內凹對前方的一切具有一種不可抗拒的吸力。所以圓弧形結構的大門入口設置在圓弧內凹的中間處。

b) 分支形式

飯店客房按幾個相交的方向分支排列，從幾個分支的差錯潛伏期點向其他方向流動這種形式較多有直線式 Y 字形、丁字形、十字形和曲線變形的風葉形等。這種形式具有幾個方向的觀察視野，適用於周邊環境景觀都有觀賞性的區域。這種結構穩定性強，但對客房層的管理難度加大，且客人目標方向性不太理想。這種形式建築占地利用率稍低，若考慮用地面積的要求，可適當縮短幾個分支的長度。這種形式裡，電梯一般設置在幾個分支的交匯點。大門入口設在兩個主分支的交匯處。

c) 循環形式

飯店客房延續循環排列。這種形式有多邊形圍合、圓形、橢圓形等。這種類型若為高層建築，在視覺上給人以高聳入雲，巍峨壯觀，氣勢宏偉的感覺；若為低層建築，中間用共享空間處理循環形式的建築結構強度較好。由於它們基本為圍合結構，所以電梯設置在中間。低層的圓環形飯店的客房層樓，電梯常附在外環客房走廊邊。客房視野具有多個方向一覽四周。但循環形結構給客房給管理帶來一定的困難多邊形結構給客戶的設計帶來一定的困難，每個頂點形成的角房不好布局。圓形結構的曲率半徑小，不僅影響每層客房數量的設置，對客房的形狀也造成影響，不便於客房內的布局，所以要保證每層客房數為 24 間左右，客房的跨度不小於 3.8 米，則直徑就會達到 30 米以上，中間部分只能佈置電梯廳和其他非可用房間，或者形成中庭。圓形循環結構渾然一體，沒有方向性，從外觀上看不易辨別正門。所以在圓形柱體上作一定的增添或減少某個結構的處理，或與其它形體裙樓組合，以提高方向性，如前面所提到的美國、桃樹廣場，在主體上修建突出的觀光電梯，指示其主方向。

d) 組合形式

組合形式綜合了上述幾種結構形式。這種結構形式比較複雜,組合合理使整個結構均衡、比例協調;組合不好會顯得零散,主體不明確。這種結構在客房管理上增添一定的麻煩,而且建築占地利用率較低。

②主體立面形式

a) 端邊漸變

端邊漸變是飯店建築兩邊隨樓層的疊加,逐層變化,出現上小下大的階梯形式或上大下小的倒階梯形式。這種形式帶有巨大藝術品的感染力,類似一個雕塑。上小下大的結構合理,符合建築結構原理設計、施工簡單,穩定感強。下小上大的結構是一種超常規的設計,無論從設計還是施工都有相當的難度,而且安定感很差,但具有一種反叛精神和動態內涵,能產生深刻的印象和刺激人們的挑戰慾望。如前面所介紹的杜拜喜來登酒店端邊從下往上層層減小和非洲突尼斯鳥翼廣場端邊從下入上層層增大,這都是端邊漸變的典型。

b) 圍合漸變

飯店建築的客房層斷面隨樓層的變化,圍合圈逐層縮小,形成寶塔形。這種形式用在高層建築上,猶如刺破青天的擎天柱,在周圍建築群中似鶴立雞群;或圍合圈的對應邊向反向變化,形式扭曲視覺,給人新穎、奇特的感受。像台北101如寶塔一樣四周從下往上逐漸變小。

三、飯店建築的結構布局

一個飯店是否正常運行,並能獲取雙重效益,不僅取決於高品質的服務,而且也取決於飯店內部的結構布局。結構布局合理,空間流線佈置妥當、功能完善的飯店無疑是成功了一半。

（一）飯店的功能

飯店無論大小，其主要功能可依分為五個主要部分：

1. 大堂接待

2. 客房

3. 餐飲

4. 公共活動

5. 後勤服務管理

現代飯店的功能已經遠遠超出傳統的吃、住範疇。21 世界的發展為社會注入了訊息、文化的新內容。旅遊客人渴望從旅遊地獲得更多的文化知識；商務客人希望在旅途中能方便快捷地進行商務活動，所以現代飯店不僅要為客人提供住宿、飲食等一切最基本的生活服務設施，還要為客人娛樂、商務、社交活動等提供服務。除了為外地客人提供這些項目設施設備，甚至藝術展覽、文藝演出等項目。所以現代飯店就像一個小社會，

囊括了人們物質生活和精神生活的各個範疇。現代飯店「麻雀雖小，五臟俱全」。一些飯店從經營目標和規模出發，不可能具備所有項目，但基本的構成內容是不能缺少的。

儘管飯店的檔次、規模、類型不一，一般都將現代飯店的功能劃分為櫃檯和後臺兩大部分，櫃檯部分是直接對客服務的部門，包括接待、住宿、餐飲、康體娛樂、公共活動等。其中接待部分由大門迎賓、大堂、總台、電梯廳、客人休息區等組成；住宿主要是飯店各種客房層組成；餐飲包括餐廳、酒吧、咖啡廳、宴會廳、多功能廳；康體娛樂部分包括各種娛樂健身項目，三溫暖、健身中心、游泳池、保齡球等；公共部分包括各種對客服務的經營項目，精品商場、美容美發、鮮花店、書店、會議室等。後臺部分是不直接對客服務，但為櫃檯更好做好服務工作提供服務的部門，包括辦公、工程設備、後勤服務等部分。其中辦公部分包括各個部門辦公室；工程設備包括各個工程設備機房，如鍋爐、發電機組、空調機組、製冷機、水泵房、冷凝塔、電梯機房、

供配電機房、總機房、消防控制中心、監視控制室以及洗衣機房等；後勤服務包括員工餐廳、員工更衣休息、員工培訓、員工宿舍等。

（二）面積的分配

1. 總的分配原則是

（1）充分滿足賓客的需求

（2）充分發揮飯店功能，追求最佳效益

2. 具體原則是

（1）滿足賓客需求的原則

（2）體現經濟效益的原則

（3）客用與員工用設施分離原則

（4）符合規範原則

（5）注重美感與文化氛圍的原則

飯店各功能部分的面積分配沒有固定的比例。飯店類型不同，等級不同，經營項目不同，其功能側重點不同，其分項面積指標不一樣。在歐洲，經濟型飯店客房占總面積的 80%；中等級飯店客房占總面積的 77%；高等級飯店客房占總面積的 72%~71%。這樣的比例關係對投資人來說是最有利可圖的，回報率高。而且側重餐飲、或會議、或娛樂不同經營項目，很明顯在建築中對功能項目所分配的面積也有所側重。不同類型的飯店，各項面積分項指標也有所差異。如會議型、渡假型和娛樂型酒店的比例就有所不同。

綜上所述，客房是飯店生存、發展的主要基石。無論是高檔還是中、低檔飯店，無論是商務還是渡假飯店，都必須將客房作為飯店的主體，特別在目前社會酒樓和娛樂業的興起及市場細分的形勢下，現代飯店更應清楚地認識這一點。從規模效應看，城市裡中等或四星級飯店的最佳客房數量應該是 300 ～ 350 間，以平均每間房占用面積 35 平方米計算，大約需要 10500 ～ 12220 坪，而公共經營區面積最好是客房總面積的 50% 左右，即 5100 ～

6100 平方米，其它交通和設備設施面積大約 6000 平方米左右。另外還要吸取「坪效」的概念，合理提高有收益面積所占比例，將客人舒適度、飯店等級（社會效益）和經濟效益有機結合，達到最佳選擇。

（三）功能區域的分佈

1. 飯店外環境的塑造，主要涉及到景觀、朝向、風向、交通、消防、出入口、防噪音、綠化和相關的公共工程，在設計時應儘量美化綠化，形象突出、內外環境的和諧協調，並考慮到節能設計。

(1) 符合城市規劃、市政工程的要求；

(2) 交通組織合理，車流、人流路線清楚，不受干擾；

(3) 庭院綠化要講究，可設置廣場綠化、庭院、花園等多種形式；

(4) 飯店出入口應標誌明顯，飯店出入口與員工、貨物出入口嚴格區分，員工和貨物出入口應設在飯店背部或側面，要留有殘疾人通道；

(5) 門廳外應有停車場、回車道、人行道、雨蓬等設施。

2. 前廳大堂是飯店客人出入最多，飯店最重要的公共活動場所。大堂的設計水準高低往往代表飯店形象的好壞。設計時應注意功能區分與空間分隔，突出氛圍和文化品位。

(1) 門可用雙車道和旋轉門、隔音、防塵和節能；

(2) 大堂空間可氛圍運動空間和停滯空間，可運用地毯、隔斷、雕塑、臺階、沙發和不同顏色的石料裝修分隔，線路組織避免交叉干擾；

(3) 可以設計風格獨特的中庭作為大堂的共享空間，比例尺度上符合人的心理感受；

(4) 總台位置明顯、醒目。應附有相應的辦公設備。裝飾上不可以用鏡子鋪設牆面，主意時鐘的分針刻度要統一；

(5) 大堂多設營業面積，以利於經營，可設計酒吧、咖啡廳、自助餐廳、商場、花店、美容室、書店等經營設施。空間分隔應注意藏露區分；

（6）電梯廳位置適中，數量基本符合 2+ 客房數 /100 的規律；

（7）大堂可設計休息區、洗手間、公共電話、書報欄、飯店服務示意圖、商務中心等。

3. 客房是飯店主體和存在的基礎，是客人休息、工作或會客的場所，她的設計主要突出安全、舒適、經濟的特點。

（1）客房層應主要位於塔樓裡，布局呈例題垂直矽化排列，保證相同功能空降位於一個立面上；

（2）客房層由客房區、交通樞紐、服務區等構成，客房區可以走廊兩側布局，門可以錯開排列以增加私密性，交通樞紐劇種，明確，簡潔，並和客房有噪音分區；服務區主要有樓層服務臺、開水間、清潔工具間、儲藏室、機房及員工洗手間等相應設施，客人流線與服務流線要分開；

（3）客房類型結構應根據客源需求有一個合理的比例；

（4）客房單元應具有安全舒適性，內部空間主要有水綿空間、書寫閱讀空間、起居空間、儲藏空間和盥洗空間。環境氛圍營造上透過家具、燈光、設備、色彩、藝術品來表現。

4. 餐飲設施是為客人提供菜餚食品和酒水飲料的場所，她的布局應根據飯店整體布局進行，以構成完整的系統適應飯店經營。

（1）餐飲設施應佈置在飯店公共活動部分中客人最容易達到的部位，一般在裙房和中庭周圍，有的飯店還在地下室和頂層設置特色餐廳；

（2）餐廳圍繞廚房布局，盡可能區分客人進餐廳與傳菜路線，前後場可以雙道門設計，以免串味和傳菜、撤碟相混淆；

（3）廚房部分設計布局應符合餐飲業的工藝流程，精加工場所可分部在貨物出入區，應遠離客房;倉庫應根據不同原料物品進行分區設計;粗加工區、烹飪區、備餐區和洗滌區布局應注意生熟食品區分，符合工作流程合衛生要求，空調設計應使廚房形成負壓區；

（4）餐廳應根據不同類型、要求進行設計，內部空間布局可進行二次分隔，形成多個空間，並透過燈管、音樂、服務、菜餚、藝術品等突出其主題特色；

5. 娛樂、康樂設施是現代飯店滿足賓客需求的重要場所，也代表了飯店等級和形象。

（1）娛樂設施主要包括歌舞廳、卡拉 OK 廳、棋牌室、電子遊戲廳、影視廳等，通常布局在飯店底層後部、側面及裙房或公共設施區域，避免對其他區域的噪音汙染；

（2）康樂設施主要有健身房、三溫暖、保齡球室、撞球室、網球場、游泳池、壘球場和高爾夫球場等。不同類型的飯店有不同的選擇，在布局上往往根據具體情況進行選型，因其場地選擇、占地大小，設施繁簡差別很大，需要合理規劃。

6. 行政辦公及員工生活部分屬於飯店內部用房，應與客人試用部分分開，互不干擾。

（1）行政辦公部分多集中 安排在裙樓或飯店後部，現在許多飯店設在地下室，人事部、採購部靠近內部出入口；

（2）員工用房部分，主要指供員工使用的更衣室、食糖、宿舍等，一般設在地下室或飯店後部，更衣室靠近員工出入口附近，員工餐廳單獨設立，與客人餐廳、廚房分開，員工休息室靠近更衣室布局，面積不宜過大；

7. 洗衣房主要功能是洗滌飯店所有客用棉織品，客衣，工作服，並保管棉織品。洗衣房一般設置在地下室或高層飯店的設備層，平面布局應遵照工藝流程，分設員工出入口，汙衣入口和乾淨衣物出口，並避免噪音干擾。

8. 倉庫在布局上採用有分有合，按需設置的方法，其中客用消耗用品倉庫，低值易耗品倉庫、行政總倉庫、棉織品倉庫可採用大空間集總設置，各部門專用倉庫則靠近該部門設置。

9. 各類工程用房如維修中心、電工房、木工房、消防中心、監控中心、電腦機房等面積緊湊，應根據自身特點布局在相應的場所。

（四）流線的設計

流線與區域之間存在著緊密的聯繫，在總體和局部規劃與設計中，都必須有機地將兩者結合在一起。

1. 客人流線

飯店中主要的流線為客人流線。由於飯店接待的客人種類較多，其中包括住店客人、到飯店餐飲和娛樂消費的本地客人、會議客人以及來訪客等。在住店客人中分團隊客人和散客，不同客人在飯莊裡活動內容不同就會有不同的流線，在些流線的彙集點基本是飯店的大廳，由此向不同的功能區域分流。

住店散客在飯店的流線：由飯店正門進入大廳，直接到總服務臺登記入住，然後乘電梯抵達入住的房間。住店後，可能去餐飲、娛樂等區域消費。住店期滿後，直接到總服務臺結帳。

團隊客人在飯店的流線：集體進入飯店，由領隊辦理入住登記，然後乘電梯直達入住房間。住店後，可以自由活動、集體進餐等。住店期滿後，集體由領隊辦理結帳手續。

本地消費客人在飯店裡的流線：本地客人在飯店的消費主要目標是餐飲和娛樂，進入飯店後直奔各個餐廳和娛樂場所，消費完後自行離去。

本地來訪人在飯店流線：這些客人主要拜訪住宿客人，進入飯店後，到大堂副理或總服務臺詢問，然後到客房拜訪住店客人，或在大堂吧會見住店客人。

上述幾種客人到飯店的目標不同，流線也有區別。為了既保證不同客人按己所需，順利進行活動，同時對其他客人和飯店不產生負面效應，應合理地設計不同客人的流線和流線的起始端（進出口）。在高檔飯店，特別是綜合性經營的飯店應將住店客人與非住店客人的流線分開。非住店客人一般多

為來飯店就餐、赴宴或進行娛樂消費的本地客源，蜂擁的人流和喧鬧的嘈雜聲對飯店大廳的高雅氛圍產生不良影響。為了適應團體客人集散的需要，要合理地設計團隊客人的流線，以免團隊客人擁擠在大廳。住店客人的流線應該簡捷明了，不要讓賓客在大堂裡尋覓或兜圈子。

綜合上述客人流線要求，飯店客人的出入口一般以三個出入口為宜：主要出入口、團隊出入口、宴會客人出入口。但一些低檔次的飯店對大堂的氛圍環境要求不高，且大堂的空間面積小，可以不設團隊入口。

具體規劃與設計中，住店客人從飯店主入口進出，經總台接待後，乘電梯進入客房。由於住店客人有餐飲和娛樂的需要，因而客人從客房乘電梯應比較方便地餐飲和娛樂功能區域。

在飯店主入口側邊專設供團隊客人的出入口，並專設團隊客人休息廳，休息廳應靠近通往客房層的電梯。團隊客人流線是從團隊入口到團隊休息廳，再透過休息直接到客房層電梯，進入客房。團隊休息廳有過道進入大廳，方便團隊客人組織者辦理手續。

宴會客人儘量直接進入餐廳，而不應從大廳穿過，可單獨設置宴會出入口和宴會門廳。宴會出入口應有過渡空間與大堂及公共活動、餐廳設施相連，避免各部分單獨直接對外。

一些參加宴會、娛樂活動的本地零散客人可以按照住店客人的流線設計。但採用電梯分區的方式適當控制這部分人員對客房層的影響。

2. 服務流線

現代飯店服務意識體現之一

服務產品的專用性，即飯店服務產品是為賓客而生產的、飯店的客用設施都是提供給賓客用的，員工不得使用。由此而衍生出客人流線與服務流線的分離，亦是現代飯店在服務與管理方面與傳統館的重要區別。飯店設置專門的員工通道和員工電梯。飯店員工從專用的員工出入口進出，在員工更衣室更衣後乘員工電梯進入工作職位。員工通道的出入口一般設在飯店的後面或側面，與飯店客人的出入口截然分離，員工通道與員工電梯也設在客人不

易察覺的位置。員工主流線應方便地連接各個服務部門，如客房、廚房、總台、工程設備房等區域，並應避免與客人流線交叉，即不要穿過客人的活動區域，更不能與客人的流線合一。

3. 物品流線

飯店的餐飲、客房等部門在對客服務中需要使用各種原材料和客用品；使用後，廢棄和髒汙的物品需要輸出，進行處理，淘汰或清洗後使用。飯店的物品主要為工程部設備維護管理的工程設備和零部件、餐飲部的原材料、客房部的用品以及客人使用後廢棄的物品等。所以在物品流線的設計中需要考慮的問題是：

（1）提高物品輸入和輸出的工作效率。物品輸入輸出有自己的快捷通道。一些高層飯店採用布草輸入送通道，運送髒污布草，保證布草的快速送洗和周轉。

（2）因為飯店物品具有使用前後概念，即乾淨和髒污的區分，為了保證清潔衛生，其流線應嚴格遵守衛生防疫部門的規定，清汙分流、生熟分流。

（3）如同服務流線一樣，物品流線不應與客人流線交叉。

（4）輸入物品的安全性。為減少輸入物品的人為損失，特別在餐飲部食品原材料和客房一次性物品的運輸中途的流失，在庫房位置設置上要認真考慮。

4. 設備流線

水、電、汽、訊息的提供是飯店設備流線要考慮的最基本的因素。四者保證飯店的正常運轉。透過鍋爐、熱交換器提供熱水；空調、製冷機控制溫度、濕度，提供舒適的空間環境；透過變壓器或發電機組提供電源；保證飯店動力設備的運行、照明；透過程控交換機保證飯店內外的通訊暢通。日常用水、電一般由自來水公司和電力公司提供，考慮停電的可能，飯店一般備有發電機組。水資源還要考慮到水質的淨化和汙水的排放。這些能源設備主要透過管道和電纜連接到使用部門。在飯店籌建中應充分合理利用空間，科學的布線。

影響設備流線的設計的幾人因素為：

（1）安全可靠。電線的鋪設考慮防短路以及防止引起火災的隱患；管道鋪設中考慮供應的乾淨水與排放的汙水的隔離、排水系統的選擇；強磁場對電視饋線和通訊線路的干擾等；電纜和管道的負載容量要保證正常使用和發展的需要。

（2）隱蔽。在客人活動的區域任何管道、電纜都不應裸露在外。

（3）便於維修。分區段設置檢修口，便於對管道和電纜的維修。但注意採用一定的裝飾手段隱蔽檢修口，客房走廊的管道井檢修門進行裝飾，既美觀又便於檢修。特別是很多空調的送、迴風管道和風機盤管溢水盆處往往是易於損壞的地方。

（4）使用部門使用的方便。管道和電纜的鋪設要直接達到使用部門，特別是電路插座，電視插座、電話插座、供水閥門等的安裝位置便於客人、服務的需要，洗衣房蒸汽主管道與分管道的安裝位置，熱水主管道與分管道的安裝位置等。

（5）能源的損耗。管道和電纜等鋪設為應直接而不要迂迴，減少不必要的材料浪費，同時減少能源輸送中的損耗。另外避免能源自身的干擾，如、冷水管道與熱水管道的間距控制、空調送風口位置等。

（6）環境汙染控制。排放的汙水、空調管道設計不合理造成的噪音在設計中都應注意。

（7）空間的充分利用。管道和電纜的鋪設還要考慮儘量節約空間，不占用過多的有效空間。

5. 訊息流線

飯店的訊息準確、快速的傳遞是飯店服務與管理品質的重要保證。現代飯店的訊息流線包括客人訊息、經營訊息、管理訊息等流線。訊息流線的暢通依靠科學的管理和電腦技術運用。訊息流線的設計應保證有關部門之間訊息的通暢，同時又要兼顧到必要的保密權限範圍。飯店訊息流線的硬體設備

有飯店電腦管理系統、程控交換機、內部無線電、人工手段（紙、語言等）。在飯店規劃與設計時，應對訊息流線的流動路線、流線的終端進行分析，在市線中根據前面的分析合理鋪設線路和設置終端。

第二節 飯店設備系統

飯店設備系統一般占飯店硬體總投資的 35-40%，能源、運行和維護的費用占飯店支出比例較大。設備系統通常指飯店的給排水系統，供配電系統，供熱系統，空調、製冷、通風系統，廚房設備，洗衣房設備，消防警報系統，電腦及通訊系統，音像系統，電梯系統及康樂等設備。

一、飯店設備系統的特點

（一）投資額大

現代飯店為滿足客人的需求，服務項目越來越多，對設備的要求也越來越高。許多飯店為提高星級標準，配備設備追求高檔化，導致進口設備數量增多，投資金額增大。目前，飯店設備設施投資額約占飯店建設總投資的三分之一以上，而且還有逐漸上升的趨勢。

（二）技術先進

為適應市場的需要，滿足客人的需求，飯店購置設備要求美觀、舒適、安全、可靠，而設備只有達到技術先進，才可以滿足客人對設備的要求，譬如，電梯要求高速平穩，通訊系統要求快速方便。目前，中國的許多星級飯店的硬體已與國際接軌，達到國際先進水準。

（三）種類多，數量大

現代酒店已由原來只提供住宿的單一功能，發展成為集住、食、行、遊、購、樂、通訊和商務於一體的綜合性企業。飯店提供的綜合性服務，要以設備設施為依託，所以，現代飯店的設備種類越來越多，數量也越來越大。一般飯店的設備系統都達幾個到十幾個，設備的種類多達幾百種，數量達上千臺。

（四）維持費用高

飯店設備越複雜，越高檔，進口設備越多，對操作以及維修人員的技術水準要求也就越高。大量的進口設備給我們檢修帶來了難度，零配件的配置、購買以及維護檢修均會使費用增加。若要聘請外方人員，更會增大費用。所以，必須提高我們的技術水準，加強對設備的日常管理，減少費用的支出。

（五）更新週期短

飯店的設備不同於廠礦設備，飯店設備的壽命不一定是自然壽命，很大程度上是由技術壽命和經濟壽命決定的。由於科學技術發展迅速，市場需求不斷變化，飯店為滿足客人的需求，會不斷淘汰那些雖有使用價值，但已不適應當前市場需求的設備。如 80 年代普遍使用的電風扇被空調機所取代，使得飯店設備的更新週期要比其他行業短。

二、飯店設備系統管理特點

（一）綜合管理能力強

飯店設備的現代化，使得設備投資額增大，維持費用增加，設備管理的好壞，與飯店經濟效益的關係越來越密切，這就要求設備管理者的管理能力要逐步增強。而目前設備的現代化管理已不僅侷限於維修保養的純技術方面。還要涉及到經濟分析和大量的組織工作和協調能力。譬如，購置設備、計劃的編制、勞動力的組織與安排、與各部門的協調、設備管理的考核、檢查、評比以及有關對外聯絡等等。因此，飯店設備的現代化管理，可說是整個企業管理的縮影，要求設備管理者必須有較強的綜合管理能力，這樣才能適應飯店不斷發展的需要。

（二）技術水準要求高

由於飯店設備最能體現現代最新科技成果，所以飯店的一些設備越來越先進，結構也越來越複雜，對設備的運行操作人員和維修人員的要求也越來越高。這就要求飯店設備管理者要不斷地更新觀念，加強對員工的培訓，使其適應不斷發展變化的市場的需要，保證飯店設備的正常運轉。

（三）管理效率要求高

大量的飯店設備設施供客人直接使用，這就要求這些設備設施不允許出現故障和缺陷，一旦發現，必須立即修復，各飯店對設備設施的維修工作都有具體的時間限制。所以設備管理工作，特別是維修工作必須高效率，高品質，以達到客人的滿意。

（四）人員素質要求好

飯店對人力資源的控制極其嚴格，而設備管理以及維修工作量又很大，勞動形式大部分是分散的，很多是以個人為單位的單項勞動，這就要求工程技術人員責任心強，素質要好，維修能力要強，要一專多能。

三、飯店設備系統的作用

（一）提供給客人和員工一個舒適的服務和享受環境，獲得客人及員工的滿意是設備系統的基本功能。

（二）獲得一個合理的售價。飯店客房、餐飲的價格不僅取決於優質的服務，還取決於高品質的設施設備，兩者完美的結合，才能以高價出售。

（三）符合當地法律法規，為客人提供安全的場所。

（四）關係到飯店形象和提供給賓客的享受。

（五）一些飯店設備是其它設施設備的前提條件，影響飯店的工作效率。

四、飯店設備系統介紹及管理

飯店設備種類多，數量大，使用者多，而且需要不斷維護、修理和更新改造。這使得工程部的工作繁複而龐雜，技術性強，管理起來有一定的難度。因此，需要科學的分類和管理，使飯店的設備管理井井有條，適應飯店的正常經營。飯店的設備按系統分類如下：

（一）給排水系統

（二）供配電系統

飯店的供電系統是指電能從電網上的高壓線輸入飯店，經過變壓器再到各用電單位所經過的全部路徑。整個系統可分為三級：一級是飯店級，二級是用電單位級，三級是設備單臺級。如後廚是一個用電單位，電烤爐就是一個設備單臺。

（1）主供電線路

飯店主供電線路一般為三相交流電，其線路頻率是 50 赫茲，供電電壓各國有所不同。主變壓器的最小容量應為高峰負荷的 150%（如高峰負荷是 1000KW，那麼配置變壓器至少應是 1500KW）。由總開關櫃控制，向飯店內的各部分配電。

（2）線路負荷

線路負荷的估算：單個設備按其本身的最大功率計算，如：空調設備、機械設備、烹調、洗衣設備等；照明總負荷，按單位面積的平均瓦數確定。

（3）應急發電設備

大型飯店均應設有應急發電設備，它的總輸出功率一般約為最大正常用電量的 30%，一般是在緊急情況下供應以下幾個部門或場所：

①照明：所有出口處的信號標誌，50% 的樓梯照明，20% 的走道照明，10%～20% 的公共場所照明；電話、火警及其他警報裝置；

②電梯；

③消防設備，如泵、壓縮機等；

④廚房部分用電；

⑤食物冰箱和冷藏室；

⑥所有汙水泵以及部分冷熱水供應；

⑦局部採暖降溫用的水泵。

（三）供熱系統

飯店所需的暖氣、蒸汽均由鍋爐房提供。鍋爐設備是將燃料的化學能轉化為熱能，並將熱能傳遞給水，從而產生一定的溫度與壓力的蒸汽或熱水的設備，前者為蒸汽鍋爐，後者為熱水鍋爐。鍋爐按結構形式可分為立式和臥式鍋爐兩種。按燃料可分為燃煤、燃油、燃氣三種。燃油、燃氣鍋爐體積小，燃料由管道輸送，操作場地清潔，煙塵量少，可放在飯店的地下室，而燃煤鍋爐煤堆大，操作場地較髒，一般設在地面層。熱交換器是蒸汽與水轉換熱能的設備。容積式水加熱器是水包汽類加熱器，它具有存水和加熱的雙重作用。快速蒸汽水加熱器是汽包水類加熱器，這種熱交換器很短時間內就可得到開水。還可利用各種開水爐來生產開水，如電熱水器。

（四）空調、製冷、通風系統

空氣調節是將空氣處理為所要求的狀態後，送入空調房間內，以滿足人們所需要的溫度、相對濕度、空氣的流動速度和空氣的潔淨度。飯店的空調是屬於舒適性空調，它的作用是使室內人員處於舒適狀態，實際上是使人體能維持正常的散熱量和散濕量。空調系統能對空氣進行冷卻、加熱、加溫乾燥和淨化處理，同時在運行中能進行自動控制。空調系統一般均由空氣處理設備、空氣輸送管道和空氣分配裝置所組成。空調系統的種類很多，基本上可以分為三類：集中式空調、局部式空調、混合式空調。

（五）電腦及通訊、音像系統

通訊系統包括電話、電報、電傳與圖文傳真通訊系統和內部通訊系統等。電話通訊系統的功能包括：與外界聯繫；方便服務；免干擾；自動叫醒；自動計時；保留；客房狀態管理等。音像系統包括音響廣播系統和電視系統兩大類。其中音響廣播系統又包括客房內的音樂廣播、背景音樂、緊急廣播等。

（六）電梯系統

電梯是飯店的垂直運輸設備，對高層的飯店尤為重要。飯店電梯的設置數量與飯店的等級、電梯的時速以及電梯的載客能力均有關係。莫斯科俄羅

斯旅館共有客房 3200 間，能接待 5500 位客人，可使用電梯 93 部。一個人如果在這裡每天住一間客房，需八年多的時間才能將所有的客房全住一遍。飯店內除客梯外，還有工作電梯、雜物電梯、消防電梯、自動扶梯和觀光電梯等。客用電梯有載客 7、10、14、21、28 人（2000 公斤）等之分。

第三節 飯店建築與設備的發展趨勢

一、飯店建築設計的發展趨勢

（一）飯店建築類型上更傾向於建造別墅式飯店

（二）飯店造型上追求簡潔的外觀

（三）渡假酒店趨向於綜合化功能設計

（四）飯店應營造一個良好的生態環境氛圍

（五）飯店內補功能布局設計上強調對特殊需求的滿足

（六）飯店大堂的設計應突出其商務氣氛

（七）客房和洗手間的面積逐步擴大

（八）餐廳的多功能設計

（九）康樂設施進一步完善

二、飯店設備的發展趨勢

飯店設備是隨著社會的進步、經濟技術的發展、人們的需求而逐漸發展起來的。早期的客棧只為客人提供食宿，設備極其簡陋。隨著社會的發展，豪華飯店、商業型飯店接連出現，使得飯店的客房數增多，餐廳面積擴大，服務項目逐漸增加，設備的種類也開始增多，飯店的規模不斷擴大。現代飯店的出現，使飯店業迅速發展，服務面向全社會，它能夠滿足社會各階層人士的需要，其使用價值已向多功能和優質服務方向發展。飯店的設備設施更是體現了時代的潮流，它把最新的科技成果應用到了飯店的設備、服務和管

理上。今後飯店業的發展仍然離不開設備設施的現代化。飯店設備的發展趨勢主要體現在以下幾方面：

（一）飯店設備向高新技術方向發展知識含量逐步提高

（二）飯店設備越來越依賴於控制狀態系統

（三）飯店管理訊息系統普遍應用

（四）強調設備的綜合管理

本章小結

思考與練習

1. 影響飯店選址的主要因素有哪些？

2. 飯店建築糟心的組合方式有哪幾種？

3. 簡述前廳、客房、餐飲設施在飯店布局上的特點。

4. 飯店設備系統主要包括的部分有哪些？

6. 簡述飯店設備系統的特點。

8. 簡述飯店建築設計的發展趨勢。

9. 簡述飯店設備的發展趨勢。

第三章 飯店管理的理論基礎

本章重點

飯店管理是從飯店的業務特點和經營管理的特點出發而形成的一門科學。本章首先對管理的內涵和飯店管理的概念進行了界定，並且討論了飯店管理的特點和具體內容。分別列舉了構成飯店管理理論基礎的科學管理理論、行為科學理論和現代管理理論。此外，還介紹了飯店管理的職能。最後，對飯店管理理念的創新進行了探討。

教學目標

透過本章的學習，掌握飯店管理的概念，瞭解飯店管理的特點和內容，熟悉飯店管理的相關管理理論基礎，懂得飯店管理的職能，知曉飯店管理理念的創新。

▌第一節 飯店管理的概念

一、管理的內涵

飯店管理是從飯店本身的業務特點和經營管理的特點出發而形成的一門科學。作為一門獨立的學科，它是以管理學的一般原理和理論為基礎的。把管理學的一般原理及其方法，運用於飯店管理實踐，形成了飯店管理理論。飯店管理者要進行有效的管理，就必須瞭解人類管理思想的發展過程及其內涵，瞭解飯店管理的理論來源。

（一）管理的概念

管理活動作為人類一項最重要的活動，廣泛存在於社會生活中。從不同的視覺可以理解不同的管理含義。從字面來理解，管理有「管轄、處理、管理、理事」等意義，即對一定範圍內的人和事進行統籌、安排和處理。但是上述解釋不能夠嚴格表達出管理的本身所具有的完整定義。長期以來，中外管理

學者從不同角度或研究側面對管理作了不同解釋，其中俱有代表性的有以下幾種：

1. 管理是由計劃、組織、協調、控制等職能為要素組成的活動過程。

這是由現代派管理理論的創始人之一的法國管理學家法約爾提出的，是管理定義的基礎。

2. 管理是透過計劃工作、組織工作、領導工作、控制工作等諸多過程來協調有限資源，以便達到既定目標。

基本思想是：

（1）管理首先是協調，包括物質、資金與人員三個方面，簡稱「3M」

（2）各種管理職能是協調的手段

（3）管理是有目的的過程，協調資源的目的是為了達到既定目標

3. 管理是有一個人或更多人來協調他人活動，以便收到個人單獨活動所不能收到的效果而進行的活動，美國學者經濟學諾貝爾獎獲得者赫伯特.A.西蒙提出。

基本思想是：

（1）管理其他人或其他工作

（2）透過其他人工作收到管理效果

（3）透過協調其他人活動來管理

4. 管理就是協調組織成員，激發工作積極性，以達到共同目標的活動

基本思想是：

（1）管理的核心是協調組織成員的行為

（2）管理者應根據人的行為規律激發人的積極性，在一個組織中的人們，具有共同的目標

（3）管理的任務就是使組織成員之間相互理解與溝通，為共同完成目標而奮鬥

5. 管理就是決策

美國學者經濟學諾貝爾獎獲得者赫伯特 .A. 西蒙提出。

基本思想是：

（1）調查情況、分析形勢、收集訊息、找出制定決策的理由

（2）制定可能的行動方案，以應付面臨的形勢

（3）在各種可能解決問題的行動方案中進行抉擇，確定比較滿意的方案，付諸實施

（4）瞭解檢查過去決策方案的執行情況並做出評價，以便適時進行新的決策

6. 管理就是根據一個系統所固有的客觀規律，施加影響於這個系統，從而使這個系統呈現新狀態的過程。

基本思想是：

（1）任何社會組織都是若干單元或子系統組成的複雜系統

（2）系統內各組成部分具有耦合功能

（3）管理職能是根據系統的客觀規律對系統施加影響

（4）管理的任務就是使系統呈現新狀態，以達到預定目的

以上的幾種定義是從不同的角度揭示了管理的含義，或者說描述了管理的某一方面的屬性。綜合前人的研究結果，我們認為管理的定義可以作如下述：管理是指一定組織的管理者，為了達到預期的組織目標，透過實施決策、計劃、組織、指揮、協調、控制等兩個職能來協調組織成員行為的活動。

（二）管理的要素

管理作為一種複雜的社會實踐活動，是由一系列相互聯繫、相互制約的要素所組成的。概括而言，管理的基本要素包括管理主體、管理客體、管理訊息、管理目標和管理環境五個方面。管理的這些基本要素相互作用，構成了整個管理活動的基本內容。

1. 管理主體

（1）涵義：管理主體即管理者，是管理活動的發動者、組織者和執行者，對管理活動的成敗負有直接的責任。

（2）管理主體的分類（三層管理人員）

根據管理者在組織中的不同地位，可以將管理者氛圍基層管理者、中層管理者和高層管理者。

高層管理者是站在組織整體立場上，對組織的管理負有全面責任的管理人員。高層管理者一般指的是策略管理者，其主要職責是關注長期問題並側重於組織的生存、發展和總體的有效性。

中層管理者位於組織的高層和低層之間，有時被稱為戰術管理者。中層管理者的主要職責是貫徹、執行高層管理者的意圖，負責將策略管理者所制定的總目標和計劃轉化為更具體的目標和活動，對基層管理者的活動進行檢查、指導、督促和協調。

基層管理者是組織中最下層的管理者，或稱為運作管理者，基層管理者直接面向組織第一線工作的員工，實踐中層管理者制定的具體計劃。他們與組織的操作員工、專業管理人員保持著密切聯繫和接觸，管理和監督組織日常的經營運作，是組織內非常重要的角色。

（3）管理主體的地位

①管理主體決定管理的性質。

②管理主體決定管理活動的方面。

③管理主體決定管理的效率和效果。

2. 管理的客體

（1）涵義：管理客體即管理的對象，是指那些進入管理系統中的人或物，它是管理主體影響和作用並使之發生變化的對象。

（2）分類

管理客體的分類

從管理組織的角度看，管理客體主要表現為國家、地區、部門、企業、學校等各種不同的政治、經濟和事業單位。

從管理領域的角度看，管理客體主要表現為經濟、社會、文化、教育、軍事、科技等不同產業部門。

從管理資源的角度看，管理客體主要表現為人、財、物、訊息、時間等各種不同資源。

從管理業務的角度看，管理客體主要表現為生產、分配、流通、消費、行政等各種不同社會活動範疇。

從管理性質的角度看，管理客體主要表現為不同國家制度和不同所有制條件下的政治經濟實體和活動領域。

（3）作為管理客體的人的作用

①管理決策的參與者和執行者。

②回饋訊息的原發者和傳遞者。

③管理文化的創造者和體現者。

④始終處於主動地位。

主動地位的表現：

當他們參與管理、行使管理的功能時，處於主動管理的地位時，即管理者的地位。

當他們作為被管理者處於服從地位的時候，這種服從也不是完全被動地服從、盲目地服從，而是主動地服從、有條件地服從。

在同一管理客體中，人與其他組成要素可，如物質要素、資金要素、時間要素等相比，始終處於有意識的主動支配的地位，因而是管理成敗的決定要素。

3. 管理訊息

（1）涵義：管理訊息是指在整個管理過程中，人們收集、加工和輸入、輸出的訊息的總稱。具體說，它包括兩方面的內容：一是指為達到管理目的，形成管理行為而收集或加工的訊息，主要表現為反映管理客體運行狀態以及可能影響管理客體運行狀態的各種原始訊息和預測訊息；二是指經過加工並在管理全過程中運用的，反映管理者管理行為的訊息。

（2）管理訊息的分類

我們可以從各種不同角度，按其不同特徵和作用進行各種分類。從總的方面，我們可以把訊息分為自然訊息和社會訊息；進而有可把這兩大類訊息按不同領域分為各種不同範疇、不同部門的訊息，如生物訊息、地質訊息、經濟訊息、政治訊息、科技訊息、軍事訊息等。對於上述訊息還可根據各種管理的具體需要進行再細的分類，如按訊息來源，可分為內部訊息、外部訊息；按訊息的時間性，可分為過去訊息、預測訊息；按訊息的期待性，可分為常規訊息、變動訊息；按訊息的加工程度，可分為原始訊息、加工訊息；按訊息的精確性，可分為精確訊息、不太精確訊息；按訊息的獲取渠道，可分為正規渠道的訊息、非正規渠道的訊息等。

對於訊息的分類，不是為分類而分類。分類的出發點在於認識各類不同訊息的特徵和作用，其目的是為了向不同類型、不同層次的管理提供所需的不同類型的訊息。

（3）訊息在管理中的作用

①訊息是管理系統的基本構成要素。

②管理就是以訊息處理為中心。

③管理以訊息為溝通聯絡的橋樑和紐帶。

④訊息的開發利用是提高效益的重要途徑。

4. 管理目標

（1）涵義

任何管理活動都是為了實現一定的目標，目標是管理活動的出發點和歸宿點。

管理目標這一概念應包括雙重內容：一是預期結果；二是達到這一預期結果所應採取的管理措施。

（2）管理目標的分類

由於任何管理活動都要確定自己的管理目標，所以管理目標必然有豐富的外延並可按各種標準進行分類。

①按管理領域分：經濟管理目標、行政管理目標、科學技術管理目標和社會管理目標等。

②按管理職能分：決策目標、計劃目標、組織目標、協調目標、監督目標、控制目標等。

③按管理層次分：高層管理目標、中層管理目標、基層管理目標。

④按管理目標的實現期限分：長期管理目標、中期管理目標、短期管理目標。

（3）管理目標的作用

管理目標是管理活動出發點和歸宿點，因此它在管理中佔有重要地位，能夠發揮重要作用。

①凝聚作用

管理勞動是一種共同的社會勞動。共同勞動就必然要有共同的目標，否則人們就難以形成共同協作的意願和團結奮鬥的集體。

②導向作用

由於管理目標不但規定了預期結果，而且規定了如果達到這一預期結果的措施，因此在管理中管理目標既對人們總的努力方向發揮導向作用，又對人們的具體管理活動發揮引導作用。

5. 管理職能

決策職能、計劃職能、組織職能、領導職能、控制職能

6. 管理環境

（1）涵義：環境是指對組織績效發揮潛在影響的外部機構或力量。環境是任何類型社會組織賴於存在和發展的基礎。

（2）分類

組織的外部環境可分為宏觀環境（一般環境）和競爭環境（具體環境或任務環境）。

二、飯店管理的概念

管理是任何經濟組織實現經營管理目標的必要手段。管理既包括經營又包括管理，經營與管理是兩個各有內涵、密不可分的概念。經營是以市場需求為依據，由上層管理者擔任，主要用於解決飯店外部環境有關的問題，側重於飯店全局性、策略性問題，既要考慮當前問題，又要考慮飯店長遠的發展，在實際工作中以解決動態問題為主，是非程式化的運營活動；管理則是為達到企業經營目標，由飯店中下層管理者承擔，主要用於解決飯店內部條件利用問題，側重於飯店局部的、戰術性問題的活動，主要是針對當前飯店產品生產技術活動，在實際工作中以解決靜態問題為主，是程式化的活動。

經營和管理又是兩個交叉概念，經營是管理者發展到一定階段的必然結果。經營中蘊含著管理，而管理又以經營為載體，二者相互融合密不可分．且兩者在目標上具有一致性。

飯店企業作為市場經濟中的微觀組織，必須進行管理才能滿足社會需求，獲取經濟效益，贏得生存和發展。飯店管理是飯店管理者選擇目標市場，確定服務內容、經營方針、行銷策略，對飯店所擁有的資源進行有效的計劃、組織、指揮、控制和協調，形成高效率的服務生產系統，以達到飯店經營目標的一系列活動的總和。

飯店管理概念包含以下含義：

（1）飯店企業直接面對市場，只有充分瞭解市場需求，飯店管理才能有所作為；

（2）飯店擁有一定的資源，包括勞動力、資金、時間、能源、材料、設備等，但這些資源都是有限的；

（3）要使有限的資源發揮最大效用，必須進行有效的計劃、組織、指揮、控制和協調；

（4）飯店必須透過上述一系列相互關聯、連續進行的經營管理活動，才能獲得社會效益和經濟效益，實現飯店的經營目標。

三、飯店管理的特點

（一）飯店管理的基本特點

飯店是以盈利為目的的經濟組織。一方面，飯店與其他企業一樣，具有財產權及財產支配使用的自主權，具有獨立核算、自負盈虧的能力。另一方面，飯店是以提供服務產品即具有特殊使用價值的無形產品為主的企業，飯店的生產、經營和管理有著其他類型企業不具備的五個特點。

1. 經營環境複雜，市場開發具有緊迫性

現代飯店業務經營同時面向國際、國內市場，經營環境十分複雜，主要表現：

一是以接待海外客人為主的酒店，其客源數量、流量、結構、支付能力、消費水準等，受國家、地區和客源國家、地區及城市的政治、經濟、文化、外交、技術交流程度等各種因素的影響，客源市場訊息及其變化不易及時掌握，具有複雜性；

二是接待國內客人為主的酒店，其市場範圍、客源對象、客戶情況、市場競爭動態、交通制約等各種影響因素也很多，市場環境難於把握，具有複雜性；

三是飯店經營過程中必須經常與稅務、銀行、警察、食品檢疫、消防衛生等各種政府職能部門協調關係，往往需要花費很大的精力，加大了飯店經營環境的複雜性。另一方面，飯店是靠客人來維持其存在的，客人是酒店獲得經濟收入和經濟效益的唯一來源。由於飯店以出租使用價值和客人現場消費、飯店提供現場服務為主，其產品交換具有很強的時空性，由此造成了飯店市場開發的緊迫性。因此，飯店管理必須十分重視市場開發、客源組織和產品銷售，確保客源數量、檔次、結構，才能獲得優良經營效果。

2. 產品交換零星分散，價值獲得是漸進完成的

飯店產品是以設施設備和消費環境向客人提供的時空性很強的勞務，即服務。服務是一種無形產品，其產品交換過程仍然是產品經營者交出其使用價值而獲得交換價值。但飯店產品的使用價值是特殊的，客房的使用價值是它美觀、典雅、舒適、衛生的時空環境；餐飲產品的使用價值是餐廳、宴會、酒吧的食品飲料和現場服務；康樂項目的使用價值是飯店在固定的時空環境下的康樂項目的現場服務，如游泳池、健身房、夜總會服務等等。由於這些產品經營過程都是以出租使用價值和現場服務為主，因而其產品交換是零星的和分散的，由此飯店產品的價值補償和價值獲得是漸進完成的，每次只能獲得其價值總量的極少一部分。所以，飯店管理必須十分重視其價值補償和

價值獲得的程度及變化情況，充分運用表格管理、統計分析、成本核算、各種產品的經濟活動分析手段來監督其價值的獲得和價值的補償過程，以保證投入和產出的合理比例和應該獲得的經濟效益。

3. 經營管理與消費過程同時進行，服務品質感情色彩較重

飯店管理是以為客人提供現場服務來獲得經濟收入的。服務是以勞動的直接形式（即活動本身）創造使用價值而滿足他人需求的一種特殊勞動方式。因此，飯店經營管理過程和客人的消費過程是同時發生的，不管是在時間上和空間上均是如此。這和一般企業管理中產品的生產 - 交換 - 消費相互分離的情況是完全不同的。另一方面，由於飯店服務的對象是各種類型的客人，他們的身分、地位、消費水準、支付能力和宗教信仰、生活習慣、個人性格等各不相同，因此，飯店品質管理和服務操作就不能千篇一律，而必須針對客人的個性、特點和心理需求，注重與客人的溝通和感情交換，才能更有針對性地提供優質服務。

4. 勞動過程獨立性和手工性較強，員工素質要求較高

服務是飯店所出售的一種主要產品。飯店服務員雖然在整體上看來是一種社會化協作勞動，但就具體操作而言，則以單體獨立操作為主，而且勞動過程中手工操作所占的比重很大，如客房清掃、餐廳鋪臺上菜、廚房烹調製作、洗衣房的衣物分類、部分衣物採用手洗等勞動，均是如此。即使是工程維修人員修理電腦、數位電視等，也仍然是以手工操作為主。因此對飯店員工的素質要求較高，其主要表現：

一是服務人員對客服務的素質要求較高，包括必須具備的著裝、儀容、儀表、氣質、風度和各職位服務的操作技能。

二是工程技術人員的素質要求較高，如廚師人員的烹飪技術，工程技術人員保養維修高科技生活服務類先進設施設備的專業技術等。

三是員工獨立操作過程中自我管理、自我約束等方面的素質要求較高。

所以，飯店管理既要把好員工應徵、錄用的人員素質關，又要始終加強培訓、教育，不斷提高員工素質，才能適應現代飯店管理的需要。

5. 接待服務社會化程度高，經營管理協調配合性較強

現代飯店早已脫離了古代小資方式的束縛，形成了具有現代社會化大生產性質的接待服務活動。如客房管理從市場開發、客源組織、客房預訂到櫃臺接待、前廳服務直至客房服務、旅客離店，是一個系統的社會化接待服務過程，在這一過程中，每一環節的工作都是與它的前後環節互相聯繫，互為條件，必然要求高度的協調與配合。餐飲管理也是一樣。為此，現代飯店管理必須樹立系統觀念，研究各個系統服務的各個環節的相互關係，合理制定工作程式和操作步驟，正確處理各個環節各項工作的銜接和協調，才能保持飯店管理和服務各項工作的協調發展。

（二）飯店管理的十大原則

1. 單一指揮原則

單一指揮原則是指在飯店管理體制和各級人員的職權分配上要堅持做到一個下級只有一個直接上級領導，而不能同時有一個以上的上級來指揮同一個下級。這樣，上下級之間的領導隸屬關係是單一的，可以防止多頭領導使下級無所適從、職權與管理工作混亂的現象發生。貫徹單一指揮原則的主要措施是：

第一，減少飯店、飯店集團或各個部門的副職人數，可以不設或少設副職時，儘量不設；

第二，各級領導層的職權分配，特別是副職人員的職權分配要儘量明確，落實到人，從而防多頭領導發生。

2. 分工負責原則

在飯店管理中要堅持各級、各部門的各項工作分工明確，職權清楚，責任明確，防止職權不清、互相扯皮的現象出現。貫徹分工負責原則的關鍵是領導分工後，不管好事、壞事，只有是自己應該承擔的責任，均需負責。

3. 命令服從原則

命令服從原則是指在現代飯店管理中要採用「準軍事化」管理，形成下級無條件服務從上級指揮、無條件接受上級命令的風氣。即使當時有些想不通或有意見，也要先執行，然後再透過其他渠道和方法處理。因為現代飯店作為一種提供客人高級享受的場所，其內部管理是十分嚴格的，只有執行「命令服從」原則才能保證對客服務的工作紀律和勞動效率，確保優質服務。

4. 特殊授權原則

特殊授權是指飯店管理中對協同工作或項目管理所建立的矩陣組織 - 即臨時性機構所進行的授權，特殊授權的矩陣組織的工作大多是特有的，受時間限制的或個人及個別部門所不能解決的問題。這些工作有時候會和飯店及各部門的日常工作不完全一致。特殊授權原則要求飯店各部門人員在完成本員工作、正常工作的基礎上，自覺接受並完成特殊授權人員佈置的工作，不得隨意推諉或拖沓工作，以保證飯店各項工作的互相配合、互相支持和協調發展。

5. 責任連帶原則

責任連帶原則又稱關聯責任制，是指在飯店管理中，一個下級犯有嚴重過失或重大失誤，造成重大不良影響或嚴重經濟損失，必須查明原因。如果原因是上級領導用人不當、決策失誤、指揮失誤、指揮錯誤或其他領導方面的明顯責任，在處理其下級的同時，必須追究其犯有領導過失的上級主管的連帶責任。堅持連帶責任原則，有利於增強領導者的責任意識和人員使用的嚴肅性，減少和防止任人唯親或「只用奴才，不用人才」的現象發生。

6. 友好協作原則

友好協作原則是指在飯店管理過程中，各級、各部門、各職位的員工要在分工負責的同時，互相配合，互相支持，友好協作，從而保持各級、各部門、各項工作的銜接和協調，提供優質服務。特別是部門之間各項連續工作的接口之間，如客房銷售和房間預訂的銜接處、客房預訂和櫃檯分房的銜接處，

以及餐廳點菜和廚房配菜、廚房烹製和餐廳出菜的銜接處等，則更要貫徹友好協作的原則。

7. 民主監督原則

在飯店管理過程中發揚民主，貫徹參與管理原則和制度。鼓勵員工對涉及飯店管理服務品質、經濟效益的各種問題，多提合理化建議。飯店要建立健全民主管理制度，設立合理化建議受理機構和人員及其受理辦法，明確規定：凡是提出正式合理化建議的員工，都要給予表揚；凡是合理化建議得到採納的，都應該給予獎勵；其中，能夠幫助飯店改善經營管理，顯著提高經濟效益或降低成本消耗的，要根據效益大小給予重獎，從而激發廣大員工的主動性、積極性和首創精神，提高企業管理水準、服務品質和經濟效益。

8. 全員監督原則

在飯店管理中要明確規定全體員工都要監督企業管理、業務經營、財務開支、經濟效益的權利和義務。員工發現問題，有權向上級反映，有權越級上告。只要不違反政府法令誣告、陷害有關人員，任何人不許打擊報復，不得給上告員工穿小鞋。由此提高企業管理的透明度，防止和減少重大失誤和不必要的差錯、腐敗現象發生。

9. 獎優罰劣原則

指在飯店管理過程中要制定鼓勵先進、鞭策後進的制度。在具體貫徹執行過程中，要將重點放在營造爭當先進、鼓勵先進、支持先進的工作氣氛上，要防止普遍存在的嫉妒心理對獎優罰劣原則的貫徹落實帶來的干擾和破壞，從而在飯店管理中形成良好的團隊精神和工作氛圍。

10. 強化管理原則

指在飯店管理過程中，各級、各部門的工作都要高標準、嚴要求，強化管理制度，強化工作程式，強化工作標準和品質標準，同時又要加強聯繫、溝通、協調和感情交流，使上述各項原則都能得到正確的貫徹落實，從而使飯店形成人人關心企業管理、人人關心服務品質、人人關心經濟效益的良好氣氛。

四、飯店管理的內容

飯店管理包括設備管理、行銷管理、服務品質管理、人力資源管理、業務管理、財務管理、安全衛生管理等基本內容。

（一）設備管理

現代飯店的綜合服務功能要求飯店配備大量現代化生活設施和設備，這些設備是飯店經營的物質基礎。飯店設備的管理水準，不僅關係到飯店的服務品質，而且還直接影響飯店的經濟效益。飯店設備管理的主要工作是設備的資產管理和設備的使用和維護。設備的資產管理主要包括對設備的分類編號、登記建檔和實行動態管理制度；設備的使用和維護是透過制度和執行有關制度，強化員工的設備的管理意識，培訓員工正確使用和精心維護各種設備設施，保證設備的完好率並延長使用壽命，降低運行成本，提高飯店的經濟效益。

（二）行銷管理

飯店企業組織是一個動態的開發系統，與外部有著密切的聯繫，飯店產品只有在市場上才能實現價值，企業才能獲得效益，飯店的生存和發展才能得到保證。飯店管理的宗旨是滿足市場的需求，而飯店行銷的作用正是在於溝通飯店和市場的供求關係，因此可以認為行銷管理是飯店管理的核心內容。

飯店的行銷工作主要圍繞促進產品銷售和樹立企業形象兩個主題展開。樹立企業形象是為了提高飯店在公眾中的知名度，建立飯店的信譽，為飯店產品的銷售創造條件。飯店通常以進行公共關係活動來實現這個目的；促進飯店產品的定價、包裝組合、銷售通路、促銷手段進行正確選擇，促進飯店產品的銷售和產品的不斷創新，促使飯店管理和服務水準的提高。

（三）服務品質管理

飯店是以「服務」為主要產品的企業，飯店產品的特點決定了服務品質是飯店的生命線。飯店服務品質主要體現在設施設備品質水準、餐飲產品品質水準、勞務服務品質水準、環境氛圍品質水準和後臺保障品質水準等方面。服務品質管理應以品質管理體系為基礎，以科學管理理論為指導，以滿足賓

客需求為標準，以取得最佳經濟效益和社會效益為目的，開展全體員工參與的全面品質管理。

（四）人力資源管理

人力資源是各種生產要素中最重要的要素。飯店的生產經營要利用諸多資源，其中其他資源多為被動利用，而人則主動參與、主動投入，其他資源要透過人的使用才能發揮作用。人力資源管理水準不僅影響其本身的利用效果，還會影響其他資源的利用程度。

人力資源管理包括員工的應徵、錄用、管理、考察和辭退，人事檔案管理、福利事業管理，員工技術業務培訓和繼續教育，創造良好的工作氛圍，鼓勵員工工作積極性，發展員工潛在工作能力等內容。

飯店業是與國際接軌比較早和比較充分的行業，對員工素質要求也比較高。而高素質的員工除了經濟上的要求外，更在於工作的意義，許多飯店員工追求的目標在於滿足感和個人的成就感。因此人力資源的開發是飯店人力資源管理的重要內容。人力資源開發的主要內容有：

1. 建立科學的員工應徵程式和方法，為飯店挑選有事業心、有培養前途的員工。

2. 透過專業培訓，使員工能迅速勝任飯店工作，並長期保持工作高績效。

3. 透過員工工作績效考評和勞動成果分配，形成具有奉獻精神的忠誠的員工隊伍。

4. 組織在職培訓和繼續教育，提高員工的工作技能和文化素養，最大限度地發揮員工的積極性和創造性，為飯店的進一步發展準備力量。

（五）業務管理

業務管理是直接對客服務並產生營業收入的飯店業務部門的管理，如前廳、房務、餐飲、娛樂、商務等業務部門的管理。業務管理是飯店營業活動的日常管理，目的是按時、按期、保質、保量地完成生產任務，增加營業收入，實現經營利潤。飯店業務管理的主要內容有：

1.服務過程管理。指飯店對每項服務的服務環節建立品質標準，對每個服務職位的服務工作制定工作規範和工作程式，以制度形式使之規範化，使服務行為有章可循，檢查評估有法可依。

2.物資管理。指制定各種原料物資消耗定額和儲備定額，編制和執行原料物資採購、驗收、儲藏、發放計劃，以及實行物資節約管理活動。

3.成本控制。指業務部門管理者對提供對客服務所需的物料成本和人工費用的管理和控制。

4.素質管理。飯店管理和服務人員面對客人直接參與飯店產品的生產和銷售，他們個人素質的優劣、表現狀態的好壞，與飯店產品的品質和飯店的聲譽休戚相關。素質管理的重點是抓好員工的專業技能和服務態度。

（六）財務管理

飯店的經濟活動過程，是資金從被佔有到以貨幣形態被重新收回的循環過程。財務管理就是資金運動的角度來計劃和控制飯店的生產經營活動，並評估和分析其合理性，以盡可能少的資金取得較大的經濟效益，提高飯店的經營管理水準。財務管理的主要內容有：

1.資金管理。包括籌資管理和投資管理，指從各種渠道、各種方式籌集資金並進行合理投資。

2.資產管理。飯店經營需要各種資產的共同運作，如流動資產、固定資產、無形資產、遞延資產及其他資產。

3.成本費用管理。成本費用管理是飯店財務管理的重要內容，降低成本費用是增加盈利的根本途徑。

4.營業收入和利稅管理。營業收入和利潤是飯店經濟效益的基本指標，納稅是飯店應盡的基本義務。營業收入和利稅管理是對飯店收入的實現及其分配進行管理。

5.財務分析。以報表形式對飯店的經營活動和財務成果進行評價，透過評價，對飯店的財務狀況和經營效果做出判斷，為經營管理決策提供依據。

（七）安全衛生管理

飯店作為賓客的「家外之家」，安全、衛生水準十分重要。安全、衛生工作看起來似乎不產生經濟效益，但缺乏安全、衛生的飯店產品，不僅會影響賓客的愉悅感和舒適感，還會給飯店的聲譽造成極壞的影響，甚至帶來無法彌補的損失。飯店安全、衛生管理主要內容有：

1. 治安管理。指為防偷盜、防破壞、防流氓滋事，保護賓客生命、財務安全，保護飯店財產不受損失，維護飯店經營秩序的管理活動。

2. 消防管理。指火災的預防和火警、火災事故的處理。重點是火災的預防。

3. 勞動保護。指為包括員工在勞動過程中的安全和健康所採取的各種技術措施和組織措施。

4. 食品安全衛生管理。指保證飯店提供的餐食、飲品符合衛生標準，杜絕食品汙染，保障就餐者身體健康的一系列管理活動。

5. 衛生防疫。為了預防疾病傳播，為賓客提供舒適的旅居環境，衛生防疫工作的重點是做好賓客活動的公共區域環境衛生和生產操作區域的環境衛生。

第二節 飯店管理基礎理論

飯店管理使從飯店本身的業務特點和經營管理的特點出發而形成的一門學科。作為一門獨立的學科，它是以管理學的一般原理和理論為基礎的。把管理學的一般原理及其方法，運用於飯店管理實踐，形成了飯店管理理論。飯店管理者要進行有效的管理，就必須瞭解人類管理思想的發展過程，瞭解飯店管理的理論來源。

一、科學管理理論

（一）科學管理理論的產生

腓德烈·溫斯羅·泰勒（Frederick Winslow Talor 1856～1915年）是美國著名的工程師和管理學家，科學管理理論的創始人。他第一次系統地把科學方法引入管理實踐，集前人管理思想和實踐經驗之大成，創立了科學管理，首開西方管理理論研究之先河，使管理從此真正成為一門科學，並得到發展。泰勒因此被稱為「科學管理之父」而受到世人的尊敬。

泰勒的科學管理思想形成於19世紀末20世紀初。其根本內容是提高企業效率。當時，美國資本主義經濟發展較快，企業規模迅速擴大。但由於管理落後，生產混亂，勞資關係緊張，工人「打混」現象大量存在，企業的效率低下。泰勒認為，企業效率低的主要原因是管理部門缺乏合理的工作定額，工人缺乏科學指導。因此，必須把科學知識和科學研究系統運用於管理實踐，科學地挑選和培訓工人，科學地研究工人的生產過程和工作環境，並據此制定出嚴格的規章制度和合理日工作量，採用差別計件薪資激發工人的積極性，實行管理的「例外原則」。而要成功地實施科學管理，勞資雙方必須進行一次偉大的「精神革命」，以友好合作代替對立鬥爭，把注意力從盈餘的分配共同轉向盈餘的增長。即「雙方合作盡到生產最大盈利的責任，必須用科學知識來代替個人的見解或個人的經驗知識」。

（二）科學管理理論的內容

1. 科學管理的目的。泰勒認為，科學管理的根本目的是提高勞動生產率。

2. 科學管理的原則。

第一，對工人操作的每個動作進行科學研究，用以替代老方法單憑經驗的辦法。（以便於制定合理的工作定額；）

第二，科學挑選工人，並進行培訓和教育，使之成長；而在過去，則是由工人任意挑選自己的工作，並根據其各自的可能進行自我培訓。（提高工人素質）

第三，與工人們親密協作，以保證一切工作都按已發展起來的科學原則去辦。（管理者與管理對象高度統一起來）

第四，資方和工人們之間在工作和職責上幾乎是均分的，資方把自己比工人更勝任的那部分工作承攬下來；而在過去，幾乎所有的工作和大部分的職責都推到了工人們身上。（職能區分開）

3. 作業管理。這是科學管理理論的一個重要的內容。它可分為：

（1）為作業挑選「第一流的工人」。在泰勒看來，每一個人都具有不同的天賦和才能，只要工作適合於他，就都能成為第一流的工人。他經過觀察發現，人與人之間的主要差別不是在智慧，而是在意志上的差異。第一流的工人是適合於其作業而又努力工作的人，不是像有些人所理解的是一些體力和智力超過常人的「超人」。

（2）制定科學的工作方法。採用科學的方法能夠對工人的操作方法、使用的工具、勞動和休息的時間進行合理的搭配，同時對機器安排和作業環境等進行改進，消除各種不合理的因素，把最好的因素結合起來，從而形成一種標準的作業條件。

（3）實行激勵性的薪資制度。它包括三部分：

①透過工時研究進行觀察和分析，以確定「薪資率」即薪資標準。

②差別計件薪資制，即按照工人是否完成定額而採用不同的薪資率，如果工人達到或超過定額，就按高的薪資率付給報酬，通常是正常薪資的125%，以表示鼓勵；如果工人的生產沒有達到定額，就將全部工作量按低的薪資率付給，為正常薪資的80%，並發給一張黃色的工票以示警告，如不改進就將被解僱。

③「把錢給人而不是職位」，即薪資是根據工人的實際工作表現，而不是根據工人的工作類別支付。這樣做的目的是克服工人打混摸魚的現象，激發工人的生產積極性。

4. 組織管理

（1）把計劃職能與執行職能分開，用科學的工作方法取代傳統的憑經驗工作的方法。泰勒認為，勞動生產率不僅受工人的勞動態度、工作定額、作業方法和薪資制度等因素的影響，同時還受管理人員組織、指揮的影響。為此，泰勒主張明確劃分計劃職能和執行職能。

計劃職能歸管理當局，設立專門的計劃部門。其主要任務是：

①進行調查研究，以便為制定定額和操作方法提供依據。

②制定有科學依據的定額和標準化的操作方法、工具。

③擬訂計劃、發佈指示和命令。

④把標準和實際情況進行比較，以便進行有效的控制。

執行的職能由工作現場的工人和工長從事，他們按照計劃部門制定的操作方法和指示，使用標準工具，從事實際的操作。泰勒把這種職能的分工作為科學管理的基本原則，使分工理論進一步拓展到管理領域。

（2）職能工長制。這是根據工人的具體操作過程，進一步對分工進行細化而形成的。在泰勒看來，一位「全面」的工長應該具備九種品質：智慧；教育；專門的或者技術的知識，手腳靈巧和有力氣；機智老練；有幹勁；剛毅不屈；忠誠老實；判斷力和一般常識；身體健康。要找到一個具備上述三種品質的人並不太困難，但要找到一個能具備上述七或八種品質的人，幾乎是不可能的。所以為了使工長能有效地履行自己的職責，還必須把管理的工作再加以細化，使一個工長只承擔一種管理職能。泰勒設計出 8 個職能工長，來代替原來的一個職能工長。這 8 個工長，4 個（工作命令工長、工時成本工長、工作程式工長、紀律工長）在計劃部門，4 個（工作分派工長、速度工長、修理工長、檢驗工長）在工廠。在實際工作中，由於一個工人同時接受幾個職能工長的多頭領導，容易引起混亂，所以沒有得到推廣。但是泰勒的職能管理思想，是把總經理的權力交給低一級的專業管理人員承擔的一種分權的嘗試，為以後職能部門的建立和管理的專業化提供了啟發和思路。

（3）例外原則。指企業的高級管理人員把一般的日常事物授權給下級管理人員去處理，自己只保留對例外事項也就是重要事項的決策權和控制權，比如有關重大的企業策略問題和重要人事的任免等。例外原則是泰勒做出的重要貢獻之一，它至今仍是管理中極為重要的原則。

5. 心理革命。

泰勒認為，真正的科學管理和只追求效率的一陣風式的做法是完全不同的，這種不同就在於僱主和工人之間都必須進行一場「心理革命」。這場偉大的革命就是雙方把注意力從分配剩餘的問題上移開，轉向增加剩餘上，以友好合作和互相幫助來代替對抗和鬥爭，共同使剩餘額猛增，以致工人薪資和製造商的利潤都大大增加。

科學管理思想影響十分深遠。正如著名管理學家厄威克所說：「目前所謂現代管理方法，如果不說是絕大多數，至少有許多可以追溯到泰勒及其追隨者半個世紀以前提出的思想。這些管理方法雖然已改進和發展得幾乎同原來面目全非了，但其核心思想通常可以在泰勒的著作和實踐中找到。」即使處於世紀之交的今天，科學管理思想仍然閃爍著光輝，充滿著生機。

二、行為科學理論

（一）行為科學理論的產生

行為科學產生於 20 世紀 20 ～ 30 年代。它正式被命名為行為科學，是在 1949 年美國芝加哥的一次跨學科的科學會議上。就行為科學這個詞本身的涵義來說，有廣義和狹義兩種理解。

廣義的理解把行為科學解釋為包括研究人的各種行為（以至於動物的行為）的多種學科，是一個學科群，而不單是一門學科，因而在英文中用複數形式來表示。是社會科學的同義語，是包括心理學、社會學、人類學在內的學科群。

狹義的理解把行為科學理解為運用心理學、社會學、經濟學等學科的理論和方法來研究工作環境中個人和群體的行為的一門綜合性學科，而不是一個學科群。

現在管理學中所講的行為科學專指狹義的行為科學。即指應用心理學、社會學、人類學及其他相關學科的成果，來研究管理過程中的行為和人與人之間關係規律的一門科學。

行為科學的產生是生產力和社會矛盾發展到一定階段的必然結果，也是管理思想發展的必然結果。行為科學的產生既有其政治背景，也有其經濟背景和文化背景。泰勒科學管理理論建立以後，社會經濟、政治、文化發展狀況導致了行為科學的興起。

今天的行為科學之所以成為根深葉茂的學科大樹，在很大程度上得益於梅奧及其霍桑實驗對人性的探索。其實在霍桑實驗之前就有一些管理學家對人的心理和人的行為做了一些研究，並建立起工業心理學，對管理學的發展發揮相當大的推動作用，只不過在當時沒有成為古典管理理論的主流。他們是：

1. 美國的管理學家和政治哲學家福萊特。1920 年發表《新國家》一書，被人認為是一位政治哲學家。她的主要著作有：《新國家》、《動態的管理》、《自由和協作》）等。她的有關利益結合、形勢規律的論述同泰勒的精神革命、職能管理的精神是一致的。她關於協作、相互影響等論述還同人際關係學說創始人梅奧等人的論點相似。因此說，她把這兩個時期聯繫了起來，成為兩者之間的過渡。

2. 原籍德國的美國心理學家，是工業心理學的創始人之一雨果·明斯特伯格。先後發表了《心理學和工業效率》、《一般心理學和應用心理學》、《企業心理學》等著作。雨果·明斯特伯格是最先提出心理學能應用於工業以提高勞動生產率的心理學家，並最早確定工業心理學的範圍和方法。

3. 比利時心理學家，也是工業心理學的首創人之一索利爾。他的代表作是《應用心理學：研究工作中人的因素的技術的導論》。他還發表了論文

150 篇以上，許多是討論工業中人的因素的。索利爾是工業心理學在比利時的先驅者之一，對發展和傳播工業心理學做出了較大貢獻。

4. 美國心理學家，工業心理學的奠基人之一史考特。他善於對人事管理的研究，先後發表《提高人的效率》、《廣告心理學的理論和實際》、《人事管理：理論、實務和觀點》等著作。最早把心理學應用於工業中的激勵和生產率提高等問題中，把心理學基本原理應用於工商業的經營管理方法中，促進了管理心理學的發展和完善。

5. 英國的心理學家，工業心理學在英國的先驅者邁爾斯。先後於 1918 年發表了《心理學在今日的應用》、1925 年發表了《英國的工業心理學》、1932 年發表了《工商企業合理化》等著作。他在職業生涯的早期把心理學從課堂轉移到實驗室，在其職業生涯的後期又把心理學從實驗室轉移到辦公室和工廠的現場。

6. 澳洲的心理學家，在澳洲和英國從事研究工作，是工業心理學的先驅者之一穆齊西奧。他的著作主要的有《工業心理學報告集》、《疲勞可以測定嗎？》、《職業指導：文獻評述》等。他和其他早期的工業心理學家的研究為以後對人的因素的更深入的研究提供了某些基礎和條件。

7. 英國的企業家和管理學家朗特裡，對企業中人的因素問題做了較多的研究和實踐。著作主要有《企業中人的因素：工業民主的試驗》、《董事會和企業的目標》、《工業中的經濟條件》等。

8. 英國的管理學家謝爾頓。強調管理中人的同素，並把人的因素同科學管理相結合。他先後發表了《管理的哲學》、《作為一種職業的管理》、《經營和組織的職能》等著作。他在管理思想上強調了管理中人的因素和對社會的責任，強調了管理的整體性及管理作為一種獨立的職業在社會上的地位。提出了管理哲學的十條基本原則。

9. 美國的企業家和管理學家亨利·丹尼森，在注重人的因素和推行科學管理方面做出了較大的貢獻，先後發表了《員工的利潤分享和股權所有》、《組織工程學》、《現代競爭和企業政策》等著作。

10. 美國的管理學家和管理諮詢工作者克拉克，在關心人和工人的工作條件、推廣甘特圖等方面做出了貢獻。他的著作主要有《工長技術》、《甘特圖》、《生產手冊》等。他寫的《甘特圖》曾在 14 個國家中翻譯出版。他曾獲得甘特獎章和其他一些榮譽稱號。

此外，對行為科學的早期研究比較有影響的還有甘特、哈特內斯、布盧姆菲爾德、蒂德、巴布科克、霍普夫以及劉易森等。

（二）行為科學理論的內容

1. 關於霍桑實驗與人際關係學說

霍桑試驗是從 1924 年到 932 年，在美國芝加哥城郊的西方電器公司所屬的霍桑工廠中進行的一系列試驗。霍桑工廠是一家擁有 25000 名工人的生產電話機和電器設備的工廠。它設備完善，福利優越，具有良好的娛樂設施、醫療制度和養老金制度。但是工人仍有強烈的不滿情緒，生產效率也很不理想。為了探究其中的原因，在 1924 年美國國家研究委員會組織了一個包括各方面的專家在內的研究小組對該廠的工作條件和生產效率的關係進行了全面的考察和多種試驗。霍桑試驗分四個階段進行：工廠照明變化對生產效率影響的各種試驗；工作時間和其他條件對生產效率的影響和各種試驗；瞭解員工工作態度的會見與交談試驗；影響員工積極性的群體試驗。試驗對人際關係學說和行為科學的創立有很大的作用，試驗是在梅奧的主持下進行的。霍桑試驗的主要內容：工廠照明試驗、電話繼電器裝配試驗、訪談計劃試驗、電話線圈裝配工試驗。霍桑試驗的結論是：

（1）員工是「社會人」，具有社會心理方面的需要，而不只是單純地追求金錢收益和物質條件地滿足。例如照明試驗中，參加試驗的人員感受到了特別的關注，所以表現出了更高的生產效率。因此，企業的管理者不能僅著眼於技術經濟因素的管理，而要從社會心理方面去鼓勵工人提供勞動生產率。

（2）企業中除了正式組織之外還有非正式組織。正式組織是管理當局根據實現組織目標的需要而設立的，非正式組織則是人們在自然接觸過程中自發形成的。正式組織中的人的行為遵循效率的邏輯，而非正式組織中人的行

為往往遵循感情的邏輯，合得來的聚在一起，合不來的或不願與之合的就排除在組織外。哪些人是同一非正式組織的成員，不取決於工種或工作地點的相近，而完全取決於人與人之間的關係。非正式組織的企業中必然會出現的，它對正式組織可能會產生一種衝擊，但也可能發揮積極的作用。非正式組織的存在，進一步證實了企業是個社會系統，受人的社會心理因素的影響。

（3）新的企業領導能力在於透過提高員工的滿意度來激發「士氣」，從而達到提高生產率的目的。

梅奧的這些結論導致了人們對組織中的「人」的一種全新認識。在此之後，人際關係運動在企業界蓬勃開展起來，致力於人的因素研究的行為科學家也不斷湧現。其中有影響的代表人物及其主張包括馬斯洛的需求層次論、赫茨伯格的雙因素理論、麥格雷戈的 X-Y 理論等。

2. 亞當斯的公平理論

公平理論是由美國的亞當斯於 1965 年提出的一種激勵理論。這一理論從薪資報酬分配的合理性、公平性對員工積極性的影響方面，說明了激勵必須以公平為前提。亞當斯的公平理論認為，人之能否獲得激勵，不僅取決於他們得到了什麼，而去取決於他們看見或以為別人得到了什麼。人們在得到報酬之後會做一次「社會比較」，比較自己的勞動付出於所得報償，而且要將自己的勞動付出於得到報償之比於他人的勞動付出於所得報償之比相比較，如果二者比例相等，感到公平，會具有激勵作用；如果自己的勞動付出於所得報償之比低於他人，就會感到不公平，從而產生不滿，形成負激勵。

心理學研究表明，不公平感會使人的心理產生緊張不安狀況，從而影響人們的行為動機，導致生產積極性的下降和生產效率的降低，曠工率、離職率會相應增加。根據公平理論，在管理中必須充分注意不公平因素對人心理狀態及行為動機的消極影響，在工作任務、薪資、獎勵的分配以及薪資成績的評價中，應力求公平合理，努力消除不公平、不合理的現象，才能有效地激發員工地積極性。

（3）馬斯洛的需求層次論

馬斯洛認為對人的鼓勵可以透過滿足需要的方法來達到。他把人的需要分為五種：生理的需要、安全的需要、社交的需要、尊重的需要和自我實現的需要。上述這五種需要是分層次的，對一般人來說，在較低層次需要未得到滿足以前，較低層次的需要就是支配他們行為的主要激勵因素，一旦較低層次的需要得到了滿足，下一層次的需要就成為他們新的主要激勵因素了。根據這種理論，管理者應當瞭解下屬人員的主要激勵因素（即未滿足的需要）是什麼，並設法把實現企業的目標和滿足員工個人的需要結合起來，以激發員工完成企業目標的積極性。

（4）赫茨伯格的雙因素理論

赫茨伯格透過對 200 名工程師、會計師詢問調查，研究出工作環境中有兩類因素發揮不同的作用。一類是保健因素，諸如公司的政策，與上級、同級和下級的關係，薪資、工作條件以及工作安全等。在工作中缺乏這些因素，工人就會不滿意，就會缺勤、離職。但這些因素的存在本身，並不起很大激勵作用。另一類是激勵因素，他們主要是：工作本身有意義，工作能得到賞識，有提升機會，有利於個人的成長和發展等。保健因素涉及的主要是工作的外部環境，激勵因素涉及的主要是工作本身。赫茨伯格雙因素理論把激勵因素理論與人們的工作和工作環境直接聯繫起來了，這就更便於管理者在工作中對員工進行激勵。

（5）佛洛姆的期望值理論

佛洛姆認為，人們從事某項活動、進行某種行為的積極性的大小、動機的強烈程度是與期望值和效價成正比的。這個理論可用下列公式來表示：

激發力量＝期望值 × 效價

這裡的「激發力量」是指對員工為了達到某個目標（例如：漲薪資、提升、工作所取得的成就）而進行的行為的激勵程度。「期望值」是該員工個人需要的價值。根據這個理論，管理者為了增強員工對做好工作的激勵力量，

就應當創造條件，使員工有可能選擇對他來說效價最高的目標，同時設法提高員工對實現目標的信心。

（6）史金納的強化理論

史金納認為強化可分為正強化和負強化兩種。如果對某個人的行為給予肯定和獎勵（如提升、表揚或獎金發放等），就可以使這種行為鞏固起來，保持下去，這就是正強化。相反，如果對某個人的行為給予否定或懲罰（如批評、罰款或處分等），就可以使這種行為減弱、消退，這就是負強化。這種理論認為透過正、負強化可以達到控制人們的行為按一定方向進行的目的。

（7）麥格雷戈的 X 理論和 Y 理論

麥格雷戈認為管理者在如何管理下屬的問題上基本上有兩種做法，一種是專制的辦法，另一種是民主的辦法。他認為這兩種不同的做法是建立在對人的兩種不同假設基礎上的。前者假設人先天就是懶惰的，他們生來就不喜歡工作，必須用強迫的辦法才能驅使他們工作。後者假設人的本性是願意把工作做好，是願意負責的，問題在於管理者怎樣創造必要的環境和條件，使工人的積極性能真正發揮出來。麥格雷戈把前一種假設稱為 X 理論，把後一種假設稱為 Y 理論。

總而言之，行為管理思想的產生改變了人們對管理的思考方法，它使管理者把員工視為是需要保護和開發的寶貴資源，而不是簡單的生產要素。它在管理思想史上佔有極其重要的地位，是管理思想的一個偉大的歷史轉折，給管理學的發展開闢了一個嶄新的領域。行為科學也就由此成為管理學的一個重要分支，從此管理思想進入了一個豐富多彩的新世界。

行為科學理論是管理思想發展的一個重要的里程碑。行為科學理論解決的關鍵問題是號召人們掌握一種綜合的管理技能。這些技能對於處理人群問題至關重要。這些技能包括：

第一，理解人類行為的診斷技能；

第二，對工人進行諮詢、激勵、引導和訊息交流的人際關係技能。梅奧等人創立的人際關係學說為行為科學的發展奠定了基礎。他們提出的社會人、

非正式組織等概念已為大多數行為科學家所接受。他們的成果使得管理者在對待下屬問題上發生了重大的變化，對管理思想的發展作了重大的貢獻。

三、現代管理理論

（一）現代管理理論的產生

1. 現代管理理論產生的歷史背景

（1）戰後經濟的重建

現代管理理論是在資本主義社會透過第二次世界大戰以後的政治、經濟格局的重新調整過程當中所形成的管理理論，這一時期的政治、經濟的發展對現代管理理論有重大影響。例如：經過二次世界大戰，美國在戰爭中得到了繁榮，成為超級大國，而英國和法國淪為二等的國家。

（2）科學技術的高速發展

科學技術的發展在二次大戰以後取得了重大的突破，推動了整個世界經濟的發展。

第一，蒸汽機的發明，是能源的第一次革命，將人類領進了工業文明時代。

第二，電腦的誕生、應用及發展。改變了人類生活的方方面面，使人類的生產力產生了巨大的飛躍，對管理理論也是一個巨大的推動力。

第三，新材料的不斷發現和應用，給工業和生活帶來了巨大的變革。

第四，人類的空間技術和生物工程的應用與發展，逐漸改變了人類的生活方式，使社會生產力得到進一步解放。

科學革命從以下三方面推動工業生產力的發展：

①科技革命促進了工業勞動生產率的提高。

②科技革命創造了工業擴大再生產的物質條件。

③科技革命開闢了廣闊工業品的國內外市場。科技革命帶動著整個世界的前進，它的影響是極其深遠的。

（3）資本主義經濟發展的三個階段

學術界一般認為，二戰以後主要的資本主義國家的經濟發展經過了三個歷史階段：

第一個階段從二戰結束到 20 世紀 50 年代初，這一時期是資本主義國家的政治調整、經濟恢復和發展時期。

第二階段從 20 世紀 50 年代中期以後到 20 世紀 70 年代初，這是發達資本主義國家經濟發展的黃金時期，經濟發展速度超過了歷史上的任何時期。

第三個階段是從 1973 年末爆發的世界性資本主義經濟危機開始，從這時開始資本主義世界進入了經濟滯脹時期，這也是對經濟結構、經濟政策進行重新調整的時期。

（4）企業結構發生變化

二次世界大戰以後，隨著科技革命成果的運用、中化工業和新型的工業部門的建立以及第三產業的發展，使得資本主義國家的生產和資本進一步集中，壟斷資本的統治也和戰前不一樣，資本主義世界企業發生了如下的一些變化：

①壟斷企業規模朝著大型化發展。

②壟斷企業混合合併。

③大中小企業協作化發展。

④企業的股份高度分散化。

⑤企業不斷向國際化方向發展。

綜上所述，第二次世界大戰以來，由於國際形勢的各種變化企業也發生了很大的變化，這就給管理提出各種各樣的要求。應用什麼樣的管理理論來指導巨型的企業？如何進行跨國界、跨地區、跨文化的管理？管理如何適應

環境的變化需要？管理理論工作者和實踐工作者如何把環境因素的變化融合到具體的企業管理中去？由於人們心理、行為的多樣性和對客觀事物認識的深度、廣度不同，管理大師們所採用的分析模式也是多視角的，使得管理理論出現了各種不同的觀點和不同的流派，它們構成了現代管理理論的主流。

2. 現代管理理論產生的方法論基礎

管理是人類社會活動的一個組成部分，隨著人類活動的歷史進程而不斷演變。管理對象是在不斷變化的，管理理論是過去事實的總結，隱含著對過去的管理現象所總結出的規律，同時又有它的自身的一些特殊性。所以管理者在應用管理理論時既不能否認已有的管理理論的科學性，也不能完全照搬管理理論。而且隨著管理對象的日益複雜化、多變性，對管理方法的要求也就越來越科學化、定量化，這就要求管理理論要有科學的方法論來指導，要有科學工具來支持。眾所周知，任何一門學科都是建立在其他學科提供的知識框架的基礎上，管理科學也是如此。現代科學理論「老三論」和「新三論」是現代管理理論的基礎理論。「老三論」是指系統論、訊息論和控制論，「新三論」是指耗散結構理論、協同論和突變理論。「新三論」對於管理學上的意義在於將管理對象視為一個系統，而這個系統是不斷變化的，如何對這一系統加以認識是進行管理研究的關鍵性問題。耗散結構理論、協同論和突變論很好地把握了管理對象這一演變過程。所以這些科學方法論是現代管理科學的方法論基礎。

3. 現代管理理論產生的認識論基礎

美國管理學家哈羅德·孔茨在 1961 年 12 月發表的《管理理論的叢林》一文中指出，在西方，只是到了本世紀，特別是到了 40 年代，才對管理進行系統的研究。最早的一批著作都是由一些富有實際經驗的管理人員寫出來的，如泰勒、法約爾等人。可是，到了 60 年代初期管理方面的學術論著卻雨後春筍般地出現，帶來了眾說紛紜、莫衷一是的亂局。泰勒對工廠一級管理所進行的有條理的分析和法約爾從一般管理觀點出發對管理經驗進行的深刻總結等，到 20 世紀 60 年代初期已萌發得過於滋蔓，成了各種管理理論和管理學派相互盤根錯節的一片叢林。

（二）關於現代管理理論的主要特徵和內容

1. 現代管理理論的主要特徵

現代管理理論的各個學派，雖各有所長，各有不同，但不難尋求其共性。現代管理理論的共性實質上也就是現代管理學的特點，它們可概括如下一些方面。

（1）強調系統化。系統化就要求人們要認識到一個組織就是一個系統，同時也是另一個更大系統中的子系統。現代管理論運用系統思想和系統分析方法來指導管理的實踐活動。

（2）重視人的因素。人是生活在客觀環境中的，管理的主要內容就是管人。重視人的因素，就是要注意人的社會性，對人的需要予以研究和探索，在一定的環境條件下，盡最大可能滿足人們的需要，從而保證組織目標的實現。

（3）重視「非正式組織」的作用，也就是在不違背組織原則的前提下，發揮非正式群體在組織中的積極作用。這主要是因為非正式組織是人們以感情為基礎而結成的集體，這個集體有約定俗成的信念。

（4）廣泛地運用先進的管理理論和方法，這樣以利於管理水準的提高。

（5）加強訊息工作。現代管理理論強調通訊設備和控制系統在管理中的作用，所以如何採集訊息、分析訊息以及有效、及時、準確地傳遞訊息和使用訊息，以促進管理的現代化，成為現代管理論的重要研究課題。

（6）把「效率」和「效果」結合起來。

（7）重視理論聯繫實際。現代管理理論來自眾多的人們的實踐，把實踐歸納總結，找出規律性的東西，並將不斷發展。

（8）強調「預見」能力。社會是迅速發展的，客觀環境在不斷變化，現代管理論強調運用科學的方法進行預測，以保證管理活動的順利進行。

（9）強調不斷創新。管理就是創新。現代管理理論認為管理者應該利用一切可能的機會進行變革，從而使組織更加適應社會環境的變化。

（10）強調權力集中。為了進行有效的管理，現代管理論認為組織中的權力應趨向於集中。管理者透過有效的集權，把組織管理統一化，以達到統一指揮、統一管理的目的。

2. 現代管理理論的主要內容

二戰以後，現代科技迅速發展，生產力迅速增長，企業的規模越來越大，生產的國際化進程加速，這一切都給管理工作提出了許多新問題，引起了人們對管理工作的普遍重視。科學技術，特別是運籌學、電子電腦等與管理緊密結合。除管理工作者和管理學家外，其他領域的一些專家，如社會學家、經濟學家、生物學家、數學家等都紛紛加人了研究管理的隊伍，他們從不同的角度，用不同的方法來進行研究。這一切為管理理論的發展創造了極其有利的條件，出現了研究管理理論的各種學派。呈現了「百家爭鳴、百花齊放」的繁榮景象。已故的美國管理學家哈羅德·孔茨形象地稱之為管理理論叢林。

1961 年孔茨把當時西方的管理學派分為 6 個學派：管理過程學派、經驗學派、人群行為學派、社會系統學派、決策學派、數理學派。1980 年孔茨又指出西方的管理理論已經發展到 11 個學派：經驗案例學派、人際關係學派、群體行為學派、社會協作系統學派、數學（管理科學）學派、社會技術系統學派、決策理論學派、系統學派、權變學派、經理角色學派、經營管理（管理過程或管理職能）學派。

（1）經驗學派

經驗學派又稱案例學派，其代表人物是美國管理學家彼德·杜拉克和歐內斯特·戴爾。這一學派的中心是強調管理的藝術性。他們認為，古典管理理論和行為科學都不能完全適應企業發展的實際需要，有關企業管理的科學應該從企業管理的實際出發，以大企業的管理經驗為主要研究對象，加以概括和理論化，不必企圖去確定一些原則，只要透過案例研究分析一些成功經理人員的成功經驗和他們解決特殊問題的方法，便可以在相仿的情況下進行有效的管理。

經驗學派的主要觀點是：

①關於管理的性質，他們認為管理是管理人員的技巧，是一個特殊的、獨立的活動和知識領域。

②關於管理的任務，他們認為作為管理人員的經理，有兩項別人無法替代的特殊任務：一是必須造成一個「生產的統一體」，二是在作出每一個決策和採取每一行動時，要把當前利益和長遠利益協調起來。

③提倡實行目標管理。

(2) 群體行為學派

這個學派同人際關係行為學派密切相關，以致常常被混同。但它關心的主要是一定群體中的人的行為，而不是一般的人際關係和個人行為；它以社會學、人類文化學、社會心理學為基礎而不是以個人心理學為基礎。

這個學派著重研究各種群體的行為方式。從小群體的文化和行為方式到大群體的行為特點，均在研究之列。有人把這個學派的研究內容稱為「組織行為」研究，其中「組織」一詞被用來表示公司、企業、政府機關、醫院以及任何一種事業中一組群體關係的體系和類型。

這個學派的最早代表人物和研究活動就是梅奧和霍桑試驗。德國學者卡特·盧因（1890-1947）於 1944 年首先提出「團體動力學」的概念來描述團體中人與人相互接觸、影響所形成的社會關係，對以後的團體行為的研究產生了較大影響。後來美國管理學家克里斯·阿吉里斯（1923- 至今）在 1957 年發表的《個性與組織：互相協調的幾個問題》一文中提出所謂「不成熟——成熟交替循環的模式」指出「如果一個組織不為人們提供使他們成熟起來的機會，或不提供把他們作為已經成熟的個人來對待的機會。那麼人們就會變得憂慮、沮喪，甚至還會按違背組織目標的方式行事」。他認為，如何解決個體成長和組織原則之間的矛盾是管理者長期面對的挑戰，領導者的任務之一就是努力減少這種不協調，從而提高組織運行的效率。

(3) 管理科學學派

管理科學學派又稱為數量學派，是泰勒的「科學管理」理論的繼承和發展。管理科學學派正式作為一個管理學派，是在二戰以後形成的。這一學派

的特點是利用有關的數學工具，為企業尋找一個有效的數量解，著重於定量研究。

管理科學學派認為，管理就是制定和運用數學模型與程式的系統，用數學符號和公式來表示計劃、組織、控制、決策等合乎邏輯的程式，求出最優的解答，以達到企業的目的。該學派還主張依電腦管理，提高管理的經濟效益。

（4）社會協作系統學派

社會系統學派是以組織理論為研究重點，從社會學的角度來研究組織。這一學派的創始人是美國的管理學家切斯特·巴納德，他的代表作是 1937 年出版的《經理的職能》一書。

巴納德把組織看作是一個社會協作系統，即一種人的相互關係系統。這個系統的存在取決於三個條件：

①協作效果，即組織的目標是否順利達成；

②協作效率，即在實現目標的過程中，協作成員損失最小而心理滿足最高；

③組織目標和環境相適應。

巴納德還指出，在一個正式組織中要建立這種協作關係，必須滿足以下三個條件：

①共同的目標；

②組織中每一成員都有協作的意願；

③組織內部有一個能夠彼此溝通的訊息系統。

此外，巴納德對管理者提出了如下責任要求：

①規定目標；

②善於使組織成員為實現組織目標做出貢獻；

③建立和維持一個訊息聯繫系統。

（5）決策理論學派

決策理論管理學派是在社會系統管理學派的基礎上，吸收行為科學管理學派的觀點，運用電腦技術和運籌學的方法發展起來的。決策理論管理學派的代表人物是美國管理學家、諾貝爾經濟學獎獲得者赫伯特·西蒙，他於1960年發表的《管理決策的新科學》是決策理論管理學派的「聖經」。

在《管理決策的新科學》一書中，西蒙從邏輯實證主義出發，對傳統的管理理論中的命令統一原則、特殊化原則、管理幅度原則和集團化原則等展開了嚴屬的批判，提出了一系列新的、與眾不同的觀點。

①管理就是決策

西蒙認為：管理就是決策，決策貫穿於整個管理過程。組織是作為決策者的個人所構成的系統，組織活動的本質是決策，對組織活動的管理包含著各種類型的決策。

②決策的過程

管理的實質是決策，它是由一系列相互聯繫的工作構成的一個過程。這個過程包括4個階段：情報活動、設計活動、抉擇活動、審查活動。

③決策的準則

用「令人滿意的原則」代替了傳統決策的「最優化原則」。他認為，不論是個人還是組織的決策實踐，尋找可供選擇的方案都是有條件的，不是漫無限制的，所以「最優化」的實現在很多情況下是不現實、不經濟的，而「滿意原則」則顯得更為合理、現實。

（6）社會－技術系統學派

社會 - 技術系統學派是在二戰後興起的一個較新的管理學派，是社會系統學派的進一步發展。這一學派是由英國的特裡斯特等人透過對英國的達勃姆媒礦現場作業組織進行研究的基礎上形成的。他們經過研究認為，許多矛盾的產生是由於只把組織看成一個社會系統，而沒有看到它同時又是一個技

術系統，而技術系統對社會系統有很大的影響；只有使社會系統和技術系統兩者協調起來，才能解決這些矛盾從而提高勞動生產率，而管理者的一項重要任務就是確保這兩個系統相互協調。

（7）系統學派

管理系統學派是運用系統科學的理論、範疇及一般原理，分析組織管理活動的理論。其代表人物有美國的卡特斯、羅森茨韋克等。

系統管理學派的主要理論觀點是：

①組織是一個由相互聯繫的若干要素所組成的人造系統；

②組織是一個為環境所影響，並反過來影響環境的開放系統。組織不僅本身是一個系統，同時又是社會系統的分系統，它在與環境的相互影響中取得動態平衡。

系統管理和系統分析在管理中被應用，提高了管理人員對影響管理理論和實踐的各種相關因素的洞察力。該理論在 20 世紀 60 年代最為盛行，但由於它在解決管理的具體問題時略顯得不足而稍有減弱，但仍然不失為一種重要的管理理論。

（8）權變理論管理學派

權變理論是 20 世紀 70 年代在經驗主義學說的基礎上進一步發展起來的管理理論。權變理論認為管理中不存在普遍適用的「最佳管理理論」，有效的管理是根據組織的內外因素靈活地應用各種管理方法解決管理問題的過程。

權變理論的基本觀點主要包括以下幾方面：

①權變管理思想結構

管理同環境之間存在著一定的函數關係，但不一定是因果關係。這種函數關係可以解釋為「如果──就要」的關係，即「如果」某種環境或情況存在或發生，「就要」採用某種管理思想。

②權變理論的組織結構觀點

把組織看成一個既受外界環境影響，又對外界環境施加影響的「開放系統」。組織內部結構的設計，必須與組織任務的要求、外在環境要求以及組織成員的需要等互相一致，組織才能有效。

③權變的人事觀點

在人事方面的權變觀點也以權變管理思想為基礎，認為在不同的情況下要採取不同的管理方法，不能千篇一律。

④權變理論的領導方式觀點

權變理論學派認為不存在一種普遍適用的「最好的」或「不好的」領導方式，一切以組織的任務、個人或小組的行為特點以及領導者和員工的關係而定。

權變理論的出現，對於管理理論有著新的發展和補充，主要表現在它比其他一些管理學派與管理實踐的聯繫更具體，與客觀實際更接近一些。但是，權變理論僅僅限於考察各種具體的條件和情況，而沒有用科學研究的一般方法來進行概括，只強調特殊性，否認普遍性，只強調個性，否認共性。

(9) 經理角色學派

經理角色學派是 20 世紀 70 年代在西方出現的一個管理學派。它以經理所擔任的角色的分析為中心，來考慮經理的職務和工作，以提高管理效率。該學派的主要代表人物是加拿大麥基爾大學管理學院教授明茨伯格。

這一學派認為經理一般都擔任十種角色，源於經理的正式權利和地位。十種角色可以歸為三類：

①人際關係方面的角色，包括掛名首腦的角色、領導的角色、聯絡者的角色；

②組織訊息中樞的角色，包括訊息接受者的角色、訊息傳播者的角色、發言者的角色；

③決策方面的角色，包括企業家角色、故障排除者角色、資源分配者角色、談判者角色。

經理角色理論受到了管理學派和經理們的重視，但是經理的工作並不等於全部管理工作，管理中的某些重要問題，經理角色理論也沒有詳細論述。

（10）管理過程學派

管理過程學派又叫管理職能學派、經營管理學派。這一學派是繼古典管理學派和行為科學學派之後最有影響的一個學派，創始人是古典管理學家法約爾，而以提出「管理理論的叢林」而聞名於世的孔茨本人，則是這一學派的集大成者。

管理過程學派的研究對象是管理過程和職能。他們認為，各個組織以及組織中個層次的管理環境都是不同的，但是管理卻是一種普遍而實際的過程，同組織的類型或層次無關。

該學派的理論依據是：

①管理是一個過程。可以透過分析管理人員的職能，從理論上很好地進行分析。

②根據在企業中長期從事管理的經驗，可以總結出一些管理基本原理，這些基本原理對認識和改進管理工作都能造成一定的說明和啟示作用。

③可以圍繞這些基本原理展開有益的研究，以確定其實際效用，增加在實踐中的作用和適用範圍。

④這些基本管理只要還沒有被實踐證明不正確或被修正，就可以為形成一種有用的管理理論提供若干要素。

⑤管理是一種可以依原理的啟發而加以改進的技能，就像生物學和物理學中的原理一樣。

⑥ 管理人員的環境和任務受到文化、物理、生理等方面的影響，但也吸收同管理有關的其他學科的知識。

（11）人際關係學派

人際關係學派的依據是，既然管理就是讓別人或同別人一起去把事情辦好，因此，就必須以人與人之間的關係為中心來研究管理問題。這一學派認為傳統古典管理理論主要強調管理組織中的工作技術、組織結構等，輕視人的作用，把工人看作機器的附屬品。它把社會科學方面已有的和最近提出的有關理論、方法和技術用來研究人與人之間以及個人的各種現象，從個人的個性特點到文化關係，範圍廣泛，無所不包。

人際關係學派提出以下基本觀點：

①織成員是「社會人」，是複雜的社會系統的成員。

②組織中除了「正式團隊」之外，存在著「非正式團隊」。

③新型的領導能力表現在透過提高員工的滿足度，激勵員工的士氣，從而達到提高勞動生產率的目的。

在行為科學發展過程中，組織管理中「人」地位日益突顯。人際關係研究和行為科學發展對現代管理產生了重大影響，這種理論研究把原來以「事」為中心的管理轉變到以「人」為中心的管理，把原來靠規章制度的管理髮展到研究人的行動、激發人的積極性的管理。

儘管學術界還有其他對西方現代管理論學派的劃分方法，但縱觀主要觀點，國內外多數學者同意將《管理理論的叢林》中的諸家觀點歸納劃分為六大學派：社會系統學派，決策理論學派，系統管理學派，經驗主義學派，管理科學學派和權變理論學派。以便於在理論上對它們進行歸納和研究，但這並不意味著這六個學派是彼此獨立、截然分開的。

他們用在歷史的淵源和論述的內容上都存在著互相影響和彼此交叉、融合。其中管理科學學派就是對古典管理理論中科學管理理論的發展。經驗主義學派和權變理論學派都體現了管理動態的特點，它們都認為不存在固定不變的管理理論和方法，因此都強調管理模式應根據具體情況來選擇，但經驗學派注重案例的研究。而權變學派試圖建立起理論上的權變管理模型。最後，社會系統學派、決策理論學派和系統管理學派之間的聯繫體現在它們都建立

在系統科學的基礎上，社會系統學派強調組織不僅是一個系統，而且是複雜的社會系統，應用社會學的觀點去分析管理問題。

從研究方法來說，社會系統學派與人際關係學說有著密切關係。它們都建立在相同的理論基礎之上，產生的歷史背景也幾乎相同。而決策理論學派強調了決策在系統運行中的重要作用；系統管理學派則突出用系統觀去分析管理問題，追求系統的整體優化，重點在於建立適合於現代系統的組織結構。

由此可見，各個學派之間相互影響，相互滲透，又各自有自己的研究特色，這就構成了西方現代管理理論的叢林。

第三節 飯店管理的職能

管理的職能就是管理的職責與功能。最早系統地提出管理的各種具體職能的是法約爾。他認為：管理活動是由計劃、組織、領導、協調和控制這五種職能組成的。他說，管理就是實行計劃、組織、領導、協調和控制；計劃就是探索未來、制定行動計劃；組織就是建立企業的物質和社會的雙重結構；領導就是使其人員發揮作用；協調就是連接、聯合、調和所有的活動及力量；控制就是注意是否一切都按已制定的規章和下達的命令進行。繼法約爾之後，行為管理學派突出了人的因素，從組織職能中劃分出了人事、訊息溝通、激勵等職能；系統論、控制論、訊息論應用於管理之後，出現了許多科學的決策方法和手段，有的管理學者又從計劃職能中提出了決策職能，有的學派則把原來的指揮、協調職能的內容分別納入組織與控制的職能之內。

儘管管理職能的劃分眾說紛紜，莫衷一是，但現在人們比較認同的還是法約爾所提出的計劃、組織、控制、領導和控制這五大職能。同樣作為企業的飯店，其管理工作的過程是一系列相互關聯、連續進行的活動所構成的。這些活動也包括計劃、組織、領導、控制等，它們也順理成章的成為飯店管理的基本職能。

一、計劃職能

計劃職能是管理的首要職能。所謂計劃職能，是指對未來的活動進行規劃和安排，在工作或行動之前，預先擬定出具體內容和步驟。包括確立短期和長期目標，以及選定實現目標的手段。計劃職能的主要內容如下：

一是分析和預測單位未來的情況變化；

二是制定目標，包括確定任務、方針、政策等；

三是擬定實現計劃目標的方案，做出決策，對各種方案進行可行性研究，選定可靠的滿意方案；

四是編制綜合計劃和各專業活動的具體計劃；

五是檢查總結計劃的執行情況。計劃的目的是為確定一個明確的行動方向，避免盲目性，避免出差錯，同時它又是檢查和衡量成績的標準。

要實現飯店的管理目標，必須根據飯店的實際情況、飯店資源的優缺點、將來的發展趨勢等方面，制定可行性方案（計劃）。目標應該不是輕易能實現的，但經過努力又是可以實現的。管理人員在制定目標時可以做長計劃、短安排，具體落實，逐步實現。

二、組織職能

組織職能是為了實現目標，對人們的活動進行合理的分工和協作，合理配備和使用資源，正確處理人際關係的管理活動。為了實現管理目標和計劃，必須要有組織保證，必須對管理活動中的各種要素和人們在管理活動中的相互關係進行合理的組織。組織職能的內容主要有六個方面：

一是按照目標要求建立合理的組織結構；

二是按照業務性質分工、確定各部門的職責範圍；

三是給予各級管理人員相應的權力；

四是明確上下級之間、個人之間的領導與協作關係，建立訊息溝通渠道；

五是配備、使用和培訓工作人員；

六是建立考核和獎懲制度，激勵員工。

組織就是建立一個有效的飯店管理系統，以便充分利用飯店資源，最有效地達到管理目標。飯店是一個綜合性的企業，它有一套完整的系統，組織應充分有效地利用這個系統的各個職能單位、每項設備、每個員工，使其在飯店經營活動中協調一致地發揮功能和作用。

三、領導職能

每個企業都是由人力資源同其他資源有機結合而成的，人是企業組織活動中唯一具有能動性的因素。飯店管理者為促進和指揮下屬員工履行職位指責，對員工給予指導和監督，以確保得到最高和最佳的工作效率。飯店領導最有效的方法是實行逐級管理、逐級負責制，每級都應有職、有權。領導應當使下級明白自己的意圖，把他們的積極性、創造性充分激發和發揮出來，更好地實現管理目標。

四、控制職能

控制職能是對實現計劃目標的各種活動進行檢查、監督和調節。雖然在計劃職能中要求盡可能全面、周密地反映客觀情況，制定出切實可行的計劃，但是在管理過程中，還會出現各種預料不到的情況，所以在執行計劃的過程中，仍有可能產生不同程度的偏差。這就要求控制職能加以調節，以保證目標的實現。控制的基本程式是：制定控制標準，衡量計劃執行情況，將實際成果同預定目標相比較以確定是否發生了偏差，採取糾正措施。有效的控制應該根據管理者和管理對象的不同情況，採取預先控制、現場控制和回饋控制等不同的控制方法，將控制職能貫穿於管理的全過程。

執行控制職能的關鍵在於訊息的回饋。透過訊息的回饋，才能對每一個計劃的執行情況進行比較，分析產生偏差的原因，對計劃進行修正和控制。

五、協調職能

協調指系統地將飯店各部門的工作結合起來，以求更有效地達到飯店的整體目標。雖然飯店都採用由各部門分工負責的方法來提高工作效率，然而，飯店是一個整體，各個部門或個人之間在工作中仍存在著各種依存關係。在飯店依存有以下三種形式。

1. 整體依存關係。

飯店的部門或個人在具體工作上互相之間是相對獨立的。但他們都必須依存於飯店這個整體，沒有飯店其他部門的配合，他們就不可能繼續存在。例如，飯店的洗衣房和商場，兩個部門的工作互不相干，但這兩個部門的存在都必須依賴於其他部門的工作，其部門效益必須在整個飯店運轉起來後才能實現。

2. 順序依存關係。

某部門或個人的工作必須等待另一部門或個人完成以後才能開始。例如，飯店的洗衣房與客房部的的關係，如果洗衣房不按時將布件洗滌完畢，將直接影響客房部清掃房間的工作。

3. 相互依存關係。 雙方的工作相互依存，一方完成工作的情況直接影響對方的工作，雙方必須密切配合，才能完成各自的工作。例如飯店的總台與客房部的關係便是這樣。

在這三類依存關係中，整體依存關係的依存性較弱，順序依存關係的依存性較強，相互依存關係的依存性最強。只要有依存關係存在，就必須需要協調。在依存性強的部門或個人之間，協調就顯得更為重要。雖然飯店中沒有專門部門負責協調職能的執行，但事實上在上面所提到的四項職能中都包含有協調的內容。因此有的管理學家稱協調職能為「管理中的管理」。

在飯店的經營管理中，不同管理層次的管理人員對執行管理職能的側重點是不同的，高層管理人員側重於計劃、組織，而低層管理人員側重於領導、控制，而協調貫串於整個管理活動之中。

第四節 飯店管理理念的創新

一、管理者的意識

(一) 創新意識

創新一詞對於管理者並不陌生，人們經常會將其與設備更新、技術變革、產品開發、工藝改進相聯繫。無疑，這些是創新的一部分，但並非創新的全部。我們認為，創新是一種思想原則及在這種思想原則指導下在飯店的具體運用。創新是在舊的運行機制基礎上的變革。當舊機製出現內部矛盾或外部的不協調時，飯店管理透過創新求得新的協調與平衡。

1. 創新意識對飯店管理的重要性

(1) 創新時飯店管理的基本職能。從管理的一般邏輯順序而言，在特定時期內飯店管理工作內容包括：確定企業目標，制定與選擇實現目標的行動方案；分解目標，設計組織結構、編制定員，組織業務；協調部門關係，檢查控制糾正偏差，關注內外條件的變化，尋找變革的機會，計劃與組織變革等。上述的管理工作，一方面，要求管理者透過管理保持飯店業務按既定的決策、計劃運轉；另一方面，要求管理人員有創新意識，使管理本身向前發展，同時帶來更好的效益。

(2) 創新意識是飯店發展的需要。飯店要發展，管理人員只安於現狀是遠遠不夠的。由於飯店業務的複雜性，飯店運轉過程中，必然要與外界環境發生種種溝通與聯絡，一定時期內飯店外部環境的變化必然會影響飯店內部系統，必須透過創新來適應或消除這種影響。同時飯店產品作為一種商品走向市場，透過商品交換實現飯店產品的價值。在市場經濟條件下，產品完美的使用價值和更低的個別差價是提供競爭力的根本，這些都有需要管理人員深入瞭解市場，並依據市場推陳出新，創造新產品，靠創新控製成本，降低產品價格，以不斷推動飯店的發展。

2. 創新的主要表現形式

（1）技術創新。飯店現代化進程的一個重要指標是，廣泛運用現代化的科學技術。企業要在市場競爭中立於不敗之地，應不斷進行技術創新，如近年來網絡技術、電腦技術、保全監控技術、成本控制技術等在飯店管理中的應有。

（2）產品的創新。包括產品的形態、內容、服務項目、組合方式，以及產品品質的創新。

（3）制定創新。包括企業產權制定創新，經營制定創新，管理制度創新。

（4）組織創新。包括組織原則、管理體制的創新，組織形式、組織接個、人員安排的創新。

（5）環境創新。這種創新不是指企業為適應外界變化而調整內部結構與活動，而是積極透過企業的創新活動改造環境，引導環境朝著對企業有利的經營方向發展。例如，透過公益活動影響社區政策的政策等。

（6）市場行銷創新。包括市場需求創新；產品設計創新；銷售通路與方式的創新；價格與促銷的創新等。

（二）品牌意識

1. 品牌的涵義

品牌是指用以區別不同企業所生產銷售的產品或服務的名稱、標記、圖案、形象或其他特徵。包括品牌名稱、品牌標記、品牌內涵等內容。

品牌對於生產者與消費者都有非常重要意義。對於生產者來說，品牌有助於區分不同的產品與服務，有助於形成良好的企業形象，培養回頭客，並在此基礎上建立顧客的忠誠。對於客人而言，品牌可以識別不同的飯店產品，從而覺得自己的住宿選擇，並且可以透過諸如消費名牌等形式獲得心理上的滿足與回報。

飯店作為服務性的行業，其產品需要走向市場，透過激勵的市場競爭銷售產品，由於飯店產品的無形性的特點，使得飯店招徠客源比一般企業要困

難。飯店只有透過完善內部服務提高品質,進而樹立良好的市場形象,形成顧客忠誠,培養品牌來招徠客源。飯店未來的競爭是品牌的競爭,誰擁有著名的品牌,誰就會在競爭中處於主動地位。所以從某種意義上說,品牌對飯店比對其他任何企業都更重要。

隨著經濟全球化的進程,以及飯店集團的國際化的發展,中國飯店管理者必須強化飯店品牌意識,努力扶持與培養企業的品牌,以增強飯店的國際競爭優勢。

2. 品牌意識的主要內容

飯店要加強品牌管理,要求管理人員樹立品牌意識,從品牌組成要素、內容等方面入手努力扶持與培養企業品牌。

(1) 提升經營理念、發揮品牌的凝聚功能。飯店的經營理念的形成是一個非常重要的工作,也是飯店品牌的一個核心方面。經營理念首先要具有可識別性,要有其鮮明的個性,並與飯店的歷史沿革、經營優勢相結合,同時要迎合時代特色,並不斷引進新的管理與服務觀念;另一方面要與飯店的市場定位的特徵相結合。

(2) 完善制定規程,統一品牌的行為識別。飯店的經營理念一旦形成,應立即輔以培訓,讓飯店所有員工明確與領會其精神實質;並把它貫徹到具體業務中去,相應地建立與完善各種制度,採用統一的行為規範和服務準則,以形成統一的行為識別。

(3) 規劃有形展示,形成統一的視覺識別。飯店所有與品牌相關的傳播因素都應共同塑造一個完整的形象。在品牌建立的過程中,行銷人員能夠做的最重要的一步是前後一致、始終如一地展示撲撲的有形性因素(主要指飯店的名稱、飯店標記、建築外觀、主色調、設施設備、人員服裝、用品與消耗品等),有形展示盡可能統一,以形成統一的視覺識別。飯店在客人心目中的形象越統一、個性越鮮明,其品牌地位就越高。

(4) 加強訊息傳播,提高品牌的認識度。企業品牌的形成依賴於飯店的內部與外部的公關行銷,透過飯店的公關行銷,把飯店的有關品牌訊息傳播

到更廣泛的客源市場領域，以提高飯店品牌的市場認知度。飯店應擬訂整體形象行銷框架和實施步驟，加強品牌宣傳。與此同時飯店應融合經營優勢，針對市場的變化，形成自己的產品優勢，增加經營特色與品牌的競爭力，加大宣傳促銷的力度，提高飯店的效益，多方結合樹立企業品牌。

（三）市場意識

1. 市場意識的樹立

在市場經濟時代，飯店產品必然要像其他產品一樣走向市場，透過商品生產、交換實現產品的價值。飯店業經過及幾十年的發展已經由以前的賣方市場發展到現在的買方市場，由於種種原因，可能在某些時期某些地區飯店市場會出現供不應求的局面，但總體來說飯店市場已經發育成為一種買方市場。因此作為飯店管理者應樹立牢固的市場意識，按市場經濟規模進行經營。飯店的一切經營、管理應以市場為中心，同時針對不同市場條件，消費者的心理特徵，採取靈活的經營策略，擴大經營。

2. 市場意識的主要內容

（1）建立適應市場經濟的經營體制。飯店體制要從計劃經濟向市場經濟轉化，建立現代化的企業體制，明晰產權關係，建立精幹高效的組織體系、完善的企業管理體制。

（2）明確目標市場，進行市場定位。飯店業務是圍繞客人而進行的，因此飯店產品的形式、價格及業務決策均要以客人的需求為依據。這就要求飯店管理人員在飯店決策時應進行充分的市場調查、市場預測、市場分析、按一定的標準進行市場細分，並認真評價每一個細分市場，同時根據市場競爭現狀，分析飯店現有的人、財、物等資源情況以及企業經營的優勢、劣勢，並選擇合適的目標市場，根據目標市場的需求特點設計組合產品，確定飯店業務形式、內容等。市場經濟條件下市場意識要求管理人員應從市場規律出發，飯店適應賓客，而不是相反，飯店業務決策的依據勢客人的需求特徵，而不是管理者的主觀臆斷。

（3）加強訊息管理，適應市場變化。市場經濟條件下，企業的經營目標是不斷適應與滿足市場需求，要把握市場需求依靠市場訊息。飯店訊息由兩部分組成，一部分是飯店內部客人消費訊息，瞭解客人需求變化及賓客的意見、建議，以便於飯店不斷完善服務於管理，提高客人滿意度。另一部分是飯店外部訊息，掌握飯店市場變化特徵，為正確的飯店經營決策提供依據。

（4）把握市場機會，適時占領市場。經濟的發展，人民生活水準的提供往往會改變市場結構與組成，教育程度的提高與價值觀點的變化將改變人們的消費偏好，左右市場份額。飯店管理者應敏銳觀察市場動態，根據變化適時調整以不斷占領新的領域，不斷創造發展趨勢。

（5）全員促銷，增加市占率。飯店產品走向市場競爭，要想佔有足夠的市場，必須樹立競爭意識，加強飯店促銷。飯店的促銷分為兩方面：一方面是飯店外部促銷，透過各種靈活的形式開拓市場，增加客源，宣傳自己，樹立形象。另一方面是飯店內部促銷，以良好的服務爭取回頭客，形成自己良好形象，透過賓客對飯店良好印象為飯店擴大對外宣傳。

（四）人本意識

1. 人本意識的樹立

人本意識是指飯店管理者對象諸要素中把人列為根本要素，也是影響管理的首要因素，充分發揮人的潛能，進而有效管理飯店的其他要素。人是企業管理中最積極最活躍的因素，也是有思想有感情的具有能動性的因素，而企業的其他要素都是透過人的管理產生影響。客觀說來每個管理要素都會對管理產生不同的影響，但人是最基本的因素。

在飯店管理中，管理的主體是人。由於飯店由多個部門多個職位組成，以分散手工勞動為主，因此人（飯店員工）的素質、狀態、心理直接影響飯店產品經營與飯店要素組合狀況。飯店首先要求管理者有良好的素質以及科學的管理理念，並且在管理中首先做好「人」的工作。

飯店業務是以人為中心展開的，服務主體和服務對象都是人，他們之間存在著服務的交換關係，這不是簡單的交換而是一種面對面的服務，飯店服

務人員借助飯店的設施設備提供的服務，為賓客帶來的物質上、心理上的滿足。飯店與客人之間需要交流，從而達到兩者之間感情的融合。飯店的服務人員透過情感服務、細微服務、微笑服務等針對性的、人性化的服務把飯店對客人的歡迎之情傳遞給客人，並使客人接受與認可。

2. 人本意識的主要內容

管理者應樹立以人為本的管理意識，即在管理工作中正確認識人的價值和作用，科學使用與培育人，做好激勵人的工作。

（1）樹立以人為本的理念。現代飯店的經營管理必須堅持「三個第一」的策略；即市場第一、顧客第一、員工第一的策略。市場第一是指飯店在設計飯店產品業務決策時一切服從於市場，從市場實際出發開展業務。飯店對外是「顧客第一」，把滿足客人需求作為飯店服務的目標。飯店內應樹立「員工第一」的思想，確立員工是飯店生存與發展的根本要素的管理理念。「市場第一」「顧客第一」，都是人的主觀能動性的客觀反映。美國的旅遊企業羅森布魯斯提出了著名的「只有當公司把員工置於首位，員工才能將客人置於首位」的思想。認為公司應對員工產生積極的影響，一個公司如何對待員工，會對產品的品質產生極大的影響。「在管理者的心中只有員工第一，在員工的心中才能有客人第一」。管理工作中應該始終以人為本，樹立員工第一的觀點，管理者從思想上把自己當成高級服務員，從人格平等，情理結合等出發，以員工滿意為歸屬，努力為員工服務。

（2）正確認識與使用員工。飯店業務是以人為中心開展的，是靠員工的服務而生存，一定要明確「只有滿意的員工，才能有滿意的客人」的認識。讓員工滿意的前提是正確的認識企業的員工。企業的員工是社會的人，不能像機器人一樣按照既定程式進行運作。人是社會的人，除了物質需求外，還追求人與人之間的平等、相互尊重、理解、安全感、歸屬感等。

飯店管理者既要盡可能滿足員工的物質需求，同時也要採取新型的領導方法滿足員工的社會心理需求。在具體的工作中根據員工不同的心理素質、特長、需求等特點，做到因人制宜，充分利用飯店的人力資源。

（3）科學培訓與激勵人。人是企業精神的載體，人類的知識經驗和技能是一種可以持續開發的資源，如何發揮人類的潛力則需要靠管理者運用科學的方法來實現。一般而言，企業員工的工作好壞取決於兩個方面。一方面是要看員工是否適應該職位工作、能力和技術。另一方面是員工投入工作的積極性的大小。前者可以透過員工招收、培訓加以控制和提高來解決；後者則是領導方法問題。在飯店人力資源有限的情況下，提高工作效率和品質的途徑是培訓。飯店培訓應該有系統、有計劃地進行，把理論培訓於實踐培訓結合起來，形成良好的企業文化和氛圍，造就高素質的員工團隊。而飯店工作中員工積極性的高低主要取決於飯店的管理水準。飯店管理者透過可以透過激勵來激發員工的積極性，巧妙地把飯店目標與個人發展目標結合起來，真正做到飯店、員工相互依託共同發展。

（4）注重管理技巧，實現以人為本。要實現以人為本的目標，除了具備現代飯店管理理論外，還需要掌握管理藝術以提高管理水準。在管理的過程中把要求做的工作變成員工願意做的工作。在業務的開展的過程中，如果單單靠管理者的行政命令很難維繫，還需要管理者與員工進行良好的溝通。進行民主管理，要把員工的想法變成自己的想法。在工作中，飯店的每個員工都有自己的思想，而且員工在飯店基層，對客人的需求和管理的中缺陷最為清楚，因此讓員工參與民主管理，隨時聽取其合理化建議，及時瞭解其思想動態，鼓勵員工進行創新，取其精華付諸實施，把員工的想法變成管理者的舉措。

員工利益與飯店利益是唇齒相依的，管理人員要確保在任務和利益的分配上公眾、公平，實事求是的評估，賞罰分明，爭過讓功，還要廉潔自律。在日常的管理中員工如果犯錯，必須根據實際情況靈活處理，寬鬆適宜，達到讓員工心服口服的效果。在管理過程中一定要注意克服官僚主義，以免傷害員工感情，將不利於激發員工的積極性和創造性。

（五）飯店意識

飯店意識是指從飯店的性質和業務特點出發，為了科學經營管理飯店，達到為賓客服務的品質標準，飯店從業人員應有的觀念意識主要包括：服務意識、品質意識、系統意識等。

1. 服務意識

所謂服務意識是指飯店從業人員在服務中主動發現客人的需求並滿足客人需求，並把這種過程做到最佳狀態的意識。客人的需求是多方面的，精神上的，物質上的，常規的，非常規的。服務意識要求服務人員在對客人服務始終把客人的利益放在第一位，最大限度滿足客人需求。

針對客人的不同需求，要求服務人員善於觀察和把握客人個性化需求特徵。能夠根據不同需求的客人提供有針對性的服務，如客房內的茶水服務，歐美客人習慣於飲用冰水，亞洲客人也會有針對性的喜愛花茶、綠茶或者紅茶。

服務人員應樹立牢固的對客服務意識，同樣的飯店管理人員也需要樹立良好的服務意識。管理者的服務意識包含了兩層含義：首先應樹立對客的服務意識，同時也應該樹立對員工的服務意識。為員工服務是指做好員工的思想工作、後勤工作、解決員工的後顧之憂，為員工良好的工作創造便利的條件。「如果你不是直接為客人服務，那麼你的職責就是為服務客人的人服務」這是香港的文華集團提出的理念。文華集團認為管理者的職責就是為一線員工服務，為他們創造一個良好的工作生活環境。櫃檯為客人服務，職能部門為業務部門服務，管理人員為服務人員服務，才能形成良好的工作氛圍，促進飯店健康的發展。

2. 品質意識

服務品質是飯店的立身之本，是飯店形象的具體化。飯店服務品質覺得飯店的生存與發展，良好的服務能夠招徠回頭客，同時也能吸引潛在的客人。所以管理人員應該把服務品質作為一項重要的工作對待。

飯店應該樹立全員服務意識，明確規定各項管理規定和完善服務的各種標準、規範、制度，並在執行中不斷改進與完善，透過不斷檢查、監督、控制確保飯店服務品質達到既定的標準。

3. 系統意識

飯店是一個由多個部門組成的複雜的組織系統，其每一部分的組成都有其本身的特點，要想這個系統有效地運轉，有賴於飯店系統意識的貫徹。系統是指由若干個相互聯繫、相互作用的部分組成，在一定環境中具有特定功能的處於一定環境中的有機整體。系統各個部分的組合是按一定規律一定方式組合，每一組成部分既有其特定的功能，又協調於系統的整體。飯店從整體說屬於一個系統，此系統又包括若干子系統，飯店的子系統可以從多個層面加以界定。飯店系統是個有機協調的整體，不能缺少任何一個子系統。飯店系統是社會巨系統中的一個子系統，業務過程中要與外界的社會其他子系統發生各式各樣的聯繫，它不是個封閉系統，而是一個與外界不斷進行交流與溝通的開放系統。

飯店管理人員在管理過程中樹立飯店系統意識。飯店總系統與子系統有各自的不同目標，但是要求各系統的目標要以飯店整體目標為前提條件，子系統的活動要與飯店整體經營活動協調。系統意識的另一方面的要求為了達到飯店經營目標，在系統內部要強調協作，各相關的子系統、部門、職位、班次提倡主動協作與配合，以保證飯店系統的完整性、有效性。

二、現代飯店管理的理念

當前，行業間的競爭日益激烈，對飯店管理者水準的要求越來越高。本文針對性地提出了飯店管理者應具備的全新理念，深刻揭示了其重要性。在訊息化和經濟全球化進程中，管理理論已掀起了第三次變革浪潮，如何運用新的管理理論，經營管理好現代飯店，已成為擺在每個管理者面前的新課題。

（一）對消費者的尊重與關懷

我們面對的是更加成熟的消費者，飯店的一切經營必須建立在對消費者的尊重的基礎上。飯店從設計、建設、經營開始到日常管理和服務，都要有

一種人文關懷精神。要以客人為本，全面關懷，使客人有賓至如歸，甚至是賓至勝家的感覺。要進一步瞭解並高度細分賓客的需求，更準確地把握飯店的市場，針對性地提供相應的產品和服務，不斷提高經營管理水準和服務品質，使賓客的滿意度全面得到提高。

（二）企業組織結構扁平化

現代企業管理是一種關於企業組織結構和制度組合的理論，其著眼點是人而不是物。目前大部分飯店企業組織形態尚處於一種傳統型的狀況，呈縱向結構的垂直領導。這種結構中，飯店以總經理為中心，權力相對集中，管理的傳遞方式是一層層向上匯報，級級向下傳達，需要大批的中低層管理人員進行管理和現場督導，第一線的員工則要求按規定的標準和程式操作。管理強調對人的行為的控制，這樣容易形成官僚機構和部門之間的條塊分割，已難以適應市場發展的需要。

扁平化的趨勢要求改變傳統的管理模式並做結構性的變革，壓縮一級管一級的管理層次。訊息傳遞的電腦化將取代中下層管理層次的大部分作用，權力將被簡化，企業內的溝通容易暢通無阻，減少部門分割摩擦，提高管理效率，降低管理成本，最大限度地發揮第一線員工的作用，體現參與式的民主管理。扁平式組織機構將會在市場環境變幻莫測的情況下發揮其強大的優越性，它將使管理中層內部進行重新組合分工，並與其他管理層融合，而這恰恰是企業從僵化、割裂、局部內向的機械化管理階段向靈活、關聯、整體、外向的有機管理階段邁進過程中的躍變。

（三）倒金字塔的管理理念

大部分飯店的管理體系是以總經理為頂端，一級管一級，層層對上級負責，處於最低層的員工直接面對賓客，呈正金字塔結構。在這種體制下，管理者忙於層層控制，容易形成人人只對上級負責的狀況。倒金字塔的管理理念則以賓客為最高層，依次為員工，下中層管理者、決策層，各層次均依次以前者作為服務對象和後盾。這種管理理念有利強化賓客導向和各層次的服務意識，逆轉了各層次主要只對上級負責的趨向，有利於形成以人為本的管理意識。服務品質在時間空間上始終是處於不斷髮生不斷完成的動態之中。

沒有員工的向心力和投入就不會有優質的服務。日本松下公司成功的訣竅在於一句格言：「先製造人，再製造產品」。有的飯店提出「賓客至上，員工第一」的口號，提出「員工是飯店的內部客人」的概念，都體現了以人為本的管理理念。全面品質管理的理論本質上是以層層控製為核心，並未改變人們所處的結構環境。新的管理理念是以人為中心；把員工作為服務的主體，注重人力資源的開發，員工素質的培養，工作環境的改善。

(四)「學習型組織」機構

美國麻省理工學院著名管理學者彼得·聖吉所著的《第五項修煉》一書指出：現在全世界的管理和思維方式正在醞釀一個新趨勢，那就是學習型組織企業的誕生。因為未來唯一持久的優勢，就是「有能力比你的競爭對手學習得更快」。當世界更息息相關，更複雜多變時，學習能力也必須更強才能適應變局。未來真正出色的企業，將是能夠設法使各階層全身心地投入並有能力不斷學習的組織。彼得·聖吉認為以下五項「修煉」是創造學習型企業，告別傳統威權控制型組織的先決條件：

第一，自我超越的精神基礎；

第二，改善心智模式；

第三，建立共同的願景（願望）；

第四，團體學習；

第五，系統思考。

彼得·聖吉這一「學習型組織」企業理論正為各國所重視，在飯店界，人們將更深地瞭解未來飯店企業的經營決勝之道，因而會出現更多真正意義上的「學習型組織」飯店。

(五) 實施 CIS-CS-ES 策略

「CIS」是英文「Corporate Identity System」的縮寫，直譯為「企業識別系統」，作為一種新概念的形象策略，它於 20 世紀 50 年代崛起於商品經濟高度發達的美國，70 年代盛行於歐美，80 年代傳入日本，而後風靡

全球，在理論體系上得到不斷充實與完善。「ＣＩＳ」的三個子系統是：理念識別系統、行為識別系統、形象識別系統。「ＣＩＳ」是以一種職業化的手段，透過建立一整套能夠廣泛而迅速傳播的識別符號，將企業文化和理論融合其中，傳達給公眾。形象策略在飯店的導入，猶如是給飯店增添了「心」（理念）、「手」（行為）、「臉」（視覺），同時注入了識別標誌，凸現了飯店的形象，既提高了飯店的競爭力，又使內部的管理走上了正軌。飯店形象既包括建築、客房、餐廳、設備設施等硬體形象，又包括飯店管理、服務品質。員工精神面貌、企業文化等軟體形象。

良好的飯店形象，是屬於飯店擁有的寶貴財富，競爭者不易詆毀和仿效，可提高飯店的競爭力，同樣它可使飯店建立與債權人之間最有利的關係，以最低的利率獲得貸款，獲得良好的資金周轉循環系統，最重要的是它能使飯店吸引更多的顧客，提高經濟效益和知名度。

「ＣＳ」是英文「Customer Satisfaction」的縮寫，譯為「顧客滿意」。「ＣＳ」策略是超越於「ＣＩＳ」策略的情感策略，它關注於顧客的心理需求，透過多種溝通手段，讓顧客在消費過程中獲得心靈滿足，從而認同該產品。「ＣＳ」策略把顧客視為企業最寶貴的財產，堅持以顧客為中心，全力造就對企業忠誠的顧客。企業的全部經營活動都要從滿足顧客的需要出發；以提供使顧客滿意的產品或服務作為企業的責任和義務，以滿足顧客的需要。只有顧客滿意，企業才能擁有大批持久忠誠的顧客，才能真正獲得企業的滿意。

ES 是英文「Employee Satisfaction」的縮寫，譯為「員工滿意」。ES策略是CS策略理念的進一步深化，它以內部員工為中心，強調「員工第一」，認為只有員工滿意，才能產生顧客滿意，從這種意義上來講，ES 是真正意義上的顧客滿意。飯店積極實施 ES 策略是十分必要的。當今飯店正面臨激烈的市場競爭，員工是企業興衰成敗的關鍵，飯店只有提高員工的滿意度，才能形成和增強飯店的凝聚力和競爭力。飯店產品是以服務形式表現的無形產品，是一種有別於其他產品的特殊產品，其特殊性在於它本身帶有感情色彩，如果沒有員工的滿意，飯店服務產品就不可能成為具有情感成分的優質產品，也就難以贏得賓客的滿意。飯店大量的服務工作和管理行為，都要透過員工

的行動付出實現，沒有員工的滿意，必然出現服務效率下降，品質的降低和管理水準的低下。因此，積極實施 ES 策略，充分理解被管理者的要求和願望，尊重、關懷、幫助、信任和培養員工，以人為本，員工才會為企業貢獻才智。

（六）注重品牌和資產經營

在日益激烈的飯店市場競爭形勢下，消費者認知品牌選擇品牌漸成時尚，飯店的品牌競爭也越來越激烈。沒有品牌的企業是缺乏競爭力的企業，沒有品牌的經濟是缺乏活力的經濟。積極實施品牌策略，已成為飯店經營者的一個重要課題。飯店的品牌是飯店產品品質和信譽的標誌，是飯店產品滿足賓客需求能力的反映。著名的品牌既是一種重要的知識產權，也是一種可以量化的重要資產。從飯店品牌的構成要素來看，大致包括以下幾個方面：

1. 完善的飯店產品功能

2. 穩定的飯店產品品質

3. 鮮明的飯店企業形象

4. 高水準的經營與有效的管理

5. 較高的文化含量

6. 高額的市場佔有率

7. 高效益

飯店應制定可行的品牌規劃，積極實施品牌策略，要培育飯店員工的品牌意識，努力提高飯店產品品質，加強飯店文化建設，豐富企業文化內涵，加強企業形象策劃，加大廣告宣傳力度，珍視飯店的美譽度，積極組建飯店集團，共同推行品牌策略。

資產經營是飯店的發展趨勢。飯店業的經營主要包括三個層次，

一是飯店的直接經營，即傳統的主體產品，如住宿、餐飲、娛樂、商品的經營等；

二是飯店的綜合經營，是飯店直接經營的延伸，就是按照飯店的性質、特點、功能在多個方面的延伸，使潛在的效益變成現實的效益，如飯店全方位向社會開放等，一般可取得較好的效益；

第三個層次是資產經營。資產經營是企業透過資本的形式，對資產的存量和增量進行管理，為企業帶來利潤最大化的一種經濟活動，並透過資產重組實現增量積聚和集中。

資產重組包括合併，購入外部資產，也可理解為股權結構重組，即透過吸納部分增量資產，結合對現有資產調整，優化配置，使資產組合在使用過程中有更大收益。資產經營首先要對飯店的資產進行深層次、全面的認識，飯店的人才也是資產，形成的品牌、商譽也是資產，因而飯店資產應是有形資產和無形資產的總和。在這個認識的基礎上，要對要素的運用和產權交易在深層次上進行更本質的經營，要善於盤活存量資產，讓現有資產流動起來，透過資產結構和形態的變化與重組，吸引外來資本，合股、合作或合資經營，滾動發展，在短期內使飯店資本量增大，資產增值。要完成這個轉變，飯店除了重視形成利潤中心外，還要重視考核資金利稅率、資本利潤率、投入產出率、資產負債比例，資產保值增值率等指標，著眼於提高飯店資產和資本營運水準。

本章小結

1. 飯店管理是從飯店本身的業務特點和經營管理的特點出發而形成的一門科學。

2. 管理的定義：管理是指一定組織的管理者，為了達到預期的組織目標，透過實施決策、計劃、組織、指揮、協調、控制等兩個職能來協調組織成員行為的活動。

3. 管理的基本要素包括管理主體、管理客體、訊息、管理目標和管理環境五個方面。

4. 飯店管理是飯店管理者選擇目標市場，確定服務內容、經營方針、行銷策略，對飯店所擁有的資源進行有效的計劃、組織、指揮、控制和協調，形成高效率的服務生產系統，以達到飯店經營目標的一系列活動的總和。

5. 飯店管理的基本特點：

（1）經營環境複雜，市場開發具有緊迫性

（2）產品交換零星分散，價值獲得是漸進完成的

（3）經營管理與消費過程同時進行，服務品質感情色彩較重

（4）勞動過程獨立性和手工性較強，員工素質要求較高

（5）接待服務社會化程度高，經營管理協調配合性較強

6. 飯店管理包括設備管理、行銷管理、服務品質管理、人力資源管理、業務管理、財務管理、安全衛生管理等基本內容。

7. 飯店管理的五大職能為計劃、組織、控制、領導和控制。

8. 管理者應具備的新意識有：創新意識、品牌意識、市場意識、人本意識、飯店意識

9. 現代飯店管理的新理念有：

（1）對消費者的尊重與關懷

（2）企業組織結構扁平化

（3）倒金字塔的管理理念

（4）「學習型組織」機構

（5）實施ＣＩＳ-CS-ES策略

（6）注重品牌和資產經營

思考與練習：

1. 管理的內涵是什麼？飯店管理的概念是什麼？

2. 飯店管理的理論基礎是那些管理理論？在現代飯店管理中應該如何靈活運用這些管理理論？

3. 飯店管理的主要職能有那些？

4. 飯店管理的基本內容是什麼，飯店管理與其他企業管理有什麼不同之處？

5. 如何理解人本意識和飯店意識，怎麼樣在實際工作中加強員工的創新意識和品牌意識？

6. 飯店管理的理念有那些，其中那種現在應用的最為廣泛？

第四章 飯店組織管理

本章重點

　　成功的飯店管理是以高效率為代表的。科學性設置飯店管理機構,建立優化的組織系統和勞動組合,把飯店經營活動的各環節、各要素緊密地結合起來,是實現高效率管理的必由之路。飯店組織既是飯店正常運轉的重要條件,又是飯店管理的重要職能,它對飯店的經營帶有根本性的影響。在傳統的管理論中,有「組織是管理的心臟」這種說法,可見組織管理的重要性。

教學目標

　　1.熟悉組織的基本定義。

　　2.掌握飯店組織的作用。

　　3.瞭解飯店組織文化和飯店組織發展的一些新趨勢,組織網絡化、組織扁平化、組織柔性化。

　　4.重點掌握飯店組織的原則,飯店組織管理的內容,飯店組織的結構類型,以及飯店組織制度。

▌第一節 飯店組織管理概述

一、飯店組織的涵義

(一)組織的基本定義

　　組織是人類社會最常見、最普遍的現象。工廠、機關、學校、醫院、各級政府部門、各個黨派和政治團體……這些都是組織的例子。現代社會就是由這樣的機構組成,社會上每個人幾乎都至少在一個組織中工作和生活。人們利用組織把資源集中起來,從事經濟、政治、文化等社會活動。

　　兩人以上的群體共同工作,就得相互協作。為了卓有成效地協作,人們必須瞭解各自的任務、責任與權限,這就需要一個能確定種種關係,便於傳

達各項決定的正式機構，這就是通常所講的組織。當然，為了使這樣的機構具有效率，還必須以最少的費用，充分發揮集體的力量，有效地運用組織中每個人的才智，來圓滿完成組織的目標。因此，組織又是發揮管理職能、達到管理目標的工具。

什麼是組織呢？組織這個詞，英語為 Organization，其詞源為 Organ，是器官的意思，由於器官是具有特定功能並自成系統的細胞結構，以後又逐漸演變成專指人群而言，運用於社會管理之中。

在漢語中，組織的原始意義是編織的意思，即將絲麻織成布帛。古文中有「樹桑麻、習組織」之說。唐代著名國學大師孔穎達首先把組織一詞引申到行政管理上來，他說「又有文德能治民，如御馬之持矣，是之有文章如組織矣。」當然這些都是較為古樸的解釋。

有關組織的歷史可謂源遠流長，從人類有了集體活動，就有了管理，同時也就出現了組織。組織是把共同工作的群體和個人構造成一個系統來達成一定的目標。就狹義的企業組織而言，它是指企業管理的一個架子，包括決定企業中管理的分工和協作、管理的層次與幅度、權力的上收與下放、各部門、各單位、各個人在企業中上下左右的關係。這些問題不好好解決，工作很難做好。

從廣義上講，組織這個詞有兩層含義：

①作為一個實體，組織是為了達到其目標，而結合在一起的具有正式關係的一群人。這裡正式關係指的是有目的形成的職務、職位結構。

②組織是一個過程，其對象可以是人或工作，更多的是包括兩者在內的系統。

把組織作為一個過程來考察，有四個方面需考慮：

1. 組織結構必須反映目標和計劃；

2. 組織結構必須反映組織中管理人員所擁有的職權；

3. 組織結構和計劃一樣，必須它的周圍的環境；

4. 組織必須配備人員。

（二）飯店組織的涵義

飯店本身就是一個組織，可以從四個方面來觀察它的功能。

一是靜態的：可以把飯店組織視為一座建築或一部機器，即飯店是由若干不同的部分作適當配合而構成的完整體；

二是動態的：把飯店組織看成一個活動體，即全體員工為完成一定人物或飯店目標而做的集體努力的功能過程；

三是生態的：把飯店組織看成一個生長之物，它不僅有靜態的結構和動態的功能與行為，而且是一個有機的生長題，隨著經營環境的變化而不斷地自求適應、自行調整的開放系統；

四是精神的：飯店組織是由眾多員工組成的，其員工基於對權責的認識、感情的交流與思想的溝通所形成的團體意識，是完成企業目標的無形要素與動力。正是由於這種精神因素的存在，許多結構相同的組織才有不同的效率，給人們留下不同的印象。

二、飯店組織的作用

無論是自然界還是人類社會，組織的作用與功能都是顯而易見的。金剛石和石墨，其化學成分都是碳，但分子結構不同，硬度就相差極大；一隊士兵，數量上沒有變化，僅僅由於組織和列陣方式的不同，在戰鬥力上也會表現出質的差異。所以，飯店組織如果內部結構不合理，指揮失靈，人浮於事，內耗叢生，那麼企業勢必難以完成目標。飯店組織的基本作用可以概括為以下兩個方面：

（一）人力匯聚作用

在人類社會發展中，由於各人有所期望而無力實現時，就需要和他人相互合作，聯合起來，共同行動。長期的實踐使人們有了發展這種合作、增進相互依存關係，並使這種關係科學化、合理化的要求。組織就是人們對這種要求的認識和行動的結果。飯店組織作為人類組織的一種表現形式，它的存

在使大量有著相關業務技能的人組織在一起，除了可以實現組織目標和個人目標之外，同時還完成了一種社會必要勞動分工的角色使命。

（二）人力放大作用

人力匯聚起來的力量絕對不等於個體力量的算術和，正如古希臘學者亞里士多德提出的著名命題：「整體大於各個部分的總和。」正是從這個意義上說，組織具有一種放大人力的作用，人力放大是人力之間分工協作的結果，而任何人力的分工和協作都必然發生於一定的組織體系之中。飯店組織也是如此。

三、飯店組織原則

飯店是勞動密集型企業，人員眾多、工種各異，管理過程精細複雜，加上產品中的服務含量又大，如果沒有一個相適應的、嚴密的、科學合理的組織機構設置，管理目標不可能實現。

（一）專業化分工協作原則

即將一個複雜的工作分解成諸多相對較簡單的環節，把細分出來的環節分配給一些具體的個人去操作。如把飯店前廳接待工作分解為迎賓、行李、預訂、問詢、收銀等環節；將餐飲服務分解為迎賓、領位、開單、傳菜、收銀、酒水服務等環節，再落實到個人。

實行專業化分工的優點是：

1. 使複雜的工作變得簡單；

2. 使每個具體操作的人易於掌握，從而使操作達到熟練、規範；

3. 有助於操作精度與速度的提高；

4. 便於對從事具體工作的人進行考核和指導。

勞動專業化原則是傳統組織理論關於組織設計最重要的原則。勞動專業化可以帶來高的生產效率，分工精細可以獲得更多的產出。但分工過細必然

要投入更多的人力和資源,所以分工達到某一點時,其開支開始超過專業化所能提供的效益,每一產出單位的成本開始增加。

過分專業化不僅會使經濟效益下降,同時還會使工作極度單調,是人厭煩、極度疲勞、無法體驗成就感。考慮到心理上的成本與效益,管理學家們曾提出新的組織類型和透過「工作擴大化」、「工作豐富化」來解決這些問題,並取得了一定的成效。

(二)精簡原則

精簡原則就是在滿足經營管理需要的前提下,將人員按專業化分工後,根據每個工種的性質和工作量大小設立相應的職位和職務。每個職位和職務所承擔的工作量應大致上達到飽和狀態,既不要太少也不要太多;在這個基礎上建立嚴格的職位責任制,明確分工職責,杜絕人浮於事的現象,做到高效而精幹。

管理機構重疊、人浮於事是辦事效率低下的根源之一,但強調精簡並不是簡單地以部門設置多少、人員配備多少去衡量。如果一味強調精簡或精而不簡,則不能正常履行管理職能和提供飯店應為客人提供的服務,從而給飯店管理工作帶來諸多後遺症。實踐證明,機構的設置要結合飯店經營規模的大小、業務過程的繁簡、管理人員素質的高低等全面地進行分析,才能收到實質性的效果。

(三)才職相稱原則

才職相稱即「用人」上的知人善任、用才適當。配備人員需要考慮兩個方面的問題:

一是員工的才能和其擔負的責任的適應程度,即必須根據職務和職位的工作性質來選擇與之相適應的人選,做到知人善任。

二是機構內部人員的配備要與機構承擔的責任相適應。人員的數量、經驗、專業技術能力都要科學地調配、有效地配合,從而形成一個高效率的機構。

（四）權責對等原則

權即職權，是人們在一定職位上擁有一定範圍的指揮權、決策權；責即職責，是完成一定目標的義務和責任。

權責對等原則要求設置機構、確定執委、配備人員時，必須在劃清職責的同時，賦予對等的權限。這裡所講的「對等」不是數學上的「相等」，而是「相當」：一方面，要求在授予下屬職責時同時授予完成任務所必需的職權；另一方面，任何人都不應該擁有比職責要求更高的職權。

（五）統一指揮原則

具有同一目的的活動群體，只應當有一個領導和一個計劃，這對統一各個成員的行動、協調力量和集中優勢是不可缺少的條件。統一指揮原則的含義有兩條：

1. 由於整個組織是一個系統，其要實現的目標是一致的，因此分工後必須協作，整個組織要有一個統一指揮，才能實現這個目標或計劃。

2. 每個組織的上下之間形成一條等級鏈，成為反映上下級權力、責任和聯繫的渠道。實行分級管理可以防止政出多門、朝令夕改。

就飯店而言，從最高管理層次到最低管理層次的命令應保持一致，每個管理層發佈的命令要與最高決策層或上一層次的決策保持一致，各種指令之間不得發生矛盾。再就是，飯店的任何指令不管透過多少層次，都應當是發佈指令者向直屬下級層次發佈，實行逐級指揮而不能越級。越級指揮架空了中間環節，使等級鏈發生斷裂，組織出現混亂。這就是說，飯店的每個員工只有一個頂頭上司，只聽命於這個直接上司，而對其他人的命令可以不予理會，除非在特殊或例外的情況下，否則，多頭指揮將會使下屬無所適從。

在統一指揮的原則下，要分清命令與監督的不同。非直接上司部可以越級指揮，但可以監督各級。因此，員工在作業或其它時間裡，會得到一些非直接上司的指令性訊息。

這種訊息分兩類：

一類是業務聯繫的指令性訊息，如客房部給個班組的指令、通知等；

一類是監督性指令，如總經理、部門經理在進行品質控制時，關於某個員工的工作作出立即糾正的指令。

對於在基層的員工來說，這兩類指令雖非來自直接上級，但都應該執行。如果監督性指令與直接上級的指令發生矛盾，那麼唯一的選擇是執行直接上級的指令。

統一指揮原則的執行前提是企業內各級、各部門都必須有各自明確的職責，否則將造成權限相互抵消、相互忌妒、命令不統一的現象。

（六）管理幅度原則

管理幅度亦稱管理寬度、控制廣度、控制跨度，是一名主官能夠直接有效地指揮下級人員的數目。

一個業務主管對下級來說，要負責下達指令、協調關係、檢查執行指令的情況，還要激勵下屬等。因此，一名主官能夠有效地領導下屬的人數是有限度的。如果過多，主管的精力、知識、時間、經驗就會不足，無法進行有效的領導；如果過少，不僅要增加管理層次和管理職位，還會影響下屬的積極性和創造精神。探求適宜的管理幅度，是領導者和組織設計者的共同任務。

適宜的管理幅度因人而異，不存在一個固定通用的最佳方案。處在不同層次上的主管人員的管理幅度是不同的。一般的規律是高層主管的管理幅度小於中層主管的管理幅度，中層主管的管理幅度又小於基層主官的管理幅度。每一個管理幅度都形成了大小不等的業務範圍，從而覆蓋全企業。飯店中各個層次的管理幅度，從高到低一般以 3-12 人為宜。

（七）管理層次原則

管理層次是管理組織的縱向系統的層級。當一個組織完成它的任務所需的人數超過管理幅度時，就需要有兩個或兩個以上的指揮者分而治之。但是，根據統一指揮原則，在這兩個或兩個以上的指揮者之上還應有一個更高的指

揮者，以保證整個組織指揮的統一性，這就必然產生了多個指揮層次。飯店企業一般實行三層次或四層次管理。

三級管理的層次是：班組（作業層）、部門（中間管理層）、飯店（最高管理層）；四層管理的層次是：總經理（決策層）、部門經理（中間管理層）、主管（次中間管理層）、領班（作業層）。不論幾級管理，其結構特點均屬金字塔形。

減少管理層次意味著取消或減少中間層，這有助於縮短最高主管與基層作業人員的距離，增強親近感和領導的有效性；減少管理人員和管理費用；擴大下屬的決策權，簡化管理程式，提高工作效率。但是，不適當地減少管理層次會破壞有效管理幅度，是領導者無力進行有效的智慧、協調和控制。因此，確定管理層次要同有效的管理幅度以及整個管理體制聯繫起來，通盤加以考慮。

（八）有效控制的原則

有效控制是對組織結構的綜合要求，是指飯店組織實現經營目標的能力和發揮能力的程度。科學的組織結構，既要有實現經營目標的決策能力、指揮能力、回饋能力，又要有充分發揮這些能力的機制。飯店組織為了能順利地完成管理任務，必須對組織中的各個部門或各個職位規定各種規章制度，明確各部門、各職位的責任和權限，明確各部門之間和各職位之間相互配合的方法等。

（九）管理系統封閉性原則

一個組織要完成管理任務，實現決策目標，必須有一個中心和三個系統，即決策指揮中心、訊息回饋中心、執行系統、監督系統，從而構成一個嚴密、完整、封閉的系統。

透過訊息回饋系統進行市場調查和預測，決策指揮中心便能根據市場需求和外界條件的變化進行決策、決策修正或追蹤決策。然後。使決策付諸於計劃，下達到執行系統，由執行系統實施計劃。在執行系統實施計劃的過程

中，決策指揮中心還要透過監控系統檢查實施計劃和完成計劃的情況，並據此採取相應的措施，以保證計劃的順利實施，完成管理的目標和任務。

管理系統封閉性在 20 世紀 60 年代受到了挑戰，人們認為，既不能只從靜態的觀點，也不能只從動態或精神的觀點來研究組織，還要注意組織與外界環境的關係。為了適應環境的變化，還必須改變組織的內部結構與工作程式。所以，不應將組織視為「封閉型」的系統，而應視為「開放型」的系統。屬於這一學派的理論被稱為「系統組織理論」。

（十）彈性原則

管理必須具有充分的靈活性，以及時適應客觀事物各種可能的變化。管理彈性分為局部彈性和整體彈性兩類。局部彈性是指在管理的各個環節上要保證一定的靈活性，尤其是在關鍵的環節上要留有充分的餘地。整體彈性是指整個管理系統的可塑性或適應能力。

彈性原則是與動態原理相對應的一條現代管理原則。它要求管理人員無論做什麼事情都應當留有一定的餘地，保持一定的靈活性，切忌教條化和絕對化。在應用彈性原則是，要嚴格區分消極彈性和積極彈性。消極彈性的特點是把留有餘地當作「留一手」，積極彈性的特點則是把留有餘地當作「多一手」。管理者所需要的是積極彈性，而不是消極彈性。

四、飯店組織管理的內容

飯店組織管理的內容，即組織管理要做哪些工作，討論組織的溝通和訊息聯繫，討論保證組織正常運行的組織制度等。

（一）組織結構的建立

1. 製作飯店組織圖

組織圖是全面反映飯店組織內部結構、權責關係、職位分工、人員安排的綜合圖解。在製作飯店組織圖時，管理者要解決的第一個問題是飯店內部部門的設置和管理層次的劃分。部門設置有常規的設置，同時根據飯店的實際情況進行適合自身需要的攝製。飯店層次也有常規性的劃分，但由於飯店

的規模和管理決策的不同，在管理層次上的劃分也有多種形式。飯店製作了組織圖也就是飯店組織結構在基本框架已定的情況下做進一步的細化。

2. 業務界面劃分

在部門設置和管理層次劃分後，要確定各部門各層次的業務內容，即把飯店所有的業務分解並劃歸某一部門某一層次，這稱為業務界面劃分。在飯店進行業務界面劃分時要注意：

（1）飯店所有的業務都要有歸屬，哪怕再小的業務也必須落實到某一部門。

（2）一些涉及到幾個部門的業務，不僅要強調相互間的協作，同時還要把各部門對同一業務的權限進行明確的界面劃分。如預訂業務涉及銷售部和前廳部，房內送餐涉及客房部和餐飲部等。

（3）業務界面劃分以後，要以制度的形式給於確定。如職位責任制、服務規程等。

3. 建立職位責任制

業務界面的劃分把各業務分配到部門後，還需要具體的人去完成，這就需要管理上確定職位責任制，進一步把各項業務具體落實到各個職位和人員。職位責任制包括管理職位責任制和作業職位責任制。建立職位責任制要確定職位、工作內容、作業範圍、職位人數等。職位設置由各部門提出具體方案，最後由飯店的決策層確定。

4. 組織聯繫

組織聯繫主要指組織的業務聯繫。職位責任制確定以後，要使得各部門的業務運作起來，就要把各職位的業務聯繫起來，使之相互協作配合，形成一個業務協作的整體。飯店組織聯繫的第一步就是將職位業務透過縱橫的聯繫而連成一個個業務過程，把一個個業務過程在透過縱橫的聯繫而連成一個飯店的業務系統。組織聯的第二步是透過制定各業務過程的服務規程進行深化，服務規程以作業聯繫的形式把飯店的業務聯繫成一個系統。組織聯繫的

第三步是建立訊息系統。這主要是根據訊息流和業務運作過程進行表單設計和表單傳遞設計。

（二）管理人員的配備

1. 人員配備

在飯店的組織管理中，管理人員的配備是最重要的事情，也即用人的問題。飯店的成敗關鍵在人，用人也就成了體現管理者能力的一個重要方面。根據等級鏈的原則，各級管理人員的配備應由該職位的直接上司提出候選人，該候選人經人事部門和上一級管理機構考察認可後再予以任命。管理人員不可能頻繁更換，因此管理人員的委任一定要慎重。

2. 確定用人標準

飯店個管理職位的性質和內容是不一樣的，各職位對管理人員要求也是不一樣的，為了準確地選拔管理人員，使每個管理者的所長能夠與職位最好地配合，組織管理要確定各職位的用人標準。用人標準也成管理人員職位標準，它由三部分組成，第一部分是基本素質，包括學歷、閱歷、基本品質、道德行為、思想意識、個性、氣質等等；第二部分是管理能力，包括應變能力、思維能力、經營業績等；第三部分是業務知識和能力，包括本專業知識、飯店業務知識、與飯店相關的各種知識。

對以上標準應做三點說明：

一是在執行標準時，還是要強調「德才兼備、以德為重」的原則；

二是各種標準應由各級考核人員很好地把握；

三是特殊情況下的人才選擇標準，合格的飯店管理人才跟不上發展的需要，有些飯店只能就地應急培養，對這一類管理者的選拔就不能完全按照三部分標準來執行。

3. 對人員的使用和授權

飯店按標準選拔並配備了管理人員後，要讓其能夠充分合理地執行管理職能，組織管理在對人員的使用和授權方面要做到：

（1）使各級管理人員處於最佳狀態。飯店要引導各級管理人員對所處職位的性質和內容有全面的深刻地瞭解，從而使他們在管理中得心應手。

（2）合理授權。授權是由組織制度明文規定的，各職位管理人員到位後，組織要授予其相應的管理權。同時，在某些特殊的情況下，各級管理人員還應有符合例外原則的權限。

（3）用人不疑。組織要給每位管理者營造一個寬鬆適宜的環境，給他們一個放開手腳活動的天地，以大膽放手取代不放心，這才是飯店的用人之道。

（4）積極培養，能上能下。組織要使用人，更要愛護培養人。組織一方面透過制度管理、使用人才，另一方面透過企業文化影響、關愛人才。組織要針對各管理人員的不同情況，制定培養計劃，有目的有步驟地培養管理人員，給他們拓展一個廣闊的發展空間。另外，對管理人員要實行能上能下的政策，有能力者積極提拔，不勝任者堅決撤換，形成一個優勝劣汰的競爭環境。

（5）認真考核、嚴格要求。對管理人員既要考核他們的工作業績，又要考核他們的管理能力、管理水準的提高程度等。考核要制度化、書面化，包括每日考評、月考評、半年考評和年度考評。

（三）任務的分配

為達到組織目標，組織管理要把具體任務和內容分解落實到各部門，這就是組織管理中的任務分配。

1. 確定組織目標

飯店的組織目標包含在計劃之中，各類計劃形成計劃體系，計劃體系的主幹是計劃指標。飯店的計劃指標體系就是組織未來要達到的目標，組織制定計劃的過程也就是確定組織目標的過程。

2. 分解指標和分配任務

組織目標是在各部門完成各自任務的基礎上實現的，為此飯店要對各部門、各部門對各班組下達指標並分配任務。首先，飯店要把計劃指標進行分

解，成為能夠落實到各部門的部門指標；其次，把實現指標的具體任務分配到各部門；再次，各部門根據指標和任務制定本部門的計劃。這是組織管理進行任務分配的一系列工作。

3. 考核目標

組織分配任務以後，要瞭解任務完成得如何，是否達到各階段目標，就要對分配的任務和目標進行考核。飯店考核目標通常以月為單位分級進行，在考核的基礎上，飯店對完成下階段的目標和任務提出意見和措施。

（四）編制定員

組織管理要使系統有效地協作，就要確定協作系統中的人數和職位，就要著手編制定員。

1. 編制定員

編制定員是核定並配備個職位、各班組、各部門管理人員和服務員的數量。管理人員配備的步驟是：根據組織圖確定各管理職位，然後分析各管理職位的工作量、組織跨度、職位排班，在測算出各管理職位所需要的人數。服務員的編制定員略為複雜些。首先以職位和班組為基礎進行，根據組織圖確定各服務作業職位，按一定的工作範圍核定該職位的工作量。如客房職位是按樓層確定工作量，餐飲職位是以餐廳為範圍確定工作量。其次是核定個職位員工的日工作量。在分析排班、輪休等多種因素，測算出各職位服務員的定員數。

總之，飯店的編制定員是按各種不同情況依統一的組織原則來進行的，這裡需要注意兩點：

一是定員時不能按人員跟客房數的簡單比例來核定；

二是在飯店勞動力費用支出逐步增高的情況下，應儘量節約勞動，儘量做到滿負荷作業，但也不能不切實際地減少用工而影響服務品質。

2. 用工類型

用工類型是指所用工種的不同性質而形成的幾種不同形式。用工類型的不同決定著員工與飯店的所屬關係、契約關係、經濟關係的不同。市場經濟的發展，必然會導致多種用工類型的存在，也會有新用工類型的產生。飯店應根據自身業務的特點、經營的季節性以及勞動市場供求形勢，形成符合自身需要的用工類型結構。目前，飯店常用的用工類型有正式工、合約工、聘用工、管理公司派遣工、臨時合約工、臨時工等幾種類型。不管飯店的用工類型結構如何，應遵循的一般規律是：要有一支高素質的穩定的員工隊伍；人員需要流動，但流動不能過頻，數量不能過多；飯店的實際用工不一定就是編制定員，要根據實際業務量的大小經常變動。

（五）勞動組織形式

1. 勞動組織形式的含義

組織管理要把各職位單個的勞動組合成一個業務運轉的整體，每個職位的勞動不僅具有連貫性和行進性，而且具有協調性和節奏性，這些要用勞動組織形式來完成。勞動組織形式是透過一定的形式和方法，使飯店職位勞動連成一個流程，隨著賓客的活動而進行，使各職位橫向組合、相互協作形成一個和諧整體。勞動組織形式在各飯店有各自特定的模式，如大型團隊抵達，飯店前廳部就要加強力量，「加強」就有人員的調配；餐廳用餐超負荷，就要抽調其它部門人員幫助餐廳，「幫助」同樣要進行人員的調配。正因為勞動組織形式要經常調整，管理人員就要在行使組織職能時按需組織勞動，在不違背組織原則的前提下，把勞動和業務組織得更有成效。

2. 業務流程和協作

組織管理明確了職位職責以後，要把有前後聯繫的相關職位按一定的程式連貫起來，這就稱為業務流程。業務流程設計是先把每個職位的作業內容按照業務的運行規律排列前後程式，再把相關職位存在時序關係的業務內容排列前後程式，同時配以相應的服務規範，形成業務流程。員工按服務規範進行作業，按業務流程來銜接各業務。縱向的業務聯繫在業務流程中得以實

現，形成了縱向的勞動組織形式；職位之間、各業務流程之間有著廣泛的經常的聯繫，用服務規程形式、訊息形式、職位間的跳板形式、組織協調形式等勞動組織形式來保證業務的橫向聯繫。

3. 排班

勞動組織最規則的形式是排班。排班是根據各職位及班組的業務規律，規定員工的工作時間和作業內容，在同一時間從事同一內容的一群人就形成了班組。班組是飯店勞動的基層組織。排班實際上是以職位或班組為單位的勞動分工形式。排班有兩種：一種是按作業時間排成時間班，如早、中、晚、兩頭班等；另一種是按工作性質、業務內容分成業務班，如客房衛生班、管事班等。排班是一個複雜的工作，因為飯店業務繁多，每種業務的內容又各不相同。排班主要是基層管理者和領班的職責，但部門經理也要經常注意本部門排班的情況，並對本部門的排班作最後的核定。

第二節 飯店的組織結構、制度與文化

一、飯店組織結構類型

飯店的組織形式表現為組織結構。飯店的組織結構是指飯店個部分的劃分，各部分在組織系統中的位置、集聚狀態及相互聯繫的形式。組織結構從形式上看由兩大部分所構成：

一是飯店內各部分的劃分；

二是在系統中各部分的組合形式。

飯店的組織形式反映了管理者的經營思想、管理體制，直接影響經營的效率和效益。組織結構是在遵循組織原則的基礎上根據飯店的實際情況形成的。目前中國較典型的飯店組織結構有以下幾種類型：

（一）直線制組織結構

直線制顧名思義是按直線垂直領導的組織形式。它的特點是組織中各層次按垂直系統排列，命令和訊息是從飯店的最高層到最低層垂直下達和傳遞，

各級管理人員對所屬下級擁有直接的管理職權。直線制組織結構或無職能部門，或設一兩個職能部門，一個職能部門兼有多種管理職能。如辦公室是一個職能部門，但它兼有行政、人事、保安、財務等幾項職能。直線制組織結構比較適合規模小、業務較單純的一些飯店。

（二）直線職能制組織結構

目前，飯店大多採用直線職能制的組織結構。直線職能制較適合有較齊全功能而無其他多種經營的飯店。直線職能制的特點是把飯店所有的部門分為兩大類：

一類是業務部門（也稱直線部門），業務部門按直線的原則進行組織，實行垂直指揮。如飯店的前廳部、客房部、餐飲部、康樂部、工程部等均屬於業務部門。

一類是職能部門，職能部門按分工和專業化的原則執行某一類管理職能。

如飯店的辦公室、人力資源部、財務部、保全部門均屬於職能部門。直線部門管理者在自己的職責範圍內有對業務的決定權，能對其所屬下級指揮和命令，並附有全部責任。職能部門的管理者只有對業務部門提供檢疫和相關管理職能的業務指導，而不能指揮和命令業務部門。直線制和職能制的結合形成了直線職能制的組織結構。

飯店的直線職能制的組織結構可以有多種形式，目前還有一種較常用的形式是總監製。總監製是指飯店的組織結構在總經理和部門經理之間加一個管理層次——總監。總監可以分管某一方面的業務工作，如房務總監、餐飲總監等。同時也可以分管幾個部門的工作。總監製是根據組織的跨度原則（總經理管理跨度過大）而設立的。如在一些規模較大的飯店，其客房部的組織結構太龐大，就設置房務總監統管客房部和前廳部。總監製的設置要慎重，設置不當會造成機構重疊。規模不大的飯店一般不適宜採用總監製的組織結構形式。

（三）事業部制組織結構

事業部制組織結構在工業企業中有所採用。這種組織結構是在總公司領導下設立幾個事業部，各事業部是為生產特定產品而設立的，其內部在經營管理上擁有自主權和獨立性。它的組織特點是：公司集中決策、事業部分散經營，每個事業部實行獨立核算。飯店不生產實物產品，也就不存在像工業企業那樣的以產品為中心的事業部，但飯店生產無形產品，也有產品中心問題。同時，飯店還從事與其業務相關的多種經營，還有一些下屬公司。

飯店實行現代企業制度後，也會出現多個下屬的獨立子系統。於是一些飯店採用了類似事業部制的組織結構。如有的飯店附屬有旅行社、大型餐館、飯店用品生產企業等；有的飯店有獨立的公寓樓和辦公室等。飯店主體是一個核算單位，飯店下屬各單位又是一個核算單位，飯店主體及各下屬單位均在飯店組織系統中。飯店可設立公司職能部門，管理整個系統的相關事務，而下屬部分或下屬公司也可設立相關的職能部門或職能職位，處理子系統的相關業務。

（四）矩陣型組織結構

矩陣型組織結構是工業企業常用的一種組織形式。矩陣型在組織圖示上把職能部門按縱向排列，把產品項目按橫向排列，互相交叉形成一個矩陣，形成縱、橫兩套管理系統。產品項目部設經理，由總經理直接領導；職能部門成員可參與各產品項目部的工作。目前，飯店採用矩陣組織結構的只要是一些飯店集團公司或輸出管理的某些大型飯店企業。飯店的矩陣型組織結構是在原矩陣型組織結構的基礎上，作了適合飯店特點的改進，其特點是：集團公司是一個系統，包括領導機構、各項目部和各職能部門，項目部成員接受項目經理的領導，職能部門對各項目部進行專業化的指導檢查，但無指揮權。這種組織結構形式是公司整個系統都在統一領導之下，又能充分發揮個項目部的主動性和積極性。

二、飯店組織制度

（一）對組織制度的認識

飯店的現代化管理強調以制度管理規範化為基礎。如果說規範化是科學管理的基本特徵，那麼組織制度就是規範化的保證。由於飯店行業的特殊性，在實行現代化管理中制定的制度比較多，執行制度較為嚴格，制度在飯店管理中發揮相當重要的作用。

1. 組織制度的含義

飯店的組織制度是用文字條例的形式規定員工的行為規範與行為準則。正如管理學家法約爾在近一個世紀以前指出的那樣：規章制度對企業來說是絕對必要的。飯店是一個正式組織，正式組織的特點之一就是有明文規定的規章制度。為了達到組織目標就要有組織的統一意志與統一行動，而這些統一要由組織制度予以制約。飯店有多種業務、多個作業過程，都是根據業務規律按規範進行操作，飯店的規範、依據和章法就是飯店的組織制度。如前所述，飯店沒有大機器生產，不存在機器對人的制約，而要靠全體員工的自我約束。從客觀上講，自我約束也就是制度約束的轉化形式。

飯店組織制度的重要性是毋庸置疑的，我們可以從組織制度的「五性」來正確認識它。

（1）制度的目標性

飯店為了實現組織目標而制定組織制度，所有的制度都應該和飯店的目標相一致。

（2）制度的規範性

制度要規範員工的行為，其本身就要規範。制度的制定要有客觀依據，要遵循飯店的運行規律和業務特點，避免主觀意識、教條主義和形式主義。

（3）制度的同一性

制度的同一性是反映飯店投資方、管理方、員工方等各方面的共同要求和目標。組織成員誰都希望組織井然有序地進行，這就需要依靠組織制度來

維護三者的共同利益。制度不應該被認為是由上級制定下級執行的條條框框，而應該認為是各方共同要求而形成的行為規範協議，要讓全體員工認為制度是企業發展的積極因素，而不要使其成為一種負擔。

（4）制度的強制性和公平性

制度依靠組織的力量來規範組織成員的行為，組織成員違反制度就會受到處罰。這裡要強調的是制度的公平性，組織成員在制度面前人人平等，誰都沒有超越制度的權力。

（5）制度的發展性

組織制度是隨著飯店的發展而不斷發展的。如前所述，制度反映了飯店的運行規律，反映了時代的特徵。社會進步了、市場變化了、企業發展了，員工的思想水準提高了，相應的制度也會有變化。改革不合理的組織制度是飯店經常要做的事情。制度要發展並不是說積累的越多越好，而是根據需要設置的，組織制度要「既必要又精簡」。

2. 飯店組織制度的類型

飯店是一個綜合性企業，內部業務部門多，對外又有著廣泛的社會聯繫，組織制度相對也要多一些。飯店組織制度大致可分為六類：

（1）有關所有制關係的制度

它要規定飯店的投資形式、產權關係、企業組織、權益關係等，如飯店的資產管理制度、公司章程、公司制度等。

（2）有關體制和組織結構的制度

它要規定飯店的體制和組織結構形式，如公司組織制度、總經理負責制、黨委工作制、員工代表大會制度等。

（3）飯店內部的基本制度

主要有管理方案、員工手冊、服務規程、職位責任制、經濟責任制等。

（4）部門制度

它是由各部門根據自身需要而制定的一些制度。

（5）專業制度

主要有飯店的人事制度、財務制度等。

（6）飯店工作制度

主要由會議制度、有關決策程式等制度。

（二）基本制度

1. 飯店管理方案

飯店管理方案是根據飯店管理原則和本飯店特點，對管理思想、原則、內容、方法所作的規定。它是飯店事跡管理工作的依據，是飯店管理的綱領性文件。飯店管理的基本內容包含兩個部分：

一是飯店整體管理方案；

二是各個部門的管理方案。

飯店整體管理方案是飯店管理的基本思想，是對飯店管理的基本定位。飯店各部門的業務內容是不同的，各部門應針對自身的業務特點，提出部門管理的基本目標、思想、內容、方法。二者相輔相成，有機結合。

2. 員工手冊

員工手冊是規定飯店員工共同擁有的權利和義務、共同遵守的行為規範的條文文件。員工手冊與每個員工都休戚相關，是飯店裡最具有普遍意義、運用最廣泛的制度條文。員工手冊的主要內容包括：序言、總則、組織管理、勞動管理、員工福利、飯店規則、獎勵和紀律處分、安全規範、修訂和解釋等。

3. 經濟責任制

飯店的經濟責任制就是在確定了組織目標後，把組織目標以指標的形式進行分解。層層落實到部門、班組、個人，並按責、權、利相一致的原則實

行效益掛鉤的一種管理制度。經濟責任制的核心是責、權、利的一致，這種一致是以制度或內部合約的形式予以確定的。經濟責任制不僅是一項從制定計劃、分解指標到考核業績、落實分配等都相當細緻的工作，同時還是一項政策性很強的工作，因為該制度旨在激發全體員工的積極性，但如果處理不當則會適得其反。此外，經濟責任制每年都要制定，在實施的過程中根據情況的變化還要做修訂。

4. 職位責任制

職位責任制是以職位為單位，具體規定了每個職位及該職位人員的職責、工作內容、工作範圍、作業標準、權限、工作量等的責任制度。

以上是飯店的主要基本制度，除此以外還有其它的，總之基本制度的設定一定要能駕馭飯店基本的管理和服務。

（三）部門制度

部門制度是指各部門根據自身的業務特點，為規範部門行為而制定的制度。部門制度主要有：

1. 業務運轉責任制度

這類制度有：業務情況和業務記錄統計制度；排班、替班、交接班制度；服務品質考評制度；衛生制度；表單填寫制度；訊息傳輸制度；例外事件處理制度等。

2. 設備實施管理制度

各部門在設備部門的統一指導下，根據其提出的要求和各自設備的特點制定設備設施管理制度。

3. 服務品質標準

每個部門根據各自的特點和飯店的決策制定本部門服務品質標準。

4. 部門紀律

部門紀律是各部門員工的基本行為規範。

5. 物品管理制度

主要包括：物品分級管理制度、物品領用使用制度、物品保管責任制度、物品的成本核算制度、物品盤存制度、重要物品專人保管制度等。

6. 勞動考核制度

主要包括：考勤制度、任務分配工作安排制度、作業檢查制度、勞動考核和工作原始記錄製度、獎金分配製度、部門違規處理制度等。

7. 財務制度

主要包括：各部門收銀及現金管理制度、信用消費制度、支付制度、資金審批制度、營業外收入制度、流動資金部門管理制度等。

（四）專業管理制度

專業管理制度是針對職能部門而言的，其主要有：

1. 行政性制度

行政性制度是對飯店的行政事務所規定的制度，主要有行文制度、報告制度、發文制度、行政檔案制度、保密制度、內部接待制度等。

2. 人事制度

主要包括：技術職稱考評制度、人事管理制度、勞動薪資制度、員工培訓制度、晉升制度、福利制度等。

3. 安全保衛制度

主要包括：消防安全制度、治安制度、交通安全制度等。

4. 財務制度

財務制度根據財政部門對旅遊業財務會計的規定、飯店的決策等實際情況分類別地制定。

（五）飯店工作制度

1. 會議制度

會議制度規定會議的性質、參加人員、主持人、時間、內容、會議精神傳達等。

2. 飯店總結制度

總結既是對以往工作的經驗積累和評估，也是規劃今後工作的一個重要依據，因此對工作總結要以制度給與規範。

3. 決策和制定計劃制度

決策決定飯店的未來發展，決定飯店的效益，決策是一個過程，這個過程有一定的程式。計劃是決策的結果，制定計劃同樣是一個有序的過程，因為決策和計劃對飯店的發展關係重大，因此要以制度對決策和計劃的過程加以規範，是之成為組織的意志。決策和計劃制度要規定決策者、決策權限、決策程式、決策結果表達、決策實施等。計劃過程的制度與決策相同。

4. 品質監督制度

品質監督制度規定監督機構和監督人、監督體系、監督內容、監督範圍、監督方法、監督結果處理等。

三、飯店組織文化

（一）組織文化的含義和特徵

1. 組織文化的含義

關於組織文化的含義，有著多種不同的說法和意見。較為全面的一種解釋是：組織文化是指組織成員共有的價值觀、信念、行為準則及具有相應特色的行為方式、物質表現的總稱。組織文化使組織獨具特色，區別於其它組織。

2. 組織文化的特徵

(1) 實踐性

每個組織的文化都不是憑空產生或靠空洞的說教就能夠建立起來的，它只能在生產經營管理和生產經營的實踐過程中有目的地培養而形成。同時，組織文化又反過來指導、影響生產實踐。

(2) 獨特性

每個組織都有自己的歷史、類型、性質、規模、心理背景、人員素質等等因素。這些內在因素各不相同，因此在組織經營管理的發展過程中必然會形成具有本組織特色的價值觀、經營準則、經營作風、道德規範、發展目標等等。在一定條件下，這種獨特性越明顯，其內聚力就越強。

(3) 可塑性

組織文化的形成，雖然受到組織傳統因素的影響，但它也受到現實的經營環境和管理過程的影響，而且，只要充分發揮能動性、創造性，積極倡導新準則、精神、道德和作風，就能夠對傳統的精神因素擇優汰劣，從而形成新的組織文化。

(4) 綜合性

組織文化包括了價值觀念、經營準則、道德規範、傳統作風等精神因素，這些因素不是單純地在組織內發揮作用，而是經過綜合的系統分析、加工，是其融合為一個有機的整體，形成整體的文化意識。

(二) 飯店組織文化

飯店的發展正在進入知識經濟時代，知識經濟時代具有比以往任何時候都濃厚的文化氣息。正如彼得·杜拉克所言：「明天的商業競爭與其說是技術上的挑戰，還不如說是文化上的挑戰」。建立飯店自己特有的現代飯店的組織文化體系，以在地化和時代特色為導向，提供個性化服務，實施企業文化的管理，制定全新的企業文化策略，具有重要的意義。飯店組織文化作為一種新型的人性化管理模式，有利於理順飯店內部人與物的關係，優化各種管

理要素的組合，形成合理的結構，實現飯店管理功能的整體優化；有利於充分激發員工的積極性，全面提高飯店素質，增強飯店的競爭力，使飯店富有生機和活力。在飯店的經營和管理中，飯店組織文化具有以下作用：

1. 定位作用

在飯店管理中，組織文化規定著飯店所追求的目標。卓越的組織文化規定著飯店具有崇高的理想和追求，總是引導飯店去主動適應健康的、先進的、有發展前途的社會需求，從而走向勝利。拙劣的組織文化使飯店鼠目寸光，總是引導飯店去迎合不健康的、落後的、沒有發展前途的社會需求，最終使飯店破產。同時，組織文化還決定著整個飯店的定位，包括飯店建成之前的店景文化定位。店景文化從飯店的設計、設施以及客房佈置來反映飯店文化的獨特性，它是飯店個性和經營特色的一個重要方面，也是飯店吸引顧客的重要因素。

2. 自律作用

文化具有無形而又巨大的力量，組織文化也不例外。組織文化雖然不是法律規定，但在企業中具有比法律更強的約束力。它透過精神、理念和傳統等無形的因素，對員工形成文化上的約束力，將法律、規章制度等他律轉化成員工的自律行為。組織文化的自律作用是透過組織文化的培育，在飯店員工中培養出與制度相協調的環境氛圍，包括群體意識、社會輿論、共同習俗和道德風尚等精神文化內容，造成強大的群體心理壓力和動力，使飯店成員產生心理共鳴、心理約束，進而產生對行為的自我控制，將個體行為從眾化，這種自律行為具有更持久的效果．一個飯店可以有許多優勢，如資金優勢、人才優勢等等，但最重要的是文化優勢。

3. 凝聚作用

首先，組織文化能對飯店員工產生凝聚作用。目前，中國飯店業人才流失現象比較嚴重，原因是多方面的，其中一個重要的因素就是飯店內溝通機制不健全。良好的溝通是激勵員工的一種重要手段，知識經濟時代的員工對情感的需要、自尊的需要以及自我實現的需要越來越強烈，飯店對員工情感

的關心、理解等需要的滿足，將是企業建立與員工和諧關係的重要因素。良好的溝通機制是滿足這種需要的根本。組織文化透過影響飯店員工的習慣、知覺、動機、期望等微妙的文化心理，溝通員工的思想和感情，讓員工能感到飯店無微不至的、家庭般的關懷，使員工有一種情感的歸屬感。同時，讓員工能儘量做自己想做的工作，以發揮他們的才智，使其擁有成就感。從而在飯店內部形成一種和諧的人際關係，留住人才。

其次，組織文化能對顧客的忠誠產生凝聚力。當市場進一步細分之後，顧客將在市場上尋找適合自己品位的飯店，並對這種飯店產生情感上的歸屬感。當我們在麥當勞吃速食，除解決了生理上的需要，還獲得了一種與其組織文化相融的歸依感，這就是組織文化的魅力所在。明智的飯店管理者應有意識地為顧客創造一個讓其身心愉快、難以忘懷的體驗。這是一種無形資產，包含在飯店的組織文化中。而一旦顧客對該飯店的組織文化產生情感上的共鳴，自然會對該飯店的服務形成強烈偏好並持續光顧，成為真正的忠誠顧客。由此可見，立足社會、面向顧客、體現個性、順應時代的組織文化，一方面可以底得消費者的美譽，另一方面又為自己贏得了商機。在很大程度上，組織文化的特色性決定了飯店的檔次、品位與個性，一種與時代主潮流相適應的組織文化將吸引大量的顧客。

▌第三節 飯店組織發展的新趨勢

進入到 20 世紀 80 年代以來，在全球化、市場化和訊息化三大時代大潮的背景下，飯店組織的發展在觀念上具有前瞻性，表現出了扁平化、柔性化和網絡化三大趨勢。

一、組織扁平化

傳統的飯店組織是一套等級森嚴的層級組織體系，層級層次越來越多，訊息的處理和傳遞要經過若干環節，致使整個組織對外部環境變化的反映變得越來越來遲鈍，而且內部管理難度大、工作效率低下。飯店組織結構扁平化的核心思想就是把原來的金字塔形的組織結構扁平化。

扁平化組織結構順暢運作需要具備兩個重要條件：

一是現代訊息處理和傳輸技術的巨大進步，能夠對大量複雜訊息進行快捷而及時的處理和傳輸，致使多數中間組織失去存在的必要。

二是組織成員的獨立工作能力大大提高，管理者向員工大量授權，組建各種工作團隊，員工承擔較大的責任，普通員工與管理者、下級管理者與上級管理者之間的關係，由被動執行者和發號施令者的關係轉變為一種新型的團隊成員之間的關係。

二、組織柔性化

飯店組織結構柔性化的目的是使組織的資源得到充分的利用，增強組織對環境動態變化的適應能力，它表現為集權和分權的統一，穩定和變革的統一。

柔性化的典型組織形式是臨時團隊、工作團隊、項目小組等。所謂「團隊」，就讓員工打破原有的部門界限，繞過原有的中間層次，直接面對賓客和向企業總體目標負責，從而以群體和協作優勢贏得競爭主導地位。「臨時性」往往是為瞭解決某一特定問題而將有關部門的人員組織起來的「臨時編組」，通常等問題解決後，團隊即告解散。「工作團隊」是一種透過改變傳統組織中的高度集權，給員工一定的自由權，即把業務流程分散成許多小段，每個人做其中一份工作的方式。這種方式沒有「監工」，每一個團體有一個由團體成員輪流擔任的組長，是之能親自感受到自己的工作成果，以次提高員工工作的滿足感和成就感。「項目小組」由一個項目經理、一個市場經理、一個財務經理、一個設計師和若干不同工種的工人組成，根據需要還可以吸收公司外部的一些專家加入。這種方式的優點是，可以發揮團結合作優勢，縮短產品開發和銷售的時間，對消費者的需求迅速做出反應，消除人浮於事的現象等。

三、組織網絡化

隨著市場競爭的日趨激烈，越來越多的大型飯店集團認識到，龐大的規模和臃腫的機構不利於企業競爭力的提高。因此，在大型飯店集團精簡機構、減少層級的基礎上，對自身的組織結構進行重新構造，突破層級制組織類型的縱向一體化的特點，組建了由小型、自主和創新的經營單元構成的橫向一體化為特徵的網絡制組織形式。這種組織形式，使得飯店集團內部用特殊的市場手段代替行政手段來聯合各個經營單位之間及其與公司總部之間的關係。

原先層級制組織形式的基本單元是在一定指揮鏈條上的層級，而網絡制組織形式的基本單元是獨立的經營單位。因此，這種特殊的市場關係與一般的市場關係不同，一般的市場關係是一種並不穩定的單一的商品買賣關係，而網絡制組織結構中的市場關係則是一種以資本投放為基礎的，包含產權轉移、人員流動和較為穩定的商品買賣關係在內的全方位的市場關係。

本章小結

本章是飯店管理體系中的重要組成部分。主要論述了飯店組織的涵義、作用、組織原則以及組織管理的內容；隨後又論述了四種常見的飯店組織結構，在此基礎上介紹了飯店的組織制度和組織文化；最後，以對未來飯店組織結構的發展趨勢的展望結束本章內容。

思考與練習

1. 什麼叫飯店組織？

2. 飯店的組織原則有哪幾個？

3. 怎樣理管理系統封閉性原則？

4. 飯店的基本制度有哪些？

5. 飯店常見的組織結構有哪幾種？分別試述它們各自的特點。

6. 簡單闡述飯店組織的發展趨勢。

第五章 飯店行銷管理

本章重點

　　飯店行銷是滿足顧客要求以獲得經濟效益的經營活動過程。而飯店行銷分析與調查涉及了飯店經營活動的內外部環境、競爭對手、市場等各個方面。本章首先對飯店的經營環境進行了詳盡地分析比較，界定了飯店市場行銷的概念，討論了飯店行銷的策略和行銷觀念演變的四個階段，最後介紹了飯店市場行銷的發展和新理念。

教學目標

　　透過本章的學習，瞭解飯店的經營環境及其構成因素，掌握飯店市場行銷的概念，熟悉飯店市場細分與目標市場的選擇，懂得飯店市場行銷策略的選擇，知曉現代飯店市場行銷觀念的發展和新的行銷理念。

▌第一節 飯店的經營環境

　　對飯店企業而言，經營環境可以分為兩種，一種是飯店經營的宏觀環境，它包括飯店所處的政治、經濟、文化、技術、自然環境等。這些環境因素對飯店經營活動的影響是普遍的，飯店作為社會經濟生活的一分子，其行為對這類環境的改變幾乎不產生影響，因而我們可以視宏觀環境為飯店經營活動的外生變量，在一定時期內是一個不變的參數。另一種環境也於飯店經營活動休戚相關，並且飯店的經營活動也會影響和改變這種環境，這就是飯店經營的微觀環境，也稱之行為競爭環境，主要包括市場、飯店消費者、飯店供應商、勞務市場、銷售代理商和飯店競爭者等等。

一、飯店經營環境及其構成因素

（一）宏觀環境

1. 政治法律環境

政治法律環境是指，一個國家或地區的政治制度、體制、政治形勢、方針政策、法律制度等方面，對現代飯店經營產生影響的相關因素。不同的政治制定、不同的管理體制、不同的法律規章，都會影響到飯店企業的建立和飯店的經營活動與發展策略。無論是在資金、土地、人力資源的配置上，還是在政策優惠、評星定級、減免稅收諸方面，政府都不同程度地發揮著作用。政府可以透過制定財政、金融、薪資、物價、稅收、就業、工作安全、環境保護等方面的法規和政策，影響飯店的經營活動，既可以增加飯店的發展機會，也可限制飯店的經營活動，並對飯店的發展構成威脅。因此，飯店經營管理者必須分析和把握政治法律環境及其變動趨勢，跟進政府政策、法規提供的有利時機，同時確定政治法律環境對飯店經營策略的限制條件，爭取企業經營的有利條件和發展機會，促進旅遊飯店取得更好的經營業績。

2. 經濟環境

經濟環境是指，飯店經營過程中所面臨的各種經濟條件、經濟特徵、經濟聯繫等客觀因素。企業活動是一種經濟活動，因此，經濟環境在影響飯店企業經營的眾多因素中，是最基本、最重要的因素。研究旅遊飯店的經濟環境，必須考慮以下主要因素：

（1）人均國民生產總值。國民生產總值和人均國民生產總值，反映了一個國家的經濟實力和購買能力。近幾年擴大內需是當前經濟工作的重點，擴大包括旅遊和娛樂在內的消費得到普遍認同，旅遊業已成為國民經濟新的增長點。研究表明，旅遊業與國民經濟的發展狀況更為密切，一般認為，人均國民收入達到 300 美元時，居民將普遍產生國內旅遊動機，人均國民收入 1000 美元時，居民將普遍產生跨國旅遊動機，人均國民收入達 3000 美元時，居民將產生普遍產生洲際旅遊動機。這種國民收入不同所引起的旅遊消費需求的變化，必然對飯店的經營產生深刻的影響。

（2）人口因素與個人可自由支配收入。人口因素包括人口數量和人口構成兩個方面，與飯店的市場規模和消費需求結構密切相關。而人口的流動量、流動區域、流動時間、流動距離、流動比率和流動結構，則會對飯店的行銷策略、行銷方法、行銷策略、服務設置、飯店結構調整等產生重要的影響。

個人可自由支配收入是個人平均收入扣去稅收、社會消費和日常基本生活開支後的剩餘部分，它將匯成社會購買力，是影響消費市場、旅遊業市場和消費結構的重要因素。如果個人可自由支配收入增加，則到飯店消費的機會和消費能力也會相應的增加。否則，客人到飯店的消費就會減少。

（3）消費結構與產業結構。隨著人們經濟水準的逐步提高，消費結構也會發生變化。在消費開支中，用於教育、旅遊、娛樂、醫療保健等方面的比例會有所增加。產業結構轉換是企業制定策略計劃應著重分析的經濟因素，今後中國逐步向以知識、技術、服務密集型的產業發展，這將給旅遊飯店提供發展機會。

（4）通貨膨脹與物價水準。通貨膨脹與物價水準直接影響到每一個人可自由支配收入、消費水準和消費結構。因為通貨膨脹，物價上漲，貨幣貶值，用於旅遊的開支更少，會影響遊客人數及旅遊消費水準。

（5）利率、稅率和匯率。利率增加，商品成本和價格上升，還會造成存款增加，抑制消費而影響旅遊消費量。稅率主要影響飯店業的投資回報，高稅率使飯店業的投資回報減少，低稅率則使飯店業投資回報增加。匯率變動對飯店經營的影響也十分明顯，外匯匯率上升，將導致本國飯店產品和服務在國際客源市場上價格競爭能力增加，從而吸引外國遊客增加；相反，如果本幣匯率上升，將導致本國飯店產品和服務在國際客源市場上價格競爭能力減弱，因而流失外國客源，而且本國客源也會流向國外。

（6）經濟基礎設施。對於經濟基礎設施的考慮，也是評估旅遊外部經濟環境的因素。經濟基礎設施，例如，一個國家或地區的運輸條件、能源、原材料供應、通訊設施及各種商業基礎設施（如各種金融機構、廣告代理商、分銷通路、行銷調查機構）以及旅遊資源狀況等旅遊企業外部環境，在一定程度上決定著企業運營的成本與效率。

由於旅遊飯店的許多業務都面向國際旅遊市場，因此旅遊客源國的經濟環境，尤其是人均國民收入、個人可自由支配收入、外匯兌換率、就業率、國民經濟狀況等，都應是分析的重點。

3. 科技環境

科技環境是指，一個國家或地區的科技水準、科技政策、新產品開發能力以及技術發展的動向等。現代科技的發展給人的需求帶來更新更廣的天地，也給經營者創造了更先進的經營管理手段和服務手段。飯店經營者只有跟隨科技發展步伐，才能在未來的競爭中找到自己的一席之地。

科技的發展使飯店成為應用高科技比較集中的領域。例如，為商務客人提供服務的商務中心、快捷房內入住、結帳服務、電視電話會議、客房虛擬娛樂中心、電子門鎖系統、網絡預訂系統、建築智慧化等。飯店採用先進的技術不僅能夠提高工作效率，而且新技術、新設施也會成為吸引客人的「賣點」，從而提高飯店的競爭力。例如，假日集團採用先進的電腦預訂系統，向渡假旅遊者和商業旅遊者提供免費預訂飯店客房的方便條件，同時使飯店集團分佈在 53 個國家地區的 1700 家飯店結成有機的預訂網，只要客人住進其中一家飯店，就可以在該集團所有飯店內得到住宿的便利，這既符合了遊客的旅行需要，也是飯店集團提高效率，有效控制客源的一種手段。再如，智慧化飯店，將給入住的客人帶來極大的方便和全新的享受，從而成為客人樂意選擇的理想住所。智慧飯店是指具備辦公自動化系統（OAS）、樓宇自動化管理系統（BAS）、通訊自動化管理系統（CAS）的飯店，簡稱「3A」飯店。總而言之，隨著科技的日益發展和變化，飯店必須及時運用現代高科技的技術和手段來武裝自己，才能提高自己的服務水準和管理效率，形成更強的市場競爭能力。

4. 社會文化環境

社會文化環境是指，一個國家和地區的民族特徵、文化傳統、價值觀、宗教信仰、教育水準、社會結構、風俗習慣等情況。飯店經營活動的目標是首先要適應社會價值觀和社會信仰的要求，在經營方式上也要使全社會感到它是有助於人、有助於社會，特別是在倡導新的生活方式方面，飯店業既要

引導新的現代生活方式，同時又要符合社會規範。由於旅遊飯店的客源來自國內外，因此旅遊飯店不僅應關注中國的社會文化環境，而且應關注旅遊客源國的社會文化環境。

飯店企業面臨著各種各樣的社會問題。例如，社會組織結構的變動是共同利益的群體成為社會經濟生活重要的影響力量；人口增長結構不僅影響消費者人數，而且也影響可提供給飯店的勞動力數量；生活方式的變化使得飯店的消費群體及其所提供的產品與服務均作出相應的調整；廣泛的環保運動則要求旅遊飯店必須大力節能降耗，推行清潔生產，減少汙染排放，創建綠色飯店，並要積極參與社會公益環境美化與環境保護活動。因此，瞭解和把握社會文化環境，是促使飯店經營活動取得良好效果的又一重要因素。

（二）微觀環境

1. 市場

市場狀況始終是飯店經營者要密切關注的因素。市場可能擴大，也可能收縮，也可能迅速發展。無論是飯店的供給還是旅遊者的消費需求，都會在數量上和結構上發生較大的變化，為此，飯店經營管理者必須密切注視市場的變化動向，要建立完善的市場訊息系統，超前預見市場的變化或敏銳地作出反應，及時地調整飯店的產品組合、價格組合、銷售渠道及促銷組合來適應市場的變化。也可以透過開展多層次經營來分散和化解市場風險。

2. 飯店消費者

飯店消費者是飯店效益的源泉，是飯店生存和發展的基礎。飯店必須認真研究消費者需求的特徵，需求的差異及其變化趨勢。當前中國旅遊飯店客源結構發生了較大的變化，由過去以觀光旅遊者為主體的單一型結構轉變成觀光、渡假、商務、會議和其他專項旅遊多種旅遊者並存的多元化的旅遊客源結構，從接待外賓為主轉變為內外賓並重的旅遊消費者格局。這些旅遊者的需求存在著明顯的差異，購買和使用飯店產品的方式也不相同。飯店在經營活動中，必須根據飯店本身的特點，確定自己的目標市場，使自己提供的產品和服務能滿足不同類型的消費者的需求。

3. 飯店供應商

飯店的日常經營活動需要外界許多供應商提供多種產品和原材料。餐飲部需要供應商提供食品加工的原材料，如蛋、肉、蔬菜、飲料等。客房部需要供應商提供客房所需的日常用品，如毛巾、衛生紙、洗漱用品等。飯店其他部門也需要供應商提供一些必需品，有些還需從國外引進。飯店與供應商之間的關係對飯店行銷十分重要。如果飯店日常必需品供應困難，飯店的日常經營就會受到影響，甚至不能正常運轉；日常必需品的價格高低會引起飯店經營成本的變化和飯店產品的價格；日常必需品品質的好壞及與飯店檔次是否相匹配，會影響到飯店的形象。所以，飯店供應商對飯店經營能否盈利具有重要的影響。飯店經營管理者需要清楚地瞭解和掌握飯店用品市場的供應狀況和市場價格變化情況，尋找價廉物美的飯店用品。

4. 勞務市場

勞務市場是指為飯店提供勞動力的市場。在全球飯店業中，經過專門培訓，具有專門技術的勞動力是不足的。飯店要想成功，一個很重要的先決條件就是要有充足的、有能力的勞動力。而勞動力可從勞務市場中得到，飯店經營管理者應該分析勞動力可能存在的問題及對飯店經營與飯店發展可能產生的影響。

5. 銷售代理商

銷售代理商是飯店與消費者之間的中間人。銷售代理商根據地域分類，可分為飯店所在地區代理商、飯店客源市場所在地區（國家）代理商等類型。一般飯店代理商主要由各類旅行社和旅遊公司來承擔。由於飯店經營地點的固定性特點，遠距離銷售往往會造成成本、投資增加，有時還會增加投資風險。因此，借助銷售代理商是飯店行銷中的常見做法。但是，代理商的類別、聲譽、客戶通路、代理條件、及對飯店貢獻的大小是飯店經營者必須慎重考慮的。飯店行銷人員應不斷開闢新的銷售渠道，選擇可靠並具有實力的銷售代理商，同時可以透過廣泛的與銷售渠道成員簽訂合約來牽制旅遊銷售代理商，阻止其選用競爭對手的產品。

6. 飯店競爭者

競爭是飯店經營環境中的重要因素之一。不同的競爭形勢對飯店經營管理會產生很大的影響。比如，飯店目標市場、行銷策略等的確定均要受到競爭這一因素或多或少的影響。因此，飯店經營者應善於分析飯店面臨的競爭形勢、競爭對手的數量與規模及競爭對手的目標、競爭對手的策略和競爭手段、競爭對手的優勢和劣勢及競爭對手的反應模式，從而制定出有效的市場競爭方針和手段，使本飯店在競爭中取得優勢。

二、飯店市場經營環境分析

市場經營環境分析又稱為飯店的社區分析，是飯店行銷分析的重要組成部分。社會的變革、生活方式、價值觀念、宏觀經濟環境以及技術發展水準等對於飯店的經營有著巨大的影響，它們影響著顧客對飯店產品的需求，決定了飯店營運的規模與水準，牽引和制約著飯店產品開發的速度和方向。因此，飯店必須深入研究上述不可控的因素，並根據環境因素制度相應的行銷決策。

由此可見，各飯店的情況和所面臨的問題是互不相同的，因而所要分析的具體內容也因店而異。針對這些具體內容所採用的研究、分析的具體方法也會有所不同，但基本分析程式與方法包括以下內容：

（一）找出最有影響的環境因素

影響飯店外部環境的因素具有數量多、複雜程度高、相互關聯、變化快、對企業經營影響大的特點。經營管理者必須運用豐富的知識、經驗和科學等方法進行綜合分析，列舉與飯店經營有關得因素和利害關係，從中找出對飯店經營最有影響的環境因素。

（二）確定各影響因素的重要程度

這一步對提出的主要環境因素確定其重要程度。可由環境分析小組分析各因素的重要性，並對各個環境因素按重要性進行分析。其具體做法是：

1. 對影響飯店經營策略成敗的環境因素打分

從 -5 分到 +5 分，-5 分表示對飯店有極強的負影響；+5 分表示有極強的影響。

2. 對環境因素的重要性打分

從 0 分到 5 分，非常重要的打 5 分，不重要的打 0 分，一般重要的打 3 分。

3. 將影響分數和重要性分別相乘得到一個綜合分數

這個分數表示環境因素的重要程度。例如，綜合分數為 -25 分，表示飯店經營者應立即作出反應，企業處於一種非常嚴峻的形勢之中，將遇到大的風險。根據每個因素的綜合分數絕對值的大小排列，就可以對環境因素的重要程度進行排序。

表中綜合分數為正值，代表外部環境為飯店經營提供機會。綜合分數為負值，代表外部環境為飯店經營帶來威脅。飯店經營者應根據以上分析，認識所面臨的機會和威脅，並按照威脅程度和機會程度發生的可能性對飯店所處的地位進行分類。

這四種類型的基本特點是：

①風險型：機會大，威脅大，期望在冒險中取勝；

②理想型：機會多，風險小，但競爭激烈；

③成熟型：風平浪靜，等待時機；

④困難型：風雨飄搖，危在旦夕。

飯店經營者應根據企業面臨的機會和威脅，評價本飯店在外部環境中所處的地位，並採取不同的對策，以利用機會避開風險。

（三）利害關係分析

利害關係分析是環境分析的一個重點。利害關係者通常包括飯店消費者、飯店競爭者、當地政府、上級主管、銀行、各種利益團體等。因利害關係所

採取有利或不利飯店的行為，所以要慎重對待。在制定經營策略和執行策略時，都要考慮利害關係者的反應，要分析和假設對方會有什麼樣的反應、態度和行動。收集利害關係者的訊息，想辦法消除或防範對飯店有威脅或危害的利害關係者的影響，利用有助於飯店發展的利害關係者的力量，有利於飯店策略目標的實現。

（四）相關環境因素的趨勢分析

這是對環境因素未來的變化及其程度，對飯店策略成效進行預測。

飯店在制定策略規劃時，除了要對經營環境分析以外，還必須對企業內部條件進行分析。所謂企業內部條件，是指企業所具有的客觀物質條件和主觀工作情況。其目的是要知彼知己，進一步明確本企業在外部環境中有哪些優劣勢的確切原因，以便為制定經營策略提供可靠的客觀依據。

飯店內部環境分析的內容包括：

①飯店組織機構狀況分析；

②飯店資源狀況分析；

③飯店文化狀況分析；

④飯店銷售狀況分析；

⑤飯店財務狀況分析；

⑥飯店員工狀況分析等。

▌第二節 飯店市場行銷概述

一、飯店市場行銷的概念

（一）飯店行銷的定義

行銷科學的奠基人之一的美國學者 kolter 為行銷下來這樣的定義：

「行銷指的是透過合適的交流和促銷，將合適的商品與服務在合適的時間和合適的場合銷售給合適的人。」

而蓋裡·特萊帕則是這樣界定行銷的：

「瞭解顧客需要，使產品盡可能滿足這些需要，勸說顧客滿足自己的需要，最後，當客人願意購買該產品時，保證購買方便。」

安德遜和蘭姆希客把行銷的定義講得更具體化、通俗化：「我們相信，行銷的真正意義在於聽取市場的需求，滿足需求，創造利潤。據此，出色的行銷自然應該意味著，你比自己的競爭者更注意傾聽市場意見，也比競爭者更能有效地滿足市場需求。」

透過以上三種說法，我們可以清楚的得出結論，行銷應該具有以下六項要素：

1. 滿足顧客的需求：行銷活動的首要任務應是發現並滿足顧客需要。顧客已經有了什麼，他們還缺少些什麼，這兩者之間一定存在差距。顧客需要什麼，他們對自己的需要是否已經意識到，這些都是從事行銷的人必須努力瞭解的。

2. 行銷具有連續性：行銷是一種連續不斷的管理活動，不是一次性的決策；後者只能被看作是整個行銷管理的一項內容。

3. 行銷應有步驟地進行：良好的行銷是一個過程，應有序地一步步去做。

4. 行銷調查發揮關鍵作用：行銷活動如要有效地進行，則非進行行銷調查不可，唯此才能預見並確認顧客需求。

5. 企業內部各部門之間必須發揮團隊精神，相互合作：企業的任何一個部門不可能獨立地承擔行銷的全部活動。沒有各個部門的精誠合作，行銷便不能成功，企業便不能遊刃有餘地參與市場競爭。

6. 企業還應該注意與同行、相關行業異業合作：同一行業中各企業，在進行行銷時有著許多合作的機會，既競爭又合作，整個行業才能蒸蒸日上。

現在我們可以為飯店行銷作出如下界定：

　　飯店行銷是一種持續不斷、有步驟地進行的一種管理過程。飯店管理人員在此過程中透過市場調查，瞭解顧客需要，然後努力提供合適這種需要的產品與服務，使顧客滿意、飯店獲利。飯店行銷成功的最基本條件，在於全體員工的共同努力以及飯店與同行及相關行業的企業之間的精誠合作。

二、飯店市場細分與目標市場選擇

（一）飯店市場細分

　　飯店市場由於受年齡、性別、收入、文化程度、地理環境、心理等諸多因素的影響，不同的消費者通常有不同的慾望和需要，因而有不同的購買習慣和行為。此外，旅遊者在購買飯店產品時其購買形式也存在著差異。正因為這樣，飯店可以按照這些因素把整個市場細分為若干個不同的市場部分或亞市場，這些因素就叫做細分變數。由這些因素所決定的顧客差異是細分飯店市場的基礎。細分飯店市場的依據很多，主要包括地理變數、住宿動機變數、購買方式變數、銷售途徑變數以及其他社會人文變數等。

1. 按地理變數細分市場

　　按地理變數即客人來自不同的國家、地區和主要城市來細分市場，這是最基本的，也是最常用的劃分方法之一。不同國家、不同地區的旅遊者由於經濟情況不同、消費習慣各異。他們對飯店產品和服務有著不盡相同的需求和偏好。例如：亞洲客人同歐美客人在對飯店的要求上存在許多差異。亞洲客人注重飯店的裝飾和設施的齊全，而歐美客人則強調房間的整潔、衛生和舒適宜人；亞洲客人在自費外出旅遊時，支出多用於購物，不太計較或不願意花費大筆錢下榻在高檔飯店，歐美客人則恰恰相反，他們會選擇檔次較高的飯店，尤其是連鎖飯店，住宿方面的支出要高於亞洲客人；亞洲客人對「卡拉 OK」等大眾娛樂活動情有獨鍾，而歐美客人則喜歡到游泳池、網球場、健身房進行鍛鍊；亞洲客人喜愛寧靜、雅緻的酒吧情調，而歐美客人則偏愛熱烈、自由、隨和的酒吧等。在瞭解客人的差異之後，飯店可以採取不同的行銷手段來招徠和吸引客源，並且以不同的設施和服務去滿足他們的需求，例如中國長富宮飯店，根據本店日本客人遊客占主要地位的特點，特設日本

樓層，在這些樓層中，飯店客房陳設全為日式，服務人員進屋打掃衛生時，必須先脫鞋方可進入房內，同樣在提供客房服務時也是提供的日式服務，在樓層安排會用日語的服務員提供登記入住和客房服務等。同樣的歐美等一些先進國家的一些飯店面對亞洲客人不斷增加的趨勢，特地開設了迎合亞洲遊客需求特點的服務項目。

按照地區細分市場可使用顧客住店登記表進行統計分類，其最大的優點在於能使飯店根據不同地區的客人需求設計不同的產品，並在不同地區安排市場行銷活動。

2. 按照住宿動機變數細分飯店市場

按照客人的動機細分市場是飯店廣泛採用的一種分類方法，不同類型的飯店按住宿動機細分的市場類別不盡相同。大部分飯店將客人的住宿動機簡單地區分為兩大類：一類為公務客人，另一類為渡假客人。在公務類客人中，既有一般性公務人員，如企業的銷售人員、採購人員，也有高級管理人員，如企業董事長、總經理，還有政府及各種事業機構的工作人員等。在渡假類客人中，有由旅行社組團包價的團隊觀光客人，也有同家人一起出遊或個人單獨出遊的旅遊者，還有探親訪友或有其他旅行目的的人員。具有不同住宿動機的客人由於其特定的旅遊環境、條件以及心境，對飯店產品和服務的需求也不同，他們住店期間其行為方式、消費水準、消費習慣也存在差異，因而給飯店帶來的利益和風險也有差別。

(1) 公務旅遊市場

公務旅遊者由於其旅行為工作性質，因此，他們往往要求飯店的地理位置適當，便於工作往來，尤其喜愛位於城市中心的飯店。由於公務繁忙，他們通常要求飯店交通便捷、入住退房手續簡便、通信郵件服務高效、預訂方便。另外，他們希望飯店能保障其財務安全，能保密。相比較而言，公務旅遊者往往不太考慮房價高低，只需要付款政策與其公司的財務政策相一致即可。公務旅遊者在選擇飯店時較多地根據個人的經歷和朋友的推薦。此外，公司直接訂房也是十分普遍和常見的。

（2）休閒觀光市場

指以休閒渡假和觀光遊覽為主要目的的旅遊者。他們的旅行通常是私人目的而非工作性質，因此，休閒觀光類客人大都由個人付帳，在選擇飯店時，價格對於他們便是十分重要的因素，有時甚至是起決定作用的。由於他們對價格非常敏感，因此飯店如果能給予折扣和優惠，將會對他們產生極大的吸引力。再者，他們不同於公務類客多在飯店內就餐，而是更多的到飯店外用餐或自帶食品，如果有條件他們會自己動手來解決就餐問題。休閒觀光類市場在選擇飯店時通常根據個人親身經歷以及朋友的口碑宣傳和推薦，有時也透過特殊飯店包價、旅行社的推薦和安排以及飯店的廣告、宣傳品等來挑選下榻的飯店。

3. 根據購買方式變數細分飯店市場

根據購買方式來細分飯店市場也是飯店廣泛採用的一種方法。從客人的購買方式來看，飯店消費者主要可分為團隊客人和零散客人兩大類。團隊客人由於一次性購買量大，飯店通常會給予相應的價格折扣和其他優惠，而散客對飯店而言則意味著較高的房間和較少優惠以及由此而帶來的較高的盈利。

團隊客人和散客各自又可以細分出不同的亞市場類型，各個亞市場能夠帶給飯店的好處以及他們對飯店產品的需求也不盡相同。

（1）團隊旅遊市場

①公司類

包括公司高級管理人員、銷售人員、部門管理人員等。飯店吸引這類市場可帶來下列好處：

第一，沒有季節性，能給飯店帶來常年穩定的生意；

第二，相比較於其他市場，公司類市場取消預訂率低，因為商業旅行比旅行團、休閒觀光等所受外部影響更小一些；

第三，公司類客人由於其業務關係使然，一旦他們某飯店留下良好印象或有過愉悅的經歷，便有可能成為這家飯店的回頭客和常客；

第四，公司類客人信譽良好，因為採取現金和旅行支票等現場支付方式，因而極少出現拖欠款或跑帳現象。對飯店來說，接待公司類客人經營風險較少；

第五，除合約約定以外，飯店通常不需給予公司類客人其他優惠和價格折扣。

公司類客人到某地辦理公務時，對下榻的飯店也有諸多需求。首先，他們要求下榻的飯店地理位置適當，通常選擇市中心或離業務地點較近的飯店；其次，公司類客人在進行商業來往時，希望給對方留下良好的印象，因此，大企業的人希望入住的飯店能與其身分和自己企業的聲譽相適應，而小企業的人也希望藉良好的飯店以顯示自己的實力和地位；再者，公司類客人由於公務在身，往往希望飯店為他們單獨辦理入住登記和離店結帳的手續，而不喜歡和團體客人、帶小孩的客人混在一起。現在飯店針對公務客人的特點，推出了商務樓層，具備了公務人員俱樂部和專門的早餐廳、酒吧等設施；再者，對於飯店的附屬設施方面，他們也要求有適當的洽談公務場所，齊全的娛樂健身設施例如游泳池、三溫暖、網球場等；此外，公司類客人要求房間內能提供更多文具，有保險櫃、供會客用的額外的椅子等；公司類客人對傳真、電話、電腦、打字、影印、祕書服務等商務服務也有很高的要求，同時飯店還應具備快捷方便的通訊手段；在價格和付款方式方面，由於是公司付款，公司類客人對此往往不太注重，但是飯店採用的付款方式必須與其公司的財務政策一致；另外，公司類客人對 morning call、郵件傳遞服務、洗熨衣物服務等較其他客人有更多的要求。在眾多大城市中，由於這類客人市場極大，飯店紛紛開闢行政樓層，專門為商務客人提供服務，諸如在樓層開設閱覽室、樓層專業酒吧等。飯店還設立商務服務中心，提供各種商務服務。在一些豪華飯店，客房內還專門裝備電腦或手提式電腦插座，以及商業數據終端，以便利商務客人的商業活動。另外，房內配備傳真設施以及房間內雙線電話在商務飯店中也越來越普遍。

②會議旅遊者

也就是我們常說到的 MICE 市場。M 為 Meeting，指會議；

I 為 Incentives，指獎勵旅遊者；

C 為 Confence，指大會；

E 為 Exhibition，指展覽。

會議旅遊者是許多飯店重要的客源市場，目前世界上會議旅遊興旺發達，飯店業者紛紛將目光投向這一新崛起的市場，會議旅遊成為全球旅遊業中新的亮點。吸引會議旅遊者對飯店而言，具有許多優越性：首先，市場量很大，許多大型會議參加人數眾多，加上新聞記者和隨行人員，下榻飯店人數更多，大型會議能給飯店提供客滿的機會；其次，由於會議分佈在全年各個時間，接待會議旅遊者能給飯店帶來常年生意，尤其能夠彌補一些商業型飯店週末以及渡假類飯店淡季生意清淡的狀況。此外，會議旅遊者平均住宿時間較其他客人長而且房價較高，加上與會人數眾多，因而對食品、飲料等的需求量也很大，能夠帶動餐飲和其他商品的銷售並提高飯店附屬設施的使用率，為飯店帶來其他生意機會。而一些有影響的會議，往往會有大量傳播媒介進行報導，這對飯店而言是十分難得的擴大生育的機會。除此之外，許多會議尤其是年會等，由於時間比較固定，如果飯店能與主辦單位長期合作，對於飯店進行客源預測和經營預算都是十分有利的。

會議旅遊者在下榻飯店期間，也有自身的特點和規律性。接待會議旅遊者，飯店必須做好以下幾方面的工作：

第一，會議旅遊者到店和離店時間集中，因此飯店的簽出簽進手續應盡可能集中在短時間內完成。對於會議接待，飯店應派專人協同會議組織者提前將參加會議者的名單、人數、性別等客人資料準備好，如果有可能可對客人住房進行預分，事先安排好住處，並將客人登記表等準備好，以加快辦理速度。為了不影響其他客人，飯店可以辟出專門的會議接待室，這樣可以避免和減少大廳的擁擠現象。飯店對此處理的好壞，將會給與會者留下長久的印象。

第二，飯店要想具備接待各種會議的能力，必須具備相應的會議設施和各種類型的會議廳，對於國際性的會議尚需配備同聲傳譯等設備。

第三，許多會議人數眾多，事項繁雜，因此飯店必須具有組織會議的經驗，因為會議的成功需要各方面大力協調、通力合作以及良好的溝通予以保證。在必要的時候，飯店應為會議的主辦者和組織者提供各種幫助，保證與會期間各項活動安排得井然有序。

會議本身也有不同性質，如政府、企業、協會等組織的年會與一般的研討會、培訓會也不盡相同：前者一般時間較短，但影響較大；後者通常平均住宿時間長於其他類型的會議，且要求氣氛自由，這種會議往往選擇規模較小的非市中心或非商業中心的飯店，以避免嘈雜的環境。對於那些會期超過三天以上者，飯店應該提供多樣化的餐飲服務使客人始終有新鮮感，而不顯得單調乏味。

③旅遊團

包括各種旅遊批發商、旅行社、航空公司售票處以及接團社等在內的訂房客人。旅遊團是飯店主要的客源市場之一，它們對飯店來講具有以下特點：

第一，能為飯店帶來生意旺季和高峰，使飯店資源達到最高使用率以及最高收益。當然，也會給飯店造成營業低谷和淡季。

第二，由於旅遊團人較多，可為飯店帶來一次性大批量預訂。

第三，由於旅行社通常與飯店具有合約關係，往往可為飯店帶來眾多的回頭生意以及連續的出租率，但旅遊團的高取消率有時也給飯店帶來許多困難。

第四，旅遊團通常不需要使用會議場所及設施，可節省飯店在這方面的投入。

旅遊團對於飯店而言，是十分重要的市場。飯店要想吸引旅遊團市場，其報價必須具有競爭力。另外，必須保證旅行安排按預訂計劃進行，盡可能避免發生日程、天數、人員等變化。飯店還應提供團隊用餐服務，具備單獨

的簽進簽出、行李搬運的地方及通道，各種支票、發票及其他帳款的處理必須迅速準確。許多旅行社還要求提供團隊個人單項花費帳單等。如果是國際性的旅行團體，飯店還必須能夠以多種語言提供服務，並能夠提供外幣兌換服務。

④體育代表團

包括各種體育活動的組織者、教練、運動員、經紀人等。體育代表團對於飯店而言，由於其往往是新聞的焦店合社會關注得熱點，接待體育代表團是提高飯店知名度和擴大市場影響力的有力時機。另外，體育代表團還可以吸引其他的客源如球迷、運動員家屬、新聞記者等，因此市場容量極大。

體育代表團下榻飯店時也有其自身的特點，他們要求飯店位置盡可能靠近比賽地點；運動員等隊員所用客房最好分在一起以利於集中行動；體育代表團通常對賽前、賽中食品的種類、份量、營養結構等有著特殊要求，因此飯店必須為他們提供特別定製的菜單；他們還希望飯店提供免費的會議室和儲藏室供賽前開會以及儲存比賽用品。飯店還應該為他們提供諸如交通聯絡、安全保衛、新聞發佈以及宗教服務等幫助，保證運動員人身合財務安全，並使體育明星免受騷擾，同時滿足他們多方面要求，對特型運動員等還需準備專門的臥具用品等。此外，由於體育代表團中大多數為年輕人，因此豐富的娛樂設施、方便的購物、多樣化的餐飲服務便成為飯店不可缺少的內容。

⑤機組成員

指與飯店簽訂年度或其他方式長期合約的航空公司的機組成員。這類客人也是許多飯店，尤其是機場飯店的重要客源。這類市場能夠飯店帶來諸多好處，如逗留期長（通常航班的間隔期為 7 天或 3 天），人數多，用餐量大。由於航班固定，全年出租率均衡，加之付款及時，極少出現拖欠款現象，因此，航空機組通常能為飯店帶來高額收入和利潤水準。

機組成員對飯店的產品和服務也有自身的需求特點：他們要求飯店提供機場至飯店的免費交通服務；他們要求飯店所有的服務都是高效率的，任何拖延、等候對這類客人來說都是十分反感的。飯店還必須保障機組人員的人

身安全，機組成員中大部分為女性，所以飯店必須注意日程保密，不應該讓外人知道她們所住房間號碼和日程安排。另外，由於航班到達和起飛時間不同，有時甚至是在半夜，這就要求飯店提供 24 小時全天候服務，咖啡廳等必須 24 小時開發，隨時提供食品和飲料，如有可能應延長正餐廳開放時間，並具備提供臨時就餐服務的能力。由於機組成員市場是許多飯店爭奪的對象，飯店在價格上必須具有競爭力。飯店在同航空公司進行合約談判時，往往必須給予對方較高的折扣和其他優惠。此外，飯店還必須為機組人員提供儲存物品的場所以及必要的辦公地點，以協助其更好的工作。

(2) 一般散客

散客是指一次性訂房數量少於 10 間以下的客人。散客與團隊客人最大的區別在於訂房數量上的差異。由於散客一次性訂房量小，飯店通常不給予價格上的折扣和優惠，而是採用門市價格出售。這樣，接待散客對於飯店而言意味著出售同樣一間客房可能獲得更多的利益。許多城市中心的商務型飯店，在旺季時通常不願接待團隊客人，以使飯店保持較高的盈利水準。飯店的一般散客主要有以下幾種類型：

①商務散客

指以公務為目的而單獨進行旅行的任何旅遊者，他們是都市飯店的「麵包與奶油」客人。這類客人住店沒有季節性，是飯店常年生意。商務散客具有房價較高、回頭率高以及人均消費水準高的「三高」特點。另外，商務散客住店往往集中在週一至週五的工作日內，這樣便使得飯店出現週末生意清淡的局面。另外，商務散客在飯店內用餐率高，尤其是早餐。

商務散客是十分成熟的旅遊市場，他們大都下榻過多家飯店，對飯店的服務、設施等是十分講究甚至是挑剔的。他們要求飯店有良好的位置、便利的交通，以利於工作和交往；具備高效的預訂系統並能為其迅速辦理入住和離店手續。早餐的服務速度必須快捷，並具備客房送餐服務。另外，尚需配備良好的通訊、郵件送達以及完備的商務中心服務。再者，飯店還需要注重叫醒服務，健身娛樂休閒設施等也應該盡可能完善。為了保證商務散客財產安全，房間內還應該配備保險箱等安全措施。此外，飯店還應提供小型會議

室，以供商務散客在飯店內會見客戶和進行商務洽談活動，因為這些活動不便於在公共場合進行，將其他人帶到自己下榻的客房也不符合其習慣。

②個人旅遊者

指到飯店所在地從事私人活動和休閒觀光為目的的單個和零星旅遊者，他們一次性所訂的客房數在 10 間以下。這類客人是飯店重要的旺季客源，能夠形成飯店旺季的高出租率。個人旅遊者較多地使用飯店的各種娛樂和服務設施，如游泳池、健身房、棋牌室、三溫暖浴等。

個人旅遊者不同於團隊旅遊客人，他們喜歡自由自在、無拘無束的旅行氣氛和生活，他們願意下榻在交通便利、環境宜人的小型飯店和渡假型飯店。在國外，許多個人旅遊者自己開車或從機場、火車站租車進行旅遊，因此需要飯店具有免費停車場。由於個人旅遊者大都為個人付款，他們對飯店的價格是非常敏感的。另外，他們希望飯店的服務周到熱情，如同在家般的親切自然、物有所值是這類市場十分關注和期望獲得的。

③包價客人

指購買飯店各種特殊包價，參與飯店促銷活動的人。這類客人能夠彌補飯店淡季或其他營業時期客源不足的狀況。飯店採取包價方式如三日兩夜的週末包價、一週包價等可以延長客人的住店時間，提高客人人均消費水準，它還可以促進飯店其他服務設施和項目的銷售，如套間、具有地方特色的飲食及其附屬設施。透過包價，可以幫助飯店改變平淡單調的形象，在客人和公眾心目中樹立起豐富多彩的「活動中心」形象。採用包價形式，可以更多地促進本地居民到飯店消費從而增強飯店的社會功能。

參加飯店包價的客人大多數為自己付款，因而對價格和服務內容、品質等非常注重。他們十分關心透過包價能給自身帶來相應的收益。因此，飯店推出的包價必須能夠滿足其物質和精神上的期望與需要，並能使之留下深刻的印象。由於參加飯店包價的許多人是本地居民，因而包價必須有足夠的吸引力才能促使他們前來飯店下榻和就餐以及進行其他消費。

④優惠與折扣客人

是指下榻於飯店享受價格折扣的客人。吸引這類客人能夠幫助飯店打開難以推銷的市場，也可以彌補飯店因淡季或其他原因造成的出租率不足和空房現象。折扣類客人受折扣條件所限，大多在飯店內就餐，從而促進飯店餐飲產品的銷售。雖然折扣通常是在飯店客源不足時給予的，但享受折扣的客人並不因此而降低對服務品質的要求。事實上，正因為這類客人大部分個人付款，所以對價格和品質更注重，飯店絕不可因給予客人優惠和折扣便在品質上打折扣。

4. 根據銷售途徑來細分飯店市場

根據銷售途徑來細分，飯店市場可分為直接訂房市場和中間商訂房市場兩種。

（1）直接訂房市場

指客人透過電傳、傳真、電話、信函甚至互聯網等方式直接向飯店親自訂房或委託他人或組織機關代理訂房，但這些個人或組織機構是不以盈利為訂房目的的預訂。直接訂房市場也包括那些為經事先預訂而入住的客人。由於大都採取零散預訂，房價較高，通常為飯店門市價或雙方協商的合約價。直接訂房可以使飯店減少傭金的支付。直接訂房市場要求飯店具備必要的和先進的預訂設施和條件，高效率的預訂確認、更改和取消，以及訂金、退款程式和管理制度來保證訂房的順利和準確。

在直接訂房這類市場中，許多委託預訂都是由祕書代上司或代為來訪單位公務人員辦理。祕書是選擇飯店時非常關鍵的人物，因此，許多飯店為了使祕書偏向本飯店，紛紛採取各種積極性的行銷措施來吸引祕書，如成立祕書俱樂部等。在事業單位通常由該單位外事處或辦公室負責人代為辦理訂房。無論是誰，飯店都必須瞭解這些人員選擇飯店的因素和習慣。網路訂房以及飯店預訂系統的建立和完善，這一部分市場在飯店中所發揮的作用也將越來越大。

（2）中間商市場

是指代理個體消費者向飯店訂房並從中獲得相應利潤的個人和組織。飯店中間商市場主要有以下幾種類型：

①旅行社

旅行社是飯店主要的中間商市場，飯店一般與他們建立固定的業務往來和合約關係。旅行社市場能夠為飯店帶來大批量的旅遊團訂房並形成住宿旺季和高峰期，但同時也存在淡季和高取消率的風險。

旅行社要求飯店預訂準確可靠，尤其是在旅遊旺季，要求所預訂的客房有保證：他們希望飯店對客人提供滿意和周到的服務，以維護和提高自身的信譽和形象；還希望盡可能降低客房價格並減少向飯店預訂的費用，同時希望飯店能及時付清訂房傭金。

②航空公司

航空公司是飯店訂房的又一重要來源，他們經常幫助客人安排住宿、推薦飯店，有的航空公司與飯店聯合組織特價團，舉辦聯合促銷活動，將客人吸引至該飯店。另外，許多飯店已參加航空公司的預訂網絡，實行聯網預訂。

③信用卡公司

許多信用卡公司向顧客銷售旅遊線路和特價旅遊，大的信用卡公司、銀行如美國運通公司等往往自己設有旅遊部推銷旅遊線路並預訂飯店客房。

④飯店預訂組織

隨著飯店業全球化和國際化，許多國際性的大型飯店預訂組織業應運而生，如美國的 Pegasus Hospitality，它兼併了具有 10 多年歷史的英國尤特爾國際有限公司（Utell International Ltd）成為全球最大的飯店預訂組織。這些公司和組織透過其設在全球各地的辦事處和預訂機構代理客人預訂飯店，並從中獲得相應的利潤。目前，這類預訂網絡所介紹的客源在中國飯店中越來越多。

5. 按人文因素細分市場

按照人文因素進行市場細分，是飯店採用的又一方法。這種方法對於飯店進行詳細的市場分析、瞭解客人的不同特徵並為客人建立客戶檔案具有十分重要的意義。人文因素多種多樣，如職業、性別、教育程度、個性及心理特徵等。飯店較多地根據客人的年齡、性別、預訂次數（購買頻率）等細分市場。這些資料可從客人住店登記表中獲得。

（1）按照年齡細分市場

不同年齡的客人其生活方式、經濟條件、旅行方式不盡相同，對飯店產品合服務的要求也有差別。年輕人觀念新、喜冒險，追求新的經歷和感受，願意下榻新的飯店，享用新的設施，他們喜歡獨自或結伴而行，攜帶少量行李，住便宜的飯店。中年帶家屬旅遊的客人尋求熱鬧的氣氛，希望飯店具備各種各樣的娛樂活動和設施如專用嬰兒座椅、兒童遊戲室等，喜歡非正式氣氛並且價格較便宜的餐廳，並希望飯店能夠提供兒童的菜單和食品。不帶小孩的夫婦是週末市場的好客源，他們追求寧靜、輕鬆的環境和浪漫的情調，希望避開日常工作和生活的環境，避開小孩子的嬉戲及公務和會議那種過於嚴肅和正規的氣氛。老年人是飯店很有潛力的大市場，他們已退休沒有工作壓力，也沒有小孩的羈絆以及家庭負擔，他們是飯店淡季客房的理想市場。老年人作購買決策比較慎重，總是經過反覆比較合權衡；旅行時攜帶較多的行李，行動遲緩，要求便利和清靜。飯店對老年人進行服務時應有耐心，要多為其提供方便和幫助，要熱情周到，細緻入微，應將他們安排在較低的樓層和靠近電梯的房間。另外，老年人有時身體狀況不好，有些甚至體弱多病，因此，飯店的各項服務必須考慮到這一點，飯菜要適合老年人口味，就餐要方便，浴室要防滑，並具備相應的醫療和急救服務能力。

（2）按照性別細分市場

男性和女性在購買飯店產品和服務時，有著不同的特點。女性喜歡寬敞、美觀、整潔、乾淨的客房和具有日式浴缸的洗手間，而不喜歡充滿蒸汽的洗手間，她們要求有梳妝設備如梳妝鏡、特別的照明燈光，擺放化妝品的地方和必要的、講究的洗浴用品等；她們用的衣櫃要足夠高以便懸掛衣裙，並有

足夠數量的衣架；浴室內還應該有晾衣繩。單獨在外的女性下榻飯店時非常注意個人的人身和財產安全，她們通常不願讓外人或不熟悉的人知道自己下榻的房間號，也較多地在飯店內餐廳就餐。

以前，由於女性市場較小，飯店在設計和運營方面多考慮男性客人的需求而忽視女性客人的需求。目前，女性市場迅速增長，外出休閒觀光和辦理公務的女性客人越來越多，在許多旅遊團中女性人數甚至超過男性。隨之參加旅遊和擔任管理及其他職業的女性人數越來越多，女性市場也不斷增大。

6. 其他客源市場

（1）按照顧客購買頻率細分市場

顧客購買頻率在飯店主要體現在客人預訂客房和下榻飯店的次數上，據此，飯店可將顧客分為：不經常使用者、使用次數中等者和經常使用者。不經常使用者對飯店比較陌生和新奇，他們對飯店的產品和服務不甚瞭解，因此在整個住店和消費過程正需要飯店服務人員給予更多的幫助和指點，飯店的各種服務指南、電話指南也是十分必要的；經常使用者指那些經常下榻飯店的客人。大多為商務旅遊者，屬於成熟市場。由於他們經常下榻飯店，對飯店所提供的產品和服務瞭如指掌，他們通常不需要更多的指點和幫助，便可以輕車熟路的在飯店消費。由於住店經歷多，他們往往會將此次享有的產品和服務同自己過去的經歷相比。他們是十分挑剔和難於滿足的客人。經常使用者由於頻繁購買，如果他們得到滿意的經歷，便有可能多次購買，從而為飯店帶來更大的盈利；使用次數中等者在消費行為特徵上介於兩者之間。

按照顧客購買頻率來劃分飯店市場對於飯店採取適宜的產品和價格策略是十分有利的。對回頭客建立客戶檔案，以滿足其特殊要求是飯店廣泛採取的銷售手段。此外，對多次購買的客人進行集中性推銷工作既省力、省時，其成效也非常明顯。

（2）按客人在飯店停留時間細分市場

按照住店客人在飯店下榻的時間和停留的天數，又可以將客人劃分為常住客人和普通客人兩類。在飯店中，常住客人包括在外國公司、商社設在地

的辦事機構及其工作人員。或在當地的公司、學校及其他組織的外國專家、學者等，也包括國內各企業、公司及其他駐外辦事機構的工作人員。常住客人區別於其他客人的最大特點是居住時間長，他們不像團隊、散客那樣在飯店只逗留幾天。往往在飯店居住幾個月甚至一年以上。因此，他們對飯店的服務也不同於一般客人，他們要求飯店提供舒適方便的居住條件，洗手間尤其重要——應寬敞明亮、設施齊全。在飲食方面，要盡可能豐富多樣，以避免單調乏味。此外，飯店要保證客人用車方便，特別是從事商務活動的長住客人，交通不便是不願光顧的。另外，他們還要求飯店具備設備齊全的現代化通訊設備，如電話、網路、傳真，各種郵件服務都是常住客人所必需的，如果有可能飯店應儘量滿足客人單獨擁有傳真的需要。健身娛樂設施也是長住客人必不可少的。長住客人的客房佈置最好是公寓式的，如有可能應提供必要的烹飪廚房設備，沒有這些空間的飯店也要盡可能在房內擺放咖啡壺和簡易加熱設備。除硬體設施外，在服務方面，對長住客人也應該特殊對待，例如，飯店必須根據客人的作息時間安排服務，如辦公用房需要清掃，要根據客人的辦公時間而定，一般在客人下班以後清掃，這樣客人第二天一上班就能正常工作。切勿在客人工作時間清掃。俗話說：「在家千般好，出門萬事難」。由於長住客人長期在外，會遇到許多不便，飯店要主動幫助他們解決。另外，還應該對他們提供各種針對性的服務，如重大節日或客人的特殊日子，如生日、結婚紀念日等，飯店會為客人舉行慶祝活動，使客人有「家外之家」、「住店如住家」之感。對於長住客人，飯店應該給予他在店內消費的各種優惠，既讓客人覺得自己比別人得到了更多照顧，滿足了自尊和需要，又吸引客人在店內消費。

（二）目標市場選擇

市場細分的目的就是為了實行目標市場的銷售活動。所謂的目標市場就是作為企業（如飯店）決定要進入或占領的市場。作為飯店市場行銷的一個重要概念，為什麼我們要選擇目標市場呢？

第一，因為現代飯店業的一切活動是圍繞客人的需求進行的，必須充分滿足客人的需求，飯店才能在激烈的競爭中生存和發展。然而消費者的需求

是千差萬別的，沒有一個飯店可以滿足所有客人的所有需求，而只能滿足市場中一部分特定客人的需求，飯店選定市場中適合飯店企業資源的特定客人，有針對性的提供產品和服務，這樣才能有助於飯店的經營和運轉，實現其經營目標。

第二，飯店必須根據自身的人、財、物、產、供、消等條件，即根據本飯店的市場相對優勢來選定目標市場，因此並非所以的細分市場對飯店都具有吸引力。

第三，各個細分市場之間和各個目標之間相互存在著矛盾，飯店必須從經濟價值等角度來對細分市場進行評價，以決定取捨，否則會造成效率的下降和人力、物力的資源浪費。由此可見，飯店細分市場並不是其最終目的，而是顯示飯店所面臨的市場機會，目標市場選擇則是透過評價各種市場機會，決定為那些細分市場服務的重要行銷策略。而選擇目標市場一般必須考慮以下五方面的因素：飯店的任務和實力、產品的特徵、市場的類似程度、商品生命週期階段和市場的競爭情況。

1. 飯店的目標和實力

飯店在選擇目標市場時，首先應考慮國家所規定的任務與要求，其次是要實事求是地研究飯店的本身實力，主要包括飯店的人力、物力、財力以及生產、技術、行銷力量。

如果飯店本身資源和行銷實力強大，可採用無差異性或差異性目標市場策略，大型飯店多採用此類策略。如果飯店本身資源和行銷能力有限，無力把握整體市場作為自己的行銷目標，則應該採取密集性市場策略。如果飯店不注重提高市場佔有率，而一味過於強調擴大市場面，對飯店競爭力的提高影響很大。

2. 產品的特徵

產品的特徵不同，應分別採用不同的市場策略，選擇不同的目標市場。例如：飯店是以接待高消費的商務客人為主的，在行銷時要根據飯店本身的定位，有針對性的進行宣傳，這類飯店產品宜採用差異性目標市場策略或密

集性目標市場策略。但是對於有些連鎖營號飯店來說，消費者一般對其比較熟悉，不需要特殊的宣傳介紹，只要價位符合消費者的要求，消費者一般沒有很特別的選擇和邀請，因此，可以採用無差別市場策略。

3. 市場的類似程度

不同的市場具有不同的特點，各細分類市場的消費者文化、職業、興趣愛好、購買行為等等都會有較大的差異。當然消費市場上顧客對某些產品的需求、興趣愛好等會大致相同，即市場類似程度大，可採用無差異性市場策略。反之，市場需求差別很大，消費者挑選性有強，則宜採用差異性或密集性市場策略。所以，在選擇目標市場前，必須認真做好市場調查工作，否則很難做出正確的決策。

4. 產品所處的生命週期

產品的生命週期一般分為投入期、成長期、成熟期、衰退期四個階段，產品處於不同的生命週期相對應採取不同的市場策略。一般來說，對於處在投入期和成長期的產品，可採取無差異性市場策略，以探測市場的現實需求和潛在需求，以便及時採取有效措施，不斷開拓市場，擴大銷售。對於進入成熟期的產品，無差異性策略就完全失效，則應採取差異性市場策略，以開拓新市場。對進入衰退期的產品，應採取密集性市場策略，以維持和延長產品的生命週期，避免或減少飯店的損失。

5. 市場競爭狀況

無論飯店採取哪種市場策略，除必須研究上述因素外，還要看市場競爭的情況，尤其是主要競爭對手所採取得策略。一般來說，如果競爭對手實力強大，並實行無差異性市場策略，無論飯店本身實力大於或小於對手，採用差異性目標市場策略或密集性目標市場策略，都是有利可圖，有優勢可占，能取得良好的行銷效果。如果競爭對手採用了差異性策略，而飯店採用無差異性市場策略，就會無法有效地投入競爭，很難佔有一個有利的位置。因此，必須以密集性策略來應對。對於產品來說，如果市場上同類商品競爭激烈，消費者的選擇性日益增強，要求又高，而飯店本身的產品競爭力不足，設備

較差，就必須採用差異性目標市場策略。反之，如是市場上同類產品競爭不激烈而飯店產品及市場行銷手段又居於優勢，則宜採取無差異性目標市場策略。

選擇適合飯店的市場策略是一個複雜的、隨時間變化的、有高度藝術性的工作。對市場競爭不能一概而論，要根據具體情況做出相應決策。而且，飯店本身的內部環境（服務人員的素質、服務技能、設施設備、資金豐裕度等）是在逐漸變化的；飯店的外部環境，如各種材料供應、能源供應以及價格等諸多因素也是千變萬化的。飯店要不斷地透過市場調查和預測，掌握和分析這些變化的趨勢，與競爭對手各項條件進行對比，揚長避短，發揮優勢，把握時機，採用靈活的策略去爭取較大的利益。

三、飯店的市場行銷策略

行銷策略是飯店為實現行銷目標所擬定的具有政策性的、基本的實施方案。確定行銷策略有兩個要求：既要謹慎又要有創造力。謹慎指計劃人員需全方位考慮飯店現有資源的潛力；創造力要求計劃人員在理性的基礎上大膽、靈活地利用現有資源（人力資源、環境資源、財力資源和物力資源等等），對其進行合理調配，形成最佳行銷組合。

（一）行銷策略的要素

行銷策略是各種行銷因素的組合體（Marketing Mix）。組合體包括：

（1）飯店產品（服務）；

（2）飯店的定價方式和定價策略；

（3）飯店產品的銷售通路；

（4）銷售方式；

（5）飯店行銷人力資源。

行銷因素組合即是針對某一細分市場而將上述五種因素科學地組合在一起的策略方案。策略方案應當是實現行銷目標的最佳方式和途徑。

（二）可供選擇的幾種行銷策略

1. 接近市場的總統策略——供求導向策略

這種策略分為無區分市場策略、集中型行銷策略和細分市場策略。

無區分市場策略基本上向所有市場提供一種類型的產品。採用這種策略的飯店可能承認不同細分市場之間的差別，但是並不將這種差別體現在飯店的行銷活動中。其行銷活動的重心被放在不同的細分市場的相同點上。這種策略只適用於小型的、擁有較低市佔率的飯店，如以接待渡假客人為主的渡假飯店。此種策略有四大益處：

(1) 節省促銷費用，降低生產成本；

(2) 避免直接與市場領袖進行競爭；

(3) 比競爭對手更全面地、更優質地滿足目標市場的需求；

(4) 提供飯店在專業上的聲譽並改善飯店與市場的關係。

採用集中型行銷策略的飯店將行銷努力對準一至兩個細分市場，集中全力將每件事情做好。獨資飯店和渡假飯店通常宜使用這種策略。因為它能為飯店帶來三方面的益處：

(1) 壯大飯店實力，直接與國內飯店集團競爭；

(2) 風格獨特，能提供豐富的專業的服務項目和人性化的接待服務；

(3) 向某一兩個細分市場的縱深發展，擴大市場份額。

細分市場策略也稱為全方位行銷策略。使用這種策略的飯店能識別出每一細分市場需求上的不同，並為自己所追求的各目標市場分別制定出不同的行銷組合策略。換言之，這種飯店通常提供不同的產品以滿足不同目標市場的需要。

細分市場策略是一種昂貴的策略。飯店需要為每一目標市場制定出獨特點行銷組合，並分別對其進行促銷。因此，使用這種策略的飯店多為市場的行業領袖和那些在各地擁有分支飯店的飯店集團。

雅高集團（AccorHotels）是典型的代表之一。雅高集團是世界三大旅遊集團之一、全球最大的酒店管理集團之一。經過不懈努力，法國雅高國際酒店集團在短短的將近幾十年的經營中建立了一個擁有 4000 多間酒店的全球酒店網絡。法國雅高國際酒店集團已被譽為全球發展最迅速的酒店集團之一。雅高在歐洲處於業內主導地位，在 140 個國家和地區擁有 150,000 名僱員；是全球最大的酒店、旅遊及企業服務集團，主要從事兩項國際業務：

第一，酒店：分佈於 90 個國家的 4,000 家酒店（超過 455,000 間客房），旅行社、餐廳及賭場。

第二，企業服務：服務於公司及公共機構：每天在 34 個國家有 1,400 萬人共享雅高設計及管理的廣泛服務（餐券、看護、費用管理、社會服務、獎勵活動等）。

法國雅高國際酒店集團透過收購酒店集團和從事酒店管理，令酒店業務不斷迅速增長。法國雅高國際酒店集團擁有獨特的國際市場地位，素以為商界和消閒服務市場提供一系列大眾化以致豪華的著名品牌酒店而負盛名。其主要酒店品牌包括：

Sofitel 索菲特（豪華型）——具世界一流水準的酒店，追求完美的索菲特集商務與休閒為一體，為遊客們提供一流水準，環境舒適，服務優良，氣氛高雅的私人休閒場所。

Novotel 諾富特（高級）——諾富特為具有國際一流水準的現代化商務酒店。合乎時尚的現代酒店，坐落於各主要商業中心。

Mercure 美居酒店（多層中級市場品牌）—— 包括三種標準的酒店，旅館。其環境舒適，價格合理，主要針對商務遊客，同時包括公寓式酒店，每家酒店均反映出每個城市的特色及風土人情。

Ibis 宜必思酒店（經濟型）——以其簡樸，服務品質高，經濟實惠而享譽歐洲，其聲譽在正迅速發展的亞洲太平洋地區有極強的品牌效應，並擁有來自國內外，乃至整個區域的遊客。

Formule 1（大眾化旅館）——Formule 1 汽車旅館坐落於城市的交通，餐飲和其它服務的中心。以創新的管理方式和低廉的價格提供汽車旅館式服務。還有其他的品牌地域分佈面較窄，市場影響力有限。法國、比利時和德國擁有雅高的 6 個品牌，沒有國家同時有 7 個品牌。擁有 5 個品牌的國家為：澳洲、西班牙和荷蘭。從正面看，表明雅高擴張的市場空間大。從地理上講，雅高的飯店庫存主要在歐洲（59.4%），在法國飯店數和客房數比例分別為 42.1% 和 33.7%，其他主要集中在德國、比利時、荷蘭和英國等國家。雅高集團共經營 7 個不同檔次的核心品牌，但其優勢品牌仍集中在經濟檔上。較知名的經濟品牌有「汽車旅館第 6」（僅在美國開設）、宜必思和伊塔浦。

2. 競爭性行銷策略——角色導向策略

這種策略為實現行銷目標的總體行為方案。這種策略需要考慮的是飯店自身在市場中的位置。各競爭飯店在市場中所占份額之比顯示出各方所扮演的市場角色。市場角色大致可分為市場領袖、市場挑戰者、市場追隨者和市場彌補者。

市場領袖者是指那些在相關市場中佔有最大市場份額的飯店，其市場行為和價格手段對眾多飯店具有支配性影響。面對來自挑戰者的競爭，市場領袖若要保持優勢地位，就需要採取以下策略：保存實力，不斷創新。具體做法有三種：

（1）在產品（服務）項目及客人類型上開拓新路；

（2）在原有市場中挖潛；

（3）強化行銷手段，與挑戰者競爭，保持現有市場份額。

市場挑戰者是在相關市場份額上位居第二、第三的飯店，但是其營業實力和利潤未必比領袖低。它們具有向市場領袖發出挑戰併吞併其他飯店的實力。因此，市場挑戰者也對市場中其他飯店產生相當的影響。這類飯店的唯一目標是：瞄準市場領袖攻其弱點，擊敗其他較小競爭對手，進而擴大自己的市場份額。這類飯店常採取以下策略：盡其所能擴大市場份額。具體辦法有三種：

（1）向市場領袖正面挑戰，面對面競爭，如採取挑戰性房價或很強勢的促銷手段；

（2）採用迂迴戰術，利用富於創意的策略手段來吸引市場關注；

（3）潛攻策略：從小型飯店爭取客源擴大市場份額。

市場追隨者因自己實力（人力、財力以及飯店規模等）不足而不能也不願與市場領袖和市場挑戰者抗衡。它們對自己目前的處境採取接受態度，常採取以下策略：

（1）模仿市場領袖的策略；

（2）根據市場領袖尤其實市場挑戰者的策略挑整自己的策略。

市場彌補者一般為市場中的小型飯店。它們在某一地理區域和某種細分市場中經營，雖勢單力薄，卻具有小而靈活、自成一家的特點。它們的策略是：

（1）以對市場的快速反應贏得顧客；

（2）利用獨特的產品（服務）創造「人無我有」的特色。這種策略因而也被人稱為「鑽夾縫」策略。

3. 定位策略——經營導向策略

定位是指將本企業或企業產品與處在同等經營檔次、具有相似形象的對手或對手的產品加以比較，以確自己在該類市場中的位置的策劃活動。已知定位的基礎是競爭雙方對比分析和市場需求分析，前者是飯店的主觀評價，後者是飯店的客觀性評價。定位除為確定目標提供訊息外，還可指導飯店的經營。

在競爭雙方對比分析中，飯店需要明確：與同類競爭對手相比，飯店及產品在客人心目中的形象如何，比如是否管理有方，產品品質和客房條件是否良好，價格是否合理等等；市場需求分析要求飯店明確：客人心目中的產品（服務）利益，個人需要是什麼。兩種類型的分析定位必須相互吻合，才能確定符合實際的經營策略。

策略是飯店為實現行銷目標所制定的實施方案。每個行銷目標可以配備幾種不同的策略。例如：某一飯店的經營目標是：「在今年的基礎上使明年的營業費用降低 10%」，與之相對應的策略至少應有兩條：

（1）較少庫存，去除不受歡迎的產品；

（2）減少對不太重要的客戶的訪問次數。

再比如，一家飯店的經營目標是：

「今年的銷售量在去年的基礎上增加 10%」，與之相適用的策略應有兩種：

（1）加強對現有國內市場的行銷投入；

（2）加大對國外市場的投入」。

策略是每個飯店依據自身優勢和具體行銷地位所確定的。因此，即使是兩家具有相同經營目標的飯店，其行銷策略也可能是不同的。例如，有兩家飯店的行銷目標是在「五年內使市場市占增加 20%」，為了實現目標，A 飯店可能是擴大現有客源市場的開發和投入，B 飯店則可能是加大對國際市場的行銷力度。由此可見，兩家飯店可能擁有相同的目標，可是根據自身條件採取的策略會有所不同，反之，兩家飯店可能所要達到的行銷目標不同，卻採取了相同的策略去實現目標。

▋第三節 飯店市場行銷理念的發展

一、市場行銷觀念的發展

企業的市場行銷觀念既有社會生產力和商品經濟發展水準所決定，同時又對生產力和商品經濟的發展有著重大的反作用力。企業經營觀念的正確與否，不僅直接影響著企業經營的成敗，而且對社會經濟發展速度和效益也有著十分重大的影響。回顧市場行銷觀念的演變過程，迄今為止，大致經歷了以下幾個階段：

（一）生產導向階段（也稱為產品導向階段，它最早可以追溯到工業革命時期，直到 20 世紀 20 年代）

在 20 世紀 20 年代以前，由於社會生產力發展水準的限制，商品市場處於供不應求的狀況。在這種情況下，企業生產的產品，只有品質好、價格合理，即使花色品種單一，也能夠在市場銷售出去。這是一種建立在賣方市場基礎上的市場行銷觀念，是一種典型的「以產定銷」的思想。這種觀念能夠得以存在，是以產品的供不應求、不愁銷路為條件，以大批量、少品種、低成本的生產更能適應消費需求為前提的。

（二）銷售導向階段（也稱為強力推銷階段，這是從 20 世紀 20 年代開始到第二次世界大戰結束）

在這一階段，由於社會生產力的提高，使得從社會整體上來講，商品總供給超過了市場的總需求，表現為即使商品的品質高、價格合理也不一定能賣出去。這就迫使企業開始重視市場銷售問題，千方百計實施「企業賣什麼、人們就買什麼」的銷售策略，以銷售保生產、保利潤，實現企業的市場目標。推銷觀點產生於賣方市場向買方市場轉換的過程之中，這種變化雖然提高了銷售工作在企業經營管理中的地位，但這種強調推銷的經營觀念是從既有的產品出發的，因而從本質上來講，仍然沒有超越「以產定銷」的觀點。

（三）市場導向階段（也稱之用戶導向階段，它是指從第二次世界大戰後到 20 世紀 60 年代後期）

20 世紀 50 年代以後，科學技術得到了迅速的發展，西方社會的生產力水準發生了革命性的深刻變化，社會產品豐富、品種多樣，商品供過於求的矛盾更加突出，使整個市場已經由賣方市場完全轉變為買方市場。與此相適應，西方先進企業的經營思想也由推銷觀念發展成為市場行銷觀念，即企業必須生產能夠在市場上賣掉出去的商品。為此，企業必須以消費者的需要為中心，組織產品的設計、生產和銷售，採取適應消費者消費行為的行銷組合措施，才能實現商品交換和企業經營目標。市場行銷觀念是在根本上區別於前兩個階段的「以產定銷」觀念的現代企業經營思想，而是實行「以銷定產」，

強調按照目標市場顧客的需要與慾望去組織生產和銷售，並透過滿足顧客的需要，來不斷擴大市場銷售，獲得長期的利益。

（四）社會市場導向階段（也稱為生態平衡導向階段，它是指從 20 世紀 70 年代以來至今）

20 世紀 70 年代以來，市場行銷觀念已經被西方許多先進國家的企業廣泛採用，但有些企業在經營過程中片面地強調市場需求，忽視了企業本身的資源和能力，結構往往產生的不是自己擅長的產品。更有些企業，為了迎合一部分消費者，採取各種方式擴大生產和經營，而不顧及對其他消費者和社會整體利益的損害。面對這樣的現實，人們開始認識到，單純的市場行銷觀念還不能解決消費者個別需求與社會總體利益之間的矛盾。正是在這樣的一個背景下，社會行銷觀念應運而生。

社會市場行銷觀念的基本內容是：企業提供的產品不僅要滿足消費者的需求與慾望，而且要符合消費者與社會的長遠利益，企業要關心與增進社會福利。它強調了企業的市場行銷活動應使企業發展、公眾需要與社會長期發展協調一致，以使社會生產經濟發展處於最佳狀態。社會市場行銷觀念與市場行銷觀念並沒有本質的區別，社會市場行銷觀念是對市場行銷觀念的一種補充與完善。

二、現代飯店市場行銷新理念

各類旅遊企業在不斷發展壯大的同時也進入了競爭日趨激烈的旅遊市場。特別是隨著大量外資、合資飯店開始進入市場，他們的市場行銷觀念和行銷活動所產生的效應引起了傳統飯店業對市場行銷理論和實踐的重視，不少有經營自主權的飯店開始採用各種行銷策略來增強自己的競爭實力，並很快顯示出明顯的效應。一些較早接受市場行銷觀念的飯店也開始開展市場行銷活動，有的還專門成立了市場部或行銷部，對市場行銷的認識明顯提高。

但在 20 世紀 80 年代的 10 年中，市場行銷理論在飯店業中只是處於引入和啟蒙階段，飯店業對市場行銷理論普遍地接受和應用還是開始於 20 世紀 90 年代。這一結論的得出主要是出於對市場行銷應用所必須具備的背景

條件為依據的。如前所述，市場行銷觀念只有在飯店面臨巨大的市場困境和競爭壓力的環境條件下才會被真正接受，而大多數飯店一直到 20 世紀 90 年代初期才正式面臨了這樣的市場環境。真正旅遊市場供大於求和買方市場格局是到 20 世紀 90 年代中期才形成的。這時大多數飯店才開始認識到研究市場需求、研究顧客產品、價格和品質的重要意義，市場行銷此時才開始被認為是一種經營思想，而不是一種時髦的標籤。

到 20 世紀 90 年代之後，市場行銷理論才在飯店業中進入了應用階段。到 20 世紀 90 年代末，已產生了一批在飯店市場行銷活動中取得顯著成效的企業，它們的創新意識和行銷實踐已經引起了海內外企業界和學術界的重視。這意味著飯店市場行銷的發展進入了一個新的階段，飯店業的市場行銷理論與實踐活動也有了新的發展。

（一）整合行銷

所謂整合行銷是一種透過對各種行銷工具和手段得系統化結合，根據環境進行即時性動態修正，以使交換雙方在交互中實現價值增值的行銷理論與行銷方法。整合行銷以市場行銷為調節方式，以價值為聯繫方式，以互動為行為方式。

整合行銷概念首先由美國著名學者舒茲在 20 世紀 90 年代初提出。整合行銷運用系統論與權變理論解釋行銷學，提出了系統化的動態行銷概念。所謂系統化就是把企業、顧客、環境作為一個和諧的整體來考慮，它們之間相互聯繫，相互適應。所謂動態，就是一切產品和服務要緊跟顧客需求的變化而靈活應變，不應有固定模式。溝通、關係和接觸以及在此基礎上建立起來的資料庫是整合行銷的關鍵因素。

整合行銷是企業在兼顧企業、顧客、社會三方面共同利益這一目標驅動下，為了更好地協調企業內、外系統的關係和活動，在行銷概念日益豐富和完善的基礎上，演變和發展起來的一種更適合現代市場行銷需求的新模式。它是在整個企業的經營進入了綜合價值階段，行銷的對象——顧客已日益受到企業越來越多的重視，以及各種行銷技巧迫切需要相互結合、相互補充的

新形式下所產生的。整合行銷是對傳統市場行銷理念的重新構架，也是對傳統市場行銷模式的一種創新。

整合行銷的 4C 理論

4C 理論是整合行銷的核心理念，它對企業經營者的研究轉向對消費者的關注，實現了「由內而外」到「由外而內」的巨大轉變。4C 理論的主要論點是：

1. 不要抱著自己現有的產品不放，應先去研究消費者的需要與慾望。企業要生產特定的消費者確實想購買的產品，而不是賣自己所能製造的產品。

2. 定價時不要先估算企業的成本和利潤，而應先考慮消費者為滿足其需求而願意付出的全部成本，並兼顧消費者的收入狀況，消費習慣以及同類產品的市場價位。

3. 不要死板地抓住有限的幾條通路，要盡最大努力為消費者的消費提供方便，讓消費者快捷便利地過得商品和服務。

4. 要淡化促銷，強調溝通。努力實現企業與消費者的雙向溝通，謀求與消費者建立長久的夥伴關係。

在競爭激烈的市場上，唯有好的商品、好的服務、好的品牌的價值存在於消費者心中，這才是真正的企業價值。而要達到這一點，溝通至關重要，所以在整合行銷中，強調正確、適時地整合一切於消費者有關的行銷訊息，不斷與消費者進行雙向溝通。

雙向溝通的基礎是企業擁有完整的消費者資料庫。企業對自己推銷的產品要進行長期跟蹤，在長期的行銷積累中透過電腦管理，建立顧客檔案庫，進行行銷的顧客追蹤，分析消費者關係的熱點，積極進行市場應對，分辨出消費者的不同需求進行個性化的服務，在雙向溝通中贏得顧客的信任，獲取顧客的忠誠。

（二）關係行銷

所謂關係行銷，是指企業與顧客和其他合作者建立、保持並加強聯繫，透過互惠性交換及共同履行諾言，使有關各方實現各自利益的行銷理論與方法。

關係行銷是伴隨著大市場行銷理論的發展和社會學對傳統行銷理論的滲透而產生的。關係行銷把行銷活動看成一個企業與消費者、供應商、分銷商、競爭對手、政府機構和社會組織發生互動作用的過程。關係行銷的關鍵因素是建立並發展與相關組織和個人的良好關係；關係行銷的核心是追求顧客忠誠；關係行銷最主要的表現形式是一對一行銷；關係行銷的重要特徵是雙向溝通。

關係行銷的特徵

關係行銷突破了傳統市場行銷理論的侷限，是對傳統市場行銷理論的延伸與創新。關係行銷具有 4 個基本特徵：

1. 雙向溝通。關係行銷強調雙向溝通，不僅是企業與顧客的雙向溝通，還有企業與供應商、分銷商、競爭對手、政府機構以及社會公眾的雙向溝通。企業不僅只是簡單地傳遞訊息，而且還要收集來自顧客及其其他相關組織和個人的回饋訊息。透過雙向交流促進訊息的擴張和情感的發展。如飯店不僅要自己的產品特色介紹給顧客，同樣重要的還要瞭解顧客的喜好及顧客對飯店產品的建議與批評。

2. 一對一行銷。一對一行銷是指行銷者透過與顧客的雙向溝通，瞭解每一位顧客的不同需求，提供不同的產品和服務，使他們感動滿意。

一對一行銷著眼於保持老顧客，致力於謀求顧客的忠誠和持久，它不是只針對少數重點客人，而是面向所以客人。

一對一行銷認為在充分考慮顧客價值的前提下，區別每一位顧客的差別是重要的工作內容。行銷者要利用電腦記錄每一位顧客的相關資料，設立顧客訊息庫，透過資料的分析，結合企業實際，為顧客提供針對其個人喜歡的服務，使其感到價值的提高，達到滿意消費，從而與企業保持良好的關係。

3. 協同合作。關係行銷的目的，就是消除企業和相關組織和個人之間為了各自目標和利益而產生的對立性關係，促進雙方為共同的利益和目標而相互扶持、相互配合、相互合作，力求建立雙邊和多邊的協同合作關係。行銷者應與顧客、分銷商、供應商、競爭者以及政府機構等建立長期的、相互信任的、相互合作的和諧關係。

4. 互惠互利。關係行銷要使雙方建立互惠互利的關係。良好的合作關係只能建立在互利的基礎上，只有雙方的利益都得到滿足，良好的關係才能長久建立。關係行銷的關鍵之處就是找到雙方利益的共同點，並努力使共同的利益得以實現。企業在處理與顧客、供應商、分銷商、競爭者、政府、公眾以及內部員工等的關係時，要選擇一個雙贏策略，使雙方的利益都可得到實現。為了實現企業的長遠利益，有時甚至應該放棄一些眼前利益，為對方作出一定的讓步。

在關係行銷中，關係的性質是公共的，是組織與個人或組織之間的互動，而絕非「拉關係、走後門、謀私利」的庸俗個人關係。關係行銷追求的是在企業與顧客、競爭者、供銷商、政府、社會公眾之間以及企業內部之間建立良好的關係。

關係行銷的三個層次

關係行銷的核心是顧客忠誠，維繫顧客。市場競爭的實質是爭取顧客的競爭，企業生存和發展的基礎是顧客。美國哈佛商業雜誌的一份研究報告指出，重複購買的顧客可以為公司帶來 25%～85% 的利潤，固定客戶數每增長 5%，企業利潤則增加 25%。吸引顧客再來的因素中，首先是服務品質的好壞，其次是產品的本身，最後才是價格。另外，一位滿意的顧客引發 8 筆潛在的生意，其中至少一筆成交；一位不滿意的顧客會影響 25 個人的購買慾望；爭取一位新顧客所花的成本保住一位老顧客的 6 倍。越來越多的企業已經認識到，爭取新顧客的難度和成本比保持老顧客要大。因此，發展與顧客長期友好關係，並把這種關係當作企業寶貴的資產，已成為市場行銷的一個重要趨勢。

維繫顧客，防止顧客「叛離」，是關係行銷的重要內容。學者提出了三個級別的關係行銷來發展與顧客長期的友好關係。

（1）一級關係行銷。一級關係行銷又稱頻繁市場行銷，有時也稱為購買型關係行銷。在關係行銷的三個級別中，這是最低的級別。要使顧客忠誠於企業，則企業必須讓顧客感動滿意。一級關係行銷透過直接經濟利益刺激顧客購買更多的產品和服務。如對頻繁購買的顧客實行讓利獎勵和減少顧客購買風險，損失補償等手段來保障顧客利益，獲得顧客滿意，使顧客與企業建立友好關係。

如一些航空公司與飯店聯合推出「常客計劃」，旅客按乘機里程折算為「點數」，當點數激烈到規定值後，飯店給予客房升等或免費提供住宿等獎勵；而旅客在飯店住滿足夠天數時，航空公司又能給該旅客提供免費機票等優惠。

建立顧客關係，不能只是企業的主觀行為，而應該成為企業與顧客雙方的共同願望。企業必須採取有吸引力的措施，激發顧客主動與企業建立關係。但是僅靠一級關係行銷的直接經濟利益刺激，仍然很難保持企業與顧客建立長久的良好關係。

（2）二級關係行銷。二級關係行銷有時也稱為社交型關係行銷。二級關係行銷更重視與顧客建立長期交往聯繫網絡，透過瞭解單個顧客的需要與慾望並使其服務個性化和人格化來增加企業與顧客的社會性聯繫，把人與人之間的行銷和人與組織之間的行銷結合起來，增加顧客對企業的認同感。

顧客組織是二級關係行銷的主要表現形式。以某種方式將顧客納入到企業的特定組織中，使企業與顧客保持更為緊密的聯繫，實現企業對顧客的有效控制。顧客組織可分為有形組織和無形組織。有形顧客組織，是指正式的或非正式的俱樂部、顧客協會、顧客之家等；無形顧客組織是利用資料庫建立顧客檔案，並進行分類管理。透過顧客組織，企業可以給予長期顧客優惠和獎勵，提供產品最新訊息，定期舉辦聯誼活動，藉以加深顧客對企業的情感信任，增加顧客對企業的認同感，密切雙方關係。

（3）三級關係行銷。三級關係行銷又稱結構性行銷，有時也稱為忠誠型關係行銷。在關係行銷的三個級別中，這是最高級別。這種行銷方式就是企業透過向顧客提供某種對顧客很有價值、又不易獲得的特殊服務，借此實現企業與顧客雙向忠誠，相互依賴、長期合作的關係，這種關係被稱為結構性關係。在結構性關係中，企業為客戶提供的特殊服務往往以技術為基礎，有精心設計的獨特服務體系，使競爭對手很難模仿。這種結構性關係的形成，將提高客戶轉向競爭對手的機會成本，同時也增加了從競爭對手那裡吸引另一些客戶的機會。企業只有透過建立獨特的服務體系，向客戶提供技術型服務等深層次的聯繫，才能吸引顧客，並與顧客保持長久的良好關係。

（三）綠色行銷

綠色行銷是市場行銷學領域的新概念，它代表了以可持續發展為知道思想，照顧生態層面的新行銷思維方式和操作方式。

1. 綠色行銷的含義

綠色行銷是指企業以可持續發展思想作為經營理念，以環境保護作為價值觀，以消費者的綠色消費為中心和出發點，力求滿足消費者綠色消費需求和社會可持續發展要求的一種行銷理論與行銷過程。

綠色行銷包含了兩個層次的含義：

其一是基於企業自身利益的綠色行銷，即企業透過綠色行銷既能滿足消費者的綠色消費需求，又能降低成本，有利於在競爭獲得差別優勢，從而得到更多的市場機會，佔有更大的市場份額，獲得更多的利益，更有利於企業的長遠發展。

其二是基於社會道義的綠色行銷，即行銷過程要與人類實現全球環境與社會經濟發展的目標相協調，儘量減少對環境的汙染，保持和促進人類社會的可持續發展。綠色行銷強調消費者利益、環保利益和企業自身利益的有機統一。綠色行銷的主要表現形式是樹立綠色形象，開發綠色產品，實行綠色包裝，採用綠色標誌，加強綠色溝通，推動綠色消費。

2. 綠色行銷過程

一個完整的綠色行銷過程一般由下列幾個步驟組成：

（1）樹立綠色形象。企業在實施綠色行銷的過程中，首先要樹立良好的綠色形象。企業形像是社會公眾對企業的綜合評價，良好的企業形像是企業一筆巨大的無形資產，對企業的生存發展有著至關重要的作用。隨著社會的進步和經濟發展，企業之間的競爭不僅僅敢決於硬體和推銷力，也取決於形象力。當一個企業形象被公眾認可，公眾就會對其產生一種信任感，具有良好形象的企業如同一塊磁鐵，能把無數客源和其他資源吸引過來。企業形像是由一系列指標構成的，企業綠色形象包括綠色產品形象、綠色服務形象、綠色經營形象、綠色員工形象、綠色發展形象和綠色環境形象等。努力按ISO要求行事，爭取透過ISO國際環境品質認證是企業樹立良好綠色形象的有效措施。

（2）開發綠色產品。開發綠色產品應以環境和環境資源保護為核心。綠色產品開發必須遵循以下原則：

a. 節省原料和能源；

b. 減少非再生資源的消耗；

c. 容易回收、分解；

d. 低汙染或者沒有汙染；

e. 不對消費者身心健康造成損害。

開發綠色產品的基本思想，預防汙染應從設計開始，把改善環境影響的努力凝固在產品的設計之中。

對飯店來說，飯店綠色產品主要包括綠色客房、綠色餐廳、綠色服務三大類。綠色客房主要體現在建築材料、客房中的有害物品替換為綠色產品，比如：無氟冰箱、化纖物品換為棉麻織品、節能燈具的使用等等。綠色餐廳的核心是使用推廣綠色食品。綠色食品是指無公害、無汙染、安全、新鮮、優質的食品，它包括蔬菜、肉類和其他食品。推廣時要注意三個環節：生產

環節、運輸儲藏環節、製作環節。綠色服務是指飯店在綠色行銷理念指導下，能滿足綠色消費者需求的服務。如餐飲服務中提倡「消費不浪費」，積極提供打包服務；在客房服務中開設無煙樓層；設立專門收集舊電池等有害物品的回收箱等等。

（3）加強綠色溝通。綠色溝通就是把環保理念納入產品和企業廣告活動中，透過強調企業在環保方面的行動來改善和加強企業的綠色形象，更多地推銷綠色產品。綠色溝通的主要內容時綠色廣告和綠色公關。

綠色廣告：綠色廣告的任務有三項。

第一項任務是提供企業綠色產品和綠色服務的訊息；

第二項任務是誘導購買綠色產品，宣傳本飯店綠色產品的特點及優越性；

第三項任務是提醒使用，透過廣告培養消費者的綠色消費意識及環保意識，提醒消費者使用綠色產品。

綠色廣告可以透過大眾宣傳媒介廣告、戶外廣告、郵件廣告、內部廣告這四種形式來傳遞。

綠色公關：綠色公關是指透過各種有利的綠色宣傳，發展與公眾和公眾機構的良好關係，建立良好的綠色形象和良好的綠色行銷環境，以對付不利於綠色行銷的謠言或事件。綠色公關是樹立企業綠色形象的重要途徑，它幫助企業把綠色訊息更廣泛、更直接地傳遞給公眾，給企業帶來更多的便利和競爭優勢。

企業綠色公關的方式和途徑很多。例如，保持與各新聞單位的良好關係，利用新聞媒體為企業的綠色表現作宣傳：安排著名的環保人士參觀訪問飯店、指導飯店的工作；積極參與有關的重大綠色活動。另外還有企業內部的綠色環境佈置，企業員工的綠色培訓以及對優秀綠色員工的表彰、獎勵等也都是綠色公關活動。

（四）網路行銷

網路行銷是指以互聯網技術為基礎，透過與顧客在網上直接接觸和雙向互動的溝通，最大限度地滿足顧客個性化需求，以達到開拓市場、增加盈利目標的一種行銷過程。

按目前互聯網上的商業應有方式，網路行銷的主要形式有以下三種：

1. 網路市場調查。調查市場訊息，從中發現消費者需求動向，從而為企業細分市場提供依據，也是企業開展市場行銷的重要活動。互聯網上有龐大的用戶群，而且在互聯網上可以與顧客進行互動式雙向溝通，還可以利用互聯網上的顧客訊息建立顧客訊息庫。這一切都為網上市場調查創造了良好的條件。所以，網上市場調查作為一種新的市場調查形式受到越來越多的企業的重視。利用互聯網這一現代化手段，飯店經營者能夠在第一時間內得到廣泛的市場訊息，以便及時作出相應的行銷對策。

2. 網路廣告。網路廣告具有費用低廉、跨越時空、三維圖像、虛擬現實、雙向溝通等許多傳統媒體無法達到的優點，因此受到了公眾的歡迎和企業的重視。目前已有大量的企業在互聯網上建立了自己的網站或主頁，即時向全世界發佈網上廣告。網上廣告主要有三種形式：WWW 主頁形式、電子郵件形式和其他形式。

WWW 主頁形式，是企業在註冊互聯網域名、建立企業的主頁之後，在自己的網頁上進行廣告宣傳的形式。利用自己企業的網頁做廣告，可充分展示企業的風格和產品特色，使得企業的主頁地址成為企業獨有標誌，成為企業的象徵。網址也是企業重要的無形資產。

電子郵件形式是指企業把廣告訊息透過 E-mail 直接發給顧客，類似於傳統的郵寄廣告。利用電子郵件做廣告，快速、方便、面廣、花費少、潛力大、效果好。電子郵件促銷已被證明是一種很有效的網上行銷手段。據說美國專門從事市場調查的公司的調查預測，到 2025，全球廠商將至少發出上兆封電子郵件作為最有效的行銷利器。如果說企業網頁是被動式的廣告宣傳，那麼電子郵件就是主動出擊式的廣告宣傳。

其他形式主要是指企業在公關網路上與其他企業一起發佈廣告訊息。如在 google，臉書等著名網站發佈企業廣告，利用這些著名網站訪問人數眾多的優勢，也能產生一定的廣告效應。但這種形式的網路廣告，針對性不是很強，也不易建立自己企業的獨特形象。

3. 網上銷售。網上銷售是指把商品以多媒體訊息的方式透過互聯網，供顧客瀏覽、選購。這種促銷方式在先進國家已經日益流行。

飯店業的網上銷售主要是在網上訂房。飯店可以透過自己的網址在互聯網上直接接受顧客的訂房。

網路行銷的興起，除了互聯網技術的帶動外，主要是由於利用互聯網絡進行行銷活動，其本身有許多優勢。

（1）網路行銷有利於拓展潛在市場，實現全球行銷。互聯網打破了時間和空間的限制，覆蓋了整個世界。網上企業可以穿越時空，把自己的訊息迅速傳遞到世界各個角落；世界各地的人們也可以透過網上瀏覽，立即瞭解網上企業的所以訊息，如需要該企業的產品還能立即完成購買手續。網路行銷擴大了企業的市場範圍，大大提高了企業的行銷能力。透過網路行銷，在網上發佈訊息的企業，無論其規模大小、產值多少，都可以積極拓展全球市場，真正實現全球行銷的夢想。

（2）「網路行銷」有利於「一對一」行銷，實現「大眾定製化服務」。消費者個性消費的復歸與網絡個性化行銷方式的結合宣告了「大眾定製化服務」時代的來臨。網路行銷透過在線服務將企業目標顧客定在個人。這種行銷方式更適合於飯店銷售的特點。網路行銷使飯店顧客這個角色在整個行銷過程中的地位特別得到提高。網絡互動性的特性使飯店顧客真正參與到整個行銷過程中成為可能；顧客不僅參與的主動性增強，而且由於網絡上的豐富訊息，使顧客選擇的主動性也得到加強。在滿足個性化消費需求的驅動下，隨著飯店對顧客訊息的積累，飯店可以針對不同顧客的不同需要，設計、生產個性化產品，實現大眾制定化服務。

（3）網路行銷有利於無形服務有形化，增強行銷力度。有些企業其產品與顧客之間經常相隔千里，顧客往往無法確切地感受其產品的真實性。例如飯店使用傳統的廣告宣傳手段，顧客在消費之前就無法對其各種服務和設施有真切的感受。但在網路行銷中，飯店可以應用多媒體技術，把飯店整體設施設備、內部環境氣氛、各種特色服務在互聯網上動態地表現出來，使顧客遠在千里之外，就能獲得身臨其境的感受，將不可移動的飯店展示在顧客面前。讓顧客在做出購買決策之前就感受飯店提供的各種優質服務，預先的體驗代替了顧客的猜測和疑惑，使無形服務有形化，大大增加了行銷力度。

目前，全世界已有超過數十億個互聯網用戶，他們分佈在全世界數百萬個網站上而且每天仍然有成千上萬的新用戶加入到互聯網中來。互聯網在全球的普遍應用，對各行各業——特別是旅遊業，帶來了巨大的商機。據 CNN 的數據顯示：全球旅遊電子商務連續 5 年以 350% 以上的速度發展；全球約有數億人次以上享受過旅遊網路的服務。

互聯網的強大功能加上它的高速發展，催生了網路行銷這個全新的行銷模式，必將帶來現代飯店行銷方式的革命。

本章小結

1. 飯店經營環境主要有兩大部分組成，一是飯店經營的宏觀環境，對飯店經營環境直接作用不大，但會產生潛在影響的因素或力量；另一是飯店經營的微觀環境，是指會直接影響飯店經營活動的因素。

2. 飯店行銷是一種持續不斷、有步驟地進行的一種管理過程。

3. 飯店市場由於受年齡、性別、收入、文化程度、地理環境、心理等諸多因素的影響，不同的消費者通常有不同的慾望和需要，因而有不同的購買習慣和行為，飯店可以按照這些因素把整個市場細分為若干個不同的市場部分或亞市場，這些因素就叫做細分變數。

4. 細分飯店市場的依據很多，主要包括地理變數、住宿動機變數、購買方式變數、銷售途徑變數以及其他社會人文變數等。

5.飯店市場行銷的策略多為供求導向策略、競爭性策略、定位策略等策略。

6.市場行銷觀念的演變過程經歷了四個階段：生產導向階段、銷售導向階段、市場導向階段、社會市場導向階段。

7.現代飯店市場行銷新理念有整合行銷、關係行銷、綠色行銷和網路行銷等等。

思考與練習

1.飯店的經營環境分為那兩種？

2.飯店經營環境中的經濟環境包含了那些因素？

3.在飯店的微觀經營環境中那些是飯店重要的因素之一呢？

4.飯店的經營環境分析分為那幾大塊呢？

5.飯店市場行銷的涵義。

6.飯店市場細分的幾大因素。

7.選擇目標市場需要考慮那些因素？

8.一般產品的生命週期分為那幾個週期？

9.飯店行銷策略主要為那三種？

10.在競爭性行銷策略中的市場挑戰者特徵和目標是什麼？

11.市場行銷觀念的發展經歷那四個階段？

12.整合行銷的概念和其 4C 理論是什麼？

第六章 飯店服務品質管理

本章重點

　　飯店出售的商品簡單說就是服務。飯店服務產品具有生產和消費同步性的特點，服務過程就是最終產品，一旦發現品質問題便難以彌補，因此飯店服務品質管理顯得尤為重要。許多飯店管理者把服務品質比喻為飯店的「生命線」，這是恰如其分的。對於一家運營中的飯店來說，服務品質直接影響賓客的滿意程度，也決定著飯店的口碑和聲響。在激烈的市場競爭中，飯店的競爭焦點往往會集中在服務品質上，能夠提高服務品質的飯店，就能在競爭中求得生存和發展。

教學目標

　　1. 掌握飯店服務品質的涵義、內容與特點。

　　2. 掌握飯店優質服務建立的途徑。

　　3. 瞭解初步的飯店服務品質分析與控制方法。

▌第一節 飯店服務品質的涵義、內容與特點

一、飯店服務品質的涵義

　　在飯店管理過程中，「服務品質」是使用頻率很高的一個詞彙，但理解上常常有所不同。片面的理解是把飯店服務品質狹義地理解為服務員的服務態度和服務技能。要正確理解服務品質的涵義，首先應當明確「品質」的概念。

　　按照國際標準化組織（ISO）的定義，品質是指產品、服務、活動、過程、組織或體系滿足顧客和其他受益人的顯性需要和隱含需要的能力的總和。

　　「顯性需要」指合約規定、法律規定、規章制度、技術規範、品質標準等所規定的要求；「隱含需要」指顧客和其他受益人的期望、人們所公認的、

不言而喻或不必明確表達的需要，如非合約環境下用戶對品質的需要、不宜或不必明確表達的需要、雖未明確規定但實際存在的需要。

從這一定義我們也可以得出服務品質的定義：服務品質是指服務產品能滿足規定的顯性需要和潛在的隱含需要的能力的總和。服務品質是以能否滿足賓客需要及其滿足程度為原則來評價的，服務品質高低是質服務工作滿足被服務者需要的程度。

根據以上關於服務品質的定義，我們給出飯店服務品質的涵義：飯店服務品質是飯店以其所擁有的設備設施為依託，為賓客所提供的服務能達到規定效果和滿足賓客需要的能力與程度。它通常有兩種理解：廣義的飯店服務品質包含飯店服務的三要素，即設施設備、實物產品和勞務服務的品質；狹義的飯店服務品質是指飯店勞務服務的品質。

這一概念明確了現代飯店的服務品質的原則是「以賓客為中心」，強調賓客滿意，並在內部倡導「櫃檯為賓客服務，後臺為櫃檯服務」的理念。無論是飯店的組織設計、人員安排，還是設施配置；無論是管理人員，還是服務人員；無論是櫃檯部門，還是後臺部門，這個飯店系統的各個方面都應是圍繞著對客接待和服務進行，建立品質標準，實施品質保證。

二、飯店服務品質的內容

準確地理解飯店產品的品質涵義，對提高飯店的信譽、經濟效益和社會效益，對提高服務品質有著極其重要的作用。

飯店服務品質實際上包括有形產品品質和無形產品品質兩個方面。

（一）有形產品品質

有形產品品質主要滿足賓客物質上的需求，是指飯店提供的設施設備和實物產品以及服務環境的品質。它包括：

1. 飯店設備設施品質。

客用設施設備：要求做到設置科學、結構合理，配套齊全、舒適美觀、操作簡單、使用安全，完好無損、性能良好。

供應用設施設備：指飯店經營管理所需的不直接和賓客見面的生產性設施設備，如鍋爐設備、製冷供暖設備、廚房設備等。供應用設施設備也稱後臺設施設備，要求做到安全運行，保證供應。

2. 飯店實物產品品質。

實物產品品質：指飯店提供的有形產品，如購物品和餐飲產品的花色品種，外觀顏色，內在品質與價格之間的吻合程度。包括菜點酒水品質、客用品品質、商品品質。

3. 飯店服務用品品質。

飯店的服務用品品質是指飯店為提供住宿、餐飲而必備的服務用品的品質。

4. 服務環境品質。

服務環境品質：指飯店的服務氣氛給賓客帶來感覺上的美感和心理上的滿足感。包括獨具特色、符合飯店等級的飯店建築和裝潢，布局合理且便於到達的飯店服務設施和服務場所，充滿情趣並富於特色的裝飾風格，以及潔淨無塵、溫度適宜的飯店環境和儀表儀容端莊大方的飯店員工。

飯店所提供的有形產品品質必須既能滿足賓客的生理需要，還要能滿足賓客的心理與精神需要。這些產品是由服務人員借助飯店的設施設備、服務用品、實物產品等來生產和提供的。它們的品質特性在講求衛生、清潔、安全等基本品質要求基礎上，應根據飯店規格、級別等來確定其品質等級，具有明確的量化標準，人為因素的品質特性則在滿足主動、及時、殷勤的服務要求的同時，根據飯店的星級、經營特色等來確定服務項目、服務內容以及服務效率的品質標準。為了提高飯店有形產品的品質，飯店應注重對有形產品品質的物質因素的控制和管理，加強對其服務設施性能狀況、衛生清潔程度、用品齊全程度、服務環境的溫馨程度的控制與管理。

（二）無形產品品質

無形產品品質是指飯店提供的服務的使用價值的品質，即服務品質。服務的使用價值使用以後，其服務形態便消失了，僅給賓客留下不同的感受和滿足度。

1. 禮貌禮節

禮貌意識是飯店服務品質的重要保證，是個人素質的體現。

禮貌，是人與人在社會交往中相互表示敬意和友好的行為規範。是一個人在待人接物時的外在表現，這種表現是透過儀表、儀容、儀態以及語言和動作體現起來的。它反映著一個人的文化修養和待人接物的誠意。

禮節，是人們在日常生活中，特別是在焦急場合互相表示尊敬、祝頌、致意、問候、慰問以及給予必要的協助和照料的慣用形式，是對他人態度的外在表現和行為規則，是禮貌在語言、行為、儀態等方面的具體規定。

禮節是向他人表示敬意的各種形式的總稱。如鞠躬、點頭、握手、舉手注目、吻手等都屬於禮節的表現形式，都是禮貌意識的體現。在不同的民族、不同的時代、不同的環境。禮貌表達的形式和要求均不同，但禮貌的基本要求是一致。

禮貌的基本原則：真誠；平等；尊敬；禮讓；寬容；同情和關懷。

真誠是人與人之間相處的基礎，也是禮貌禮節的首要原則。是指人與人交往時必須做到誠心待人，心口如一，而不是虛情假意，口是心非。真誠的對待每一位客人，會很快得到客人的信任。

平等原則是直在對客服務中，在尊重他人的同時，也必須尊重自己，堅持對客服務不卑不亢。既不能盛氣凌人，也不能卑躬屈膝。只要是我們的客人，不管來自什麼地區，社會背景如何不同，溫暖都應一視同仁，不能因為服務的差異讓客人有受到歧視的感覺。

尊重禮讓原則：尊重是禮貌的實質，禮貌本身是從內容到形式尊重他人的具體表現，即使在客人做錯的情況下，也要婉轉禮讓，特別是在言辭上，要讓客人感受被尊重的感覺。

寬容原則：在對客服務中，寬容和理解是很重要的，這是禮貌修養的基本功之一，不過分計較客人禮貌上的得失，能原諒他的過失，這樣才能得到客人的信賴，同時你的寬容和理解也會感化行為不良的客人。

同情、關懷的原則：同情和關懷的態度是服務人員最基本的要求。能根據具體情況體諒客人，尊敬客人，心領神會客人的喜怒哀樂。

2. 職業道德

指飯店服務人員必須遵守的一些職業要求：

(1) 遵守國家法律、法規；

(2) 對客人謙虛、誠實；

(3) 對客人不分種族、國籍、貧富、親疏，一視同仁；

(4) 對老、弱、病、殘疾客人，優先服務；

(5) 尊重客人風俗習慣、宗教信仰；

(6) 保護客人合法權益；

(7) 遵循社會公德、創建健康、文明服務環境。

3. 優質服務

飯店服務的品質標準絕不是服務人員理智和情感的綜合，更不是單純微笑的客觀魅力，而團隊服務的每一位成員都要首先理解、清楚本身肩負服務項目的內容、程式、標準及保證這項服務完成的具體方法或是措施，每項服務的品質標準應該是賓客的滿意。

從嚴來說，服務品質包括服務程式與服務人員態度兩大方面，它們作為服務品質整體是服務效率與服務效果的奇妙結合。

（1）服務程式，即服務效率，其品質標準內涵包括以下幾點：

①程式服務時間，即服務效率——程式服務的品質標準與完成該項服務的時間連在一起，程式服務時間是標誌著客人接受一次服務所能等待的滿意時間限制，也是優質服務的標準品質參數。

②方便客人——一切服務流程和各項服務工作都應該以方便客人為準則。

③部門之間協調服務網絡——部門之間必須要嚴緊協調，充分發揮團隊協作精神以便向賓客提供快捷、方便、滿意服務。

④主動服務——飯店各部門的服務永遠沒有被動語態，即向客人提供的每項服務要在賓客要求前提前「半步」。

⑤處理投訴及其應變能力——改進和提高服務品質的有力措施便是處理賓客投訴，徵求客人意見。

（2）在鑑賞服務品質標準方面，服務人員的態度包括以下幾點：

①主動服務態度——積極主動的服務態度是品評服務人員願意為賓客提供熱情周到服務的法尺。積極主動的服務態度是象徵著飯店服務人員歡迎客人的到來，隨時願為賓客服務、效勞。

②殷勤服務——即以新穎和適當的形式關心賓客的福利，並以禮貌、友誼、熱情、尊重的服務為客盡心盡力。服務員在正常服務的基礎上視賓客需求為自己工作目標，為賓客提供微小「超常」服務項目，這是優質服務的重要象徵。

③笑容可掬——服務員的面部表情、微笑、眼睛交際以及手勢等是贏得賓客滿意，取得優質服務的「安全護照」。

④適當和得體服務——為了讓客人滿意，一定要掌握、熟知他們各自的不同需求及其風俗禮節。飯店服務要從俗隨賓，傳遞感情才能倍受歡迎。

⑤尊重客人——客人的滿意首先來自服務人員對他們的尊重。

⑥熱情、友誼的語調──優秀服務要表現在服務人員真和甜的語調中。標準的服務用語要樸實、誠懇、熱情、富有活力。

⑦隨時相助客人──服務人員在任何時候，任何情況下都要對客人表現出極大的關心和協助，熟悉飯店的一切，隨時為賓客提供滿意的服務。

⑧服務及銷售藝術──服務人員既要熟悉飯店的一切服務項目及其產品，同時又要掌握賓客需求心理，以便廣泛銷售服務產品。

4. 服務技能

服務技能是各部門員工必須熟練掌握的本員工作。如餐廳服務員要精煉自己的服務技能和技藝，跑菜托盤、服務酒水都要突出服務技藝、技能，同時在服務中又要掌握服務規程，工程維修人員要熟知一切設施的維修保養技藝。服務技能是員工為賓客創造宜人環境，輕鬆愉快境地的重要因素，也是優秀員工所必備的。

5. 安全衛生

（1）安全要求

飯店安全工作的好壞，不僅直接關係到飯店的正常經營，影響到客人的滿意程度，還關係到飯店的經濟效益。安全對於客人、員工、飯店，都是非常重要的，對飯店各個部門所涉及的安全因素，要分別從防火、防盜、防事故、安全管理四個部分抓起，注重安全設施、設備，安全制度、措施、消防、安全知識，突發事件的處理，食品安全，防疫知識，加強服務人員的安全操作，瞭解相關的法律法規及安全意識等。

（2）衛生要求

飯店的衛生首先要符合食品衛生法規和飯店所在城市的食品衛生條例，其次：

①餐廳內外應保持清潔、整齊，清掃時應採用濕式作業。

②各類空調飯店（餐廳）內必須設洗手間。

③供應的飲水應符合規定。二次供水蓄水池應有衛生防護措施，蓄水池容器內壁塗料應符合輸水管材衛生要求，做到定期清洗消毒。

④餐廳每個座椅平均占地面積不得低於 1.85m2。

⑤旅店的餐廳必須與客房、廚房分開，要有獨立的建築系統及合理的通道相連接。

⑥餐廳內部裝飾材料不得對人體產生危害。

⑦根據餐廳席位數，在隱蔽地帶設置相應數量的男女廁所，廁所採用水沖洗式，廁所內應有單獨排風系統。

⑧餐廳應有防蟲、防蠅、防蟑螂和防鼠害的措施，應嚴格執行除四害的規定。

三、飯店服務品質的特點

（一）飯店服務品質評價標準多元化

飯店產品的銷售過程是有形物質消耗（酒水、飲食、商場商品）和無形勞動（各種服務）相結合的過程。一個具有高品質服務的飯店不僅要有現代化的客房、餐廳以及各種服務設施，而且還要有懂業務、善經營的各級管理人員和服務技術好、素質高的服務員，以及方便周全的服務項目和科學合理的服務程式。因此，飯店服務品質評價標準也涉及服務結果的衡量標準一般透過下面兩個專門項目來反映：滿足賓客需要的服務規程、飯店「回頭客」的比率。

（二）飯店服務品質是多方面的、多層次勞動和服務相結合的結果

飯店服務是服務過程的結果，是由眾多不同部門、不同職位和人員的一次次具體的服務活動所構成。因此，飯店的服務品質，不僅是服務全過程中各部門、各職位的服務品質的體現與加和，而且與服務過程的關鍵環節的服務品質有關。構成飯店整體服務的一次次具體的服務具有一次性，它的生產和消費同時進行，一旦服務失敗（即提供的服務不合格）是無法補救的。但對於飯店整體服務品質來講，卻是可以補救的。如若某一個單項服務不合格、

不能使賓客滿足，可以在另一項服務中給予補救，以挽回影響。因此，在飯店服務品質管理中，既要十分注意客人對每一次服務的反映，又要注意加強對不合格服務的補救工作，以保證飯店服務品質。

（三）飯店服務品質是服務態度和服務技術水準相統一的結果

飯店服務品質往往表現在飯店服務人員與消費者的直接接觸之中。因此，服務品質既取決於服務人員的服務技術水準，又取決於服務人員的服務精神和服務態度，而且後者比前者更為重要。因此，提高飯店服務品質，不僅要不斷提高服務員的服務技術水準，不要注意培養服務員全心全意為賓客服務的精神和態度，使其樹立「賓客第一」的思想。

第二節 飯店優質服務的建立途徑

服務品質是飯店的生命，是飯店賴以生存和發展的基礎，是飯店在激烈競爭中立於不敗之地的根本保證。既然服務品質是飯店的生命，那麼如何才能提高服務品質，向賓客提供優質服務呢？

一、樹立正確的服務觀念

過去，在人們的傳統觀念中，服務員是社會地位低、身分低人一等的工作，往往被人瞧不起，而在社會日益進步，講求市場經濟的今天，服務業已成為各行業不可缺少的重要組成部分，創造了巨大的社會效益和經濟效益。因此，要引導員工及時更新觀念、擺正心態，摒棄自卑和消極心理，熱愛自己從事的職業，主動積極地投入到本員工作中。這既是為社會和他人做貢獻，也是為自己實現人生價值。

同時，還應形成良好的服務意識。良好的服務意識是推動服務品質提高的必要條件，要做到這一點，員工就要樹立成為飯店的主人的意識，工作將圍繞賓客這一中心而展開，一切從賓客出發。因為賓客消費是飯店收入的主要來源，是飯店的財源，是飯店生存和發展的生命之源，賓客來飯店食、住、游、購、娛，目的是滿足心理上、物質上和精神上的需求和享受，所以要以飽滿的熱情，向賓客提供最優質的服務，這樣才能使賓客感到舒適和愉悅。

飯店服務以賓客為中心的同時，還必須不斷適應賓客。「賓客是上帝」、「賓客總是對的」，相信已成為飯店同行中的共識，既使賓客不對或無理，我們也要把「對」讓給客人，把「理」讓給客人，時刻注意自己所擔當的角色，學會換位思考，以暫時的忍辱負重和所受的委屈，使飯店免受損失，保持其良性循環。

二、瞭解賓客需求

商業企業如果希望生存下去，就必須瞭解和滿足消費者的需求。滿足和超越顧客的期望是服務品質的核心內容。服務品質的定義是指一項服務可以滿足顧客滿意的程度。飯店的管理者所面臨的第一項挑戰就是確定什麼是賓客的需求。

(一) 瞭解賓客需求的重要性

飯店通常會投入大量的資源（時間、人力和資金）以期瞭解購買者的需求以及期望。但是就服務產品而言（不同於實物產品），通俗易懂並且可以用來評判和表示顧客對服務品質主觀期望的標準可謂少而又少。現在，瞭解和衡量服務品質的益處已經得到廣泛的認可。服務企業表現欠佳的主要原因之一就是不瞭解顧客的期望。飯店都熱切地希望提供優質服務，但是卻未能實現這一目標。原因很簡單，就是它們沒有確切地瞭解顧客對服務產品的期望。

(二) 瞭解賓客的常用方法

可以把顧客分為四種主要的類型：

外部賓客——企業的終端客人；

內部賓客——企業的員工和經理；

競爭對手的賓客——企業希望爭取成為自己顧客的群體；

前賓客——選擇離開本企業並正在使用競爭對手服務產品的顧客。

瞭解賓客需求的常用方法有

1. 個別賓客深度訪談法。在採用個別賓客深度訪談法的過程中，調查人員提出許多有關服務產品方面的問題，並仔細聆聽受訪者的回答，從中找出有用的「線索」以期發現顧客對服務體驗的哪些方面感受強烈。

2. 選擇不同賓客群體採用重點小組座談法。重點賓客群體可以源源不斷地提供有關顧客期望的訊息。重點小組座談法的目的與個別賓客訪談法的目的相似，但是討論的技巧卻有所不同。定期把一部分顧客——通常是那些常客——召集在一起座談，以便瞭解他們對相關服務品質的看法。這些座談小組可以用於監測新推出的服務產品或改進的服務產品。對那些實力雄厚、經營有方的企業來說，不斷採用小組顧客座談法有助於預見一些問題的出現。小組座談可能會發現一些重大問題的隱患，從而可以在這些隱患成為實際問題之前加以清除。

3. 賓客群體代表統計調查法。如果需要從相當大的人群中獲取顧客感知訊息的話，那麼往往會採用統計問卷的調查方法。調查模式包括選擇所需要調查的人口統計群體以及一系列與所需要獲取訊息相關的問題——比如顧客對所提供的服務產品的關鍵特色的看法以及偏好等。這些訊息可以採用統計學的方法加以整理，以便大體上瞭解顧客對服務產品的偏好以及他們對本企業及其他競爭企業的態度。所以這些訊息都可以用年齡、性別、受教育程度以及收入水準等人口統計細分方式來表示他們的偏好。這種方法在後面還將有詳細的介紹。

4. 關鍵事件調查法。基於關鍵事件進行的調查或關鍵事件調查法的原理是，只有透過找出顧客在使用服務產品的過程中出現的所有問題，才有可能持久地實現讓顧客完全滿意這一目標。管理者需要瞭解是什麼使顧客感到擔憂。在許多調查中出現的一個相關現象就是，顧客在調查問卷結尾處提出的「其他建議」一欄，所涉及的問題是調查人員根本就沒想到的。關鍵事件調查的過程其實就是「系統地和有序地收集和分析與所設計的某一服務產品的有效性或無效性相關的具體事件」。

5. 交易分析法。交易分析法在飯店業中相對而言屬於一種新概念，但是卻成為越來越受歡迎的調查方法。交易分析法可以用來「探察」顧客對近

期具體交易的滿意度。這類調查可以使管理者評估當前的工作表現，因為它涉及顧客對其直接接觸的服務員的滿意度以及顧客對於服務產品的總體滿意度。此類調查往往是在交易一結束之後透過郵局調查問卷或電話訪談個別顧客的形式進行的。例如，在一次宴會或會議之後，許多飯店都會於顧客和主辦單位聯繫以瞭解「情況」。在這一過程中會對活動進行回顧、分析和評估。交易分析法除了可以從整體上評估宴會活動外，還可以使飯店將其服務品質（顧客所感知的）與具體的服務人員聯繫起來。這一訊息可以用於表彰表現出色的員工的獎勵系統或用於糾正那些服務品質令顧客不滿意的員工的問題。

6. 神祕賓客調查法。派遣神祕顧客是一種檢測服務標準的方式。其重點是評估服務人員根據已確定的標準提供服務的能力。如果希望保持一致的服務品質，那麼定期檢查服務水準對任何企業來說都是必不可少的。事實上，消除和減少差異是服務經理們的主要任務之一。服務表現的差距可能是由一系列原因造成的——系統缺陷或程式缺陷、員工的能力問題以及員工不努力等。神祕顧客調查法的作用就是監控具體的品質標準在多大程度上得到實際的遵守。飯店和餐館經常使用這一調查方法，派遣受過培訓的評估員前往服務企業，觀察服務水準並做出匯報。企業往往會根據所需要評估問題的需要對檢測加以調整。如果能夠正確的實施，派遣神祕顧客的方法可以為服務經理們提供有關顧客在飯店服務一線的日常經歷的詳細訊息。為了保證效果，神祕顧客調查法必須是獨立進行的、客觀公正的、始終如一的。調查人員必須充分地瞭解飯店業、工作任務和工作程式並且掌握行之有效的觀測技巧。這有助於他們區分非常細微的差異。

7. 投訴分析法。許多企業並沒有針對顧客的態度進行正式的調查，因此完全依賴於顧客投訴來瞭解市場認知情況。研究顧客投訴常常可以為我們提供足以令人信服的證據，如果我們積極和正確地處理顧客地投訴，企業將獲益匪淺。正確處理顧客投訴並非僅僅是「安撫」感到不滿意的顧客，而是積極地鼓勵顧客投訴，然後採取相應的補救措施。顧客的投訴可以成為企業瞭解顧客過程的一部分。尤其重要的是，顧客的投訴可以提供有關整體服務系統出現問題或癱瘓的重要訊息，而不僅僅是有關個別孤立事件的訊息。如果

將顧客的投訴加以編輯和分析並回饋給獲得授權解決問題的員工，那麼顧客的投訴就可以成為不斷調整總體服務過程並且花費不多的訊息來源。因此，應該鼓勵和促使顧客投訴，建立因為顧客的投訴可以使企業有機會解決那些本來沒有注意到，但卻可能使大量顧客疏遠的問題。

三、推行標準化服務

服務品質標準化強調的是飯店各部門服務品質標準的集中與統一。

（一）標準化的概念

標準的定義是：標準是對重複性事物和概念所做的統一規定，它以科學、技術和實踐經驗的綜合成果為基礎，經有關方面協商一致，由主管機構批准，以特有的形式發佈，作為共同遵守的準則和依據。國際標準化組織對標準這一概念進行了如下定義：由有關方面根據科學技術成就和先進經驗、共同合作起草、一致或基本上同意的技術規範或其他公開文件，其目的在於促進最佳公共利益，並由標準化團體批准。

以上定義從不同方面揭示了標準這一概念的含義：

1. 制定標準的出發點是建立最佳秩序，取得最佳效益。

2. 標準的生產基礎是科學技術新成果與先進實踐經驗的結合，標準不應該只是局部片面的經驗，也不能僅僅反映局部利益，而應該是經過各有關方面認真討論、充分協商一致、從全局利益出發做出的規定。這樣的標準才能體現其科學性與民主性，在執行中才有權威。

3. 制定標準的對象為具有多樣性、相關特性的重複事物與概念。對重複性事物和概念制定標準的目的是總結經驗，選擇最佳方案，作為今後的目標和依據。這樣做可以最大限度地減少不必要的重複性勞動。

4. 標準化的本質是統一，即不同級別的標準在不同的範圍內實現統一。

5. 標準有自己的一套統一格式與獨特的頒發程式，這樣做既可以保證標準的品質，又可以體現標準的嚴肅性。

標準化是在實踐活動中對於重複性事物與概念實施統一標準以獲得最佳秩序與社會效益的活動。因此，對於飯店來說，標準化不是一個階段性工作，而是一個循環往復的過程。飯店的各項標準將在標準化活動過程中得到不斷的完善與提高。

飯店的標準化工作不同與其他行業，尤其是以實物產品為對象的工農業標準化。飯店標準的對象是服務，服務產品的顯著特點是無形性，如果說，工業產品的品質好壞可以透過事前的一系列物化指標進行客觀檢驗，那麼，飯店產品品質的優劣卻只能在客人消費過程中進行體現和證明。飯店產品的無形性以及不可貯存性使得產品品質不易被跟蹤，指標不易量化，事前不易檢驗，事後不易彌補。

儘管飯店產品的標準化工作目前存在著許多難題，但是，應該看到它對於提高飯店服務品質有著重要意義。

1. 標準是評價和反映飯店服務品質的尺度，又是進行品質管理的依據。如果沒有品質標準，飯店的品質管理就是一句空話。需要指出的是，任何標準都存在著一個從不完善到逐步完善的過程，飯店的服務標準也不能例外，只有具備標準，飯店服務品質管理才有基礎。如下就是飯店部分職位工作效率標準。

2. 正確制定標準是提高飯店服務品質的關鍵環節。品質標準是對客人需要的集中體現，也是飯店提供服務的藍圖。

3. 品質管理的核心是制定、貫徹、檢查、修正各項服務標準，使飯店服務品質得到不斷的改進與提高。品質管理始於制定標準，並按照標準進行檢查，找出服務品質問題，採取相應措施，修訂標準，貫徹落實。

（二）制定飯店服務品質標準的依據

制定飯店服務品質標準主要應考慮以下三個方面的問題：

1. 設施設備的品質標準必須和飯店星級、檔次相適應。星級越高，飯店服務設施越完善，設備越豪華舒適。因此，飯店服務品質標準要有不同的層次，層次相差越多，飯店服務標準差別就越大。

2. 服務品質標準必須和產品價值相吻合。飯店服務品質標準體現的是飯店產品價值含量的高低。與其他產品一樣，客人消費飯店產品也應該符合物有所值的要求，服務品質標準包括物資設備價值和人的勞動價值兩部分。由於關係到消費者和飯店雙方的利益，標準應該定得準確合理。標準過高，飯店要虧本；標準過低，客人不滿意，會影響飯店聲譽。

3. 服務品質標準必須以客人需求為出發點。服務中包含的人的活動品質體現在服務態度、服務技巧、禮節禮貌、清潔衛生等各個方面，其品質高低取決於客人的心理感受，因此，任何脫離客人需求的服務標準都是沒有生命力的。

（三）飯店服務品質標準的分類

制定飯店服務品質標準是一項非常複雜的工作。由於飯店服務項目多，各種職位的服務操作方式又不同，品質標準也不一樣。總的來說，飯店服務品質標準大致包括以下幾類：

1. 設施設備品質標準

該標準應分別規定不同星級、檔次飯店的設施設備的數量與品質，其中包括一線服務設施和後勤保障設施等，還包括設施設備的合適程度、完好程度與允許損壞程度。

2. 服務程式標準

根據客人在飯店活動規律，規定從客人入店到離店全過程中各項服務的具體要求與操作規程。

3. 餐飲產品品質標準

根據飯店餐飲業的有關要求規定產品的成本消耗、生產工藝流程、烹飪技術要求，以滿足客人需要。

4. 安全衛生標準

安全衛生是服務品質標準的重要內容，安全包括客人的人身安全、財產安全、隱私安全等等內容。衛生包括客房衛生、餐飲衛生、公共環境衛生與

食品衛生等各個方面。飯店要根據各部門、各環節的具體情況制定安全與衛生標準，標準要完整，便於檢查。

5. 服務操作標準

根據各部門、各環節、各職位的具體活動特點規定服務人員的操作規程，這些規程為服務人員提出了具體要求，為服務品質提供了基本保障，同時也是對服務人員進行考核的重要依據。

6. 禮節禮儀標準

禮節禮儀貫穿在服務過程的始終，這類標準應對員工在禮節禮貌與儀容儀表方面提出具體要求，透過創造良好的服務氛圍給客人以舒適美觀的感受。

7. 語言行為標準

該標準應規定員工必須掌握的禮貌用語、微笑服務和坐立行走的姿態動作等等。

8. 服務效率標準

提高服務效率是客人的基本要求，飯店要根據各種服務勞動的具體要求規定完成的時間，以提高服務效率。

四、堅持多樣化與個性化服務

現在的賓客越來越重視個人意志，對飯店服務的需求越來越趨向於個性化，多樣化，這就需要飯店在大力推行標準化服務的同時，積極提供多樣化、個性化服務，這對檔次較高的飯店尤為重要。個性化服務（Personal Service）是指企業為顧客提供代表或體現顧客個人特點的差異性服務，以便讓接受服務的顧客有一種自豪感、一種滿足感，從而使企業及其產品和服務能夠在顧客心目中留下深刻的印象，並贏得顧客的忠誠感。飯店的個性化服務還可以指飯店為客人提供代表或體現飯店個性和特色的服務項目。

對於餐飲企業而言，推行個性化服務有著重要的意義。首先是區別競爭對手，增強酒店競爭力。酒店之間的競爭，首先是服務硬體設施和設備的競爭，提高其品質和檔次、降低成本是增強酒店競爭力的有效手段。但隨著酒店市場競爭的加劇、顧客消費意識的提高和對高附加值的追求，酒店的競爭越來越表現為服務及其品質的競爭。個性化服務是現代酒店的一個特色，它能夠使酒店與自己的競爭對手區別開來，創造出更多與競爭對手不同的地方，給顧客更多選擇的空間，同時也會給顧客留下深刻的印象。個性化服務這種人性化的經濟服務不僅使酒店更好地把握顧客的需求，而且使酒店所提供的服務更及時、更準確、更到位。近來，還有許多酒店利用網絡改善了傳統的酒店管理，透過與顧客的網上交流，獲取更多有關顧客需求的訊息，以便酒店根據不同客人的需要，為其提供個性化的服務，從而提高酒店的服務品質和顧客的滿意感，贏得更多的回頭客。

1. 超常服務

所謂超常服務，就是超出常規的方式為滿足賓客偶然的、個別的、特殊的需求而提供例外的服務，這種服務一般可超出客人的期望，給客人一份意外的驚奇，最容易給客人留下美好的印象，也最容易贏得客人對飯店的青睞。

2. 整體服務與補位服務

飯店服務是一個整體，任何部門、環節或服務人員的不良服務行為，都會影響飯店服務的整體品質。在服務過程中，往往不可避免地會出現服務疏漏，發生服務不及、不當或不周之處。服務人員應有很強的補位意識，重視服務恢復，及時彌補服務的不足。

3. 微笑服務

微笑是一種特殊的情緒語言，對賓客笑臉迎送，並將微笑體現在接待服務的全過程，無疑有益於大大改善服務態度，提高服務品質。

4. 微小服務

賓客到飯店消費，尋求的不僅僅是各種物資產品，更重要的是希望享受到輕鬆的氛圍、愜意的回憶、體貼的照顧。這就要求飯店員工能從客人的角度出發考慮問題，根據他們的不同需求提供有針對性的細微服務。

5. 超前服務

服務人員善於急客人之所急，想客人之所想，往往在客人提出要求之前，就滿足了賓客的需要，正因為其具有超前性，能給客人帶來更強烈的歡悅，甚至於終生難忘。

6. 靈活性服務

一流的服務應該在規範地基礎上創造性地、靈活地處置各種意外情況。

7. 感情服務

感情服務是中式飯店服務的靈魂。飯店員工只有把自己的感情投入到一招一式、一人一事的服務中去，真正把客人當作有血有肉的人，真正從心裡理解他們、關心他們，才能使自己的服務更具有人情味，讓客人倍感親切，從中體會到飯店的服務水準。

8. 家庭式服務

應創造一種家庭式的服務氛圍，使客人感到身在飯店就如同在家一樣親切、自然、溫馨、舒適和方便。

9. 癖好服務

這是比較有規範、有針對性地個性服務。飯店建立團體和個人的客史檔案，記錄儲存旅遊者的癖好需求，並傳遞到各接待部門、接待點和接待人，以確保服務過程中的「投其所好」。

10. 超值服務

超值服務是飯店員工在按照職位規範和程式進行操作的同時，為客人提供超出其所付費用價值的服務。

▌第三節 飯店服務品質的檢查與控制

一、飯店服務品質的調查方法

（一）顧客意見調查表。

顧客意見調查表：被旅遊飯店廣泛採用的一種獲得訊息的方式。其具體做法是將設計好具體問題的意見徵求表格放置於客房內或其他營業場所易於被客人取到的地方，由客人自行填寫並投入酒店設置的意見收集箱內或交至大堂副理處。

此種調查方式的好處在於：

（1）訊息的提供完全由顧客自願進行，是對顧客打擾最少的一種調查方式。

（2）訊息收集的範圍廣泛，幾乎所有客人皆可容易地取到此表。

（3）訊息可以由顧客在沒有任何飯店工作人員在場的情況下提供，客觀性比較強。

（4）放置於客房內的意見調查表往往列明了整個飯店主要的服務項目，獲取的訊息量比較大。

此種調查方式的缺陷在於：

（1）顧客對此種方式太過司空見慣，習以為常，再加之某些飯店對於顧客意見的消極態度，使顧客提供意見的熱情大大減小。

（2）訊息獲取的深度不夠。由於顧客大多只能在調查表上畫幾個勾或叉，往往很難進一步瞭解顧客的感受與想法。

（3）對於部分訊息尤其是涉及到服務過程（如態度）的訊息，由於顧客往往沒有直接給出具體的服務人員姓名或由於服務行為已成「過去時」，故而核實的難度比較大。

（4）調查訊息的準確性及收集的頻率易受客人情緒的影響，如顧客傾向於在特別不滿或特別滿意時才填寫意見調查表。

（二）電話拜訪調查。

電話調查可以單獨使用，也可以結合銷售電話同時使用，或因為要瞭解或澄清一項特別的事情而使用。有些電話調查是根據設計好的問題而進行的，有些電話調查的自由度與隨意性比較大，如飯店總經理或公關部經理打給老顧客的拜訪電話。

電話拜訪調查法的好處是：

（1）如果時間情況允許而且顧客與飯店關係較好時，可以與顧客談到比較深層次的問題，更詳細地瞭解顧客的想法。

（2）效率比較高，節省調查費用。

此種調查方法的缺陷是：

（1）對客人的打擾程度比較大，有些顧客可能不耐煩回答調查者的問題。

（2）調查的準確性受調查者的主觀願望與素質的影響大，對調查者的能力要求較高。

（3）由於只能憑聲音溝通，有時會誤解對方的意思，或對對方的表述理解不深。

（三）現場訪問。

現場訪問又稱為突擊訪問，其做法是抓住與顧客會面的短暫機會盡可能多地獲取顧客的意見、看法。現場訪問是飯店業獲得顧客意見的一種最重要的調查方法，一名成熟的飯店管理者應善於抓住並創造機會展開對顧客的現場訪問調查。事實上，可以利用的機會很多，例如：

1. 針對特殊顧客的現場訪問

A. 對 VIP 客人在迎來送往中的現場訪問；

B. 對某營業時段內消費大戶的現場訪問（如餐廳經理對消費大戶的禮節性拜訪）；

C. 對特殊敏感人群的現場訪問（有些顧客對飯店服務品質的重視與熱心程度可能不亞於飯店自身，而且訊息來源比較廣，具有代表性，如會議的組織者，旅遊團導遊等。對這類特殊敏感人群的現場訪問是必要而且重要的；

D. 對在各營業場所偶然遇到的老朋友、熟客的現場訪問。

2. 針對不同地點的現場訪問

A. 利用顧客在櫃檯辦理入住登記或結帳手續的時間詢問幾個簡短的問題（同時對回答問題的顧客給予一定的紀念品或折扣上的優惠；

B. 總經理每日選擇幾間客房帶上名片、鮮花對住客進行拜訪；

C. 在飯店機場專車上對顧客的意見徵詢等。

3. 針對特殊時刻的現場訪問

顧客投訴對於旅遊飯店來講，是服務工作中的一個「特殊時刻」，飯店工作人員應充分重視這一顧客主動提供的進行「現場訪問」的絕佳時機，抱著一種積極的心態，讓顧客暢所欲言。事實上，哪怕是在那些看似無理的顧客投訴中，往往也蘊含著有助於飯店改進管理及服務工作的真知灼見與金玉良言。

現場訪問的方式好處很多，值得飯店管理人員廣泛地運用與研究：

（1）現場訪問的最大優點在於它就發生在服務與消費的現場，顧客對服務產品的印象還十分鮮活、深刻，往往能提出一些平時被我們所忽略但又十分重要的細節問題。

（2）場訪問是與顧客建立長期關係，維持顧客忠誠的一個重要方法。尤其是在顧客感到受到特別的禮遇或顧客反映的問題被很好地解決時。

（3）管理人員對顧客的現場訪問給旅遊飯店工作人員傳遞了一個最明確不過的訊息：本飯店是重視顧客與顧客意見的。

當然，現場訪問在執行的過程中也有一定的難度與弊端：

（1）現場訪問收集到的訊息不易保存，如沒有一套科學的訊息收集、回饋系統，很可能隨著訪問人的遺忘而消失得無影無蹤。

（2）場訪問掌握得好，是一種溝通感情的方法，如掌握得不好，則無疑是一種打擾。固此，一定要掌握好一個「度」的問題，要注意區分時間、場合、氣氛、對象是否適合進行現場訪問，並要把握好談話的時間與分寸。

（3）現場訪問由於時間條件所限，往往不能全面、深刻地展開調查。

（4）對於飯店業來講．現場訪問往往需要由一定層次的管理人員（有時甚至是飯店總經理）親自出面進行，這對於平常工作繁忙及部分更習慣於閱讀顧客意見訊息回饋報告的管理人員來講構成了一種體力和心理上的壓力，有時甚至受到管理人員的刻意迴避。

（四）小組座談

小組座談的調查方法是指旅遊飯店邀請一定數量的有代表性的顧客，採用一種聚會的形式就有關飯店產品或顧客需求方面的問題進行意見徵詢、探討與座談。旅遊飯店利用小組座談的方式徵求顧客意見時，一般宜結合其他公關活動同時進行，如飯店貴賓俱樂部會員的定期聚會、節日聚餐等形式，而不宜搞得過於嚴肅。參與聚會的店方人員應盡可能與被邀請的顧客相互熟悉，同時亦勿忘向被邀請的顧客贈送禮物或紀念品。

小組座談法的好處在於：

（1）飯店與顧客之間可以面對面的廣泛而深入地交換意見，獲得的訊息量大，品質較高。許多顧客對於本行業甚至比飯店的管理人員還要見多識廣，是飯店不可多得的良師益友；

（2）座談中飯店與顧客、顧客與顧客之間是互動式的討論，有利於多方面多角度聽取建議；

（3）此方法特別適合飯店新的服務產品、服務方式推出前的意見徵詢。

小組座談法的缺陷在於：

（1）組織工作瑣為複雜，成本較高；

（2）對參與調查的店方人員及顧客的要求都比較高．調查的效果受雙方準備與素質的因素影響較大；

（3）小組座談的記錄、歸納與分析工作需要較高的專業性、技術性。

（五）常客拜訪

《哈佛商業評論》的調查顯示。對於飯店來說，20% 的常客可以產生 150% 的利潤；商家向潛在客戶推銷產品的成功率大約是 15%，而向常客推銷產品的成功則達 50%。可見，常客的購買頻率高，購買數量大，因而其顧客價值和對飯店的利潤貢獻率也最大。因此，飯店管理者也應把常客作為主要目標顧客和服務重點，對常客進行專程拜訪，顯示出飯店對常客的重視與關心，而對飯店富有忠誠感的常客也往往能對飯店服務提出有益的寶貴意見。

（六）飯店統一評價

這種評價形式由飯店服務品質管理的最高機構組織，定期或不定期實施。由於它是飯店服務品質評價的最高形式，因此具有較高的權威性，容易引起各部門的重視。在這種形式的評價中，要注意對不同部門的重點考核，因為即使是在同一家服務品質管理水準較高的飯店，部門與部門之間的服務品質也是會有較大差異的；要注意評價的均衡性，飯店服務品質最終是透過飯店一線部門來實現的，但這並不意味著二線部門的工作對服務品質沒有影響，恰恰相反，二線部門有時會發揮決定性的作用，如採購部門的工作對所需的食物原料準備等；應重視服務品質評價的嚴肅性，對於不達標、有問題的當事人和責任人必須依照飯店有關管理條例處理。此外，對影響飯店服務品質的員工素質及出勤狀況的考評也往往由飯店統一開展。

（七）部門自評

部門自評是指按照飯店服務品質的統一標準，各個部門、各個班組對自己的服務工作進行考核與評價。飯店自我評價應該是多層次的，大致可分成三個層次，第一層是店員一級的，第二層是部門一級的，第三層是班組、職位一級的。店一級的考評不可能每日進行，但又必須保證服務品質的穩定性，因此，部門和班組的自評就顯得尤為重要。需要強調指出的是，儘管是部門

自評，但一定要按照飯店統一的服務品質標準進行，不能自立標準、各行其是，否則，飯店的服務品質系統就會出現混亂。此外，飯店的服務品質管理機構也要加強對部門考評結果的監督，隨時抽查部門服務品質考評的記錄，並隨時與考評記錄中的當事人進行核對，以防止可能出現的「糊弄」行為，若存在部門考評結果與飯店考評結果存在較大差異的情況，應引起足夠的重視，並找出原因。

（八）飯店外請專家進行考評

飯店內部的各層次考評固然十分重要，但檢查人員長久地處於一個固定的環境之中，難免會因「身在此山中」，而「不識廬山真面目」。因此，外請專家進行考評，不僅能使品質評價表現出較高的專業性，同時這些專家還會帶來其他飯店在服務品質管理方面的經驗，有利於飯店品質管理的改進。此外，這些「局外人」在協助飯店進行服務品質評價時，會幫助飯店發現一些被內部考評人員容易「麻痺」掉的問題。

（九）隨時隨地地「暗評」

隨時隨地地「暗評」是由飯店中高層管理者來實現的，即將服務品質考評工作融入飯店管理人員每一次的基層考察中。飯店管理者的每一次走動都應作為對飯店服務品質的一次考評，對這一過程中發現的每一個問題都應及時糾正，這就如同飯店的培訓絕不僅僅是在教室內完成的一樣，而應納入到管理人員對員工的每一個實際操作行為的糾正與訓導之中。無論是請專家考評還是管理者進行暗評之後，也都應該有考評報告，以反映考評的結果，並將考評報告作為飯店品質管理的成果及員工獎懲、晉升的依據之一。

（十）專項質評

專項質評是指飯店針對特定的服務內容、服務規範進行檢查與評估。飯店通常對自己的優勢服務項目，在特定的時間內開展專項質評，並以服務承諾或服務保證的方式向顧客顯示質評後的服務效果。

（十一）等級認定

目前，飯店業等級認定體系：星級飯店體系以各種經濟性質的旅遊飯店為對象，以五星等級的多寡為等級標誌，星越多等級越高。

（十二）品質認證

品質認證，是指由可以充分信任的第三方證實某一產品或服務的品質符合特定標準或其他技術規範的活動，是第三方依據程式對產品、過程或服務符合規定的要求給予書面保證（合格證）。品質認證包括產品品質認證和品質管理體系認證兩部分。目前飯店業有 ISO9000 系列和 ISO14000 系列兩大品質認證體系。

（十三）行業組織、報刊、社團組織的評比

這是由第三方的代表，如行業組織、社團組織、民意調查所、市場研究公司、報刊等，透過各種不同的形式與方法對飯店服務品質進行評價。最知名的是美國品質協會、餐旅協會評比的「五星鑽石獎」、臺灣商會評比的「年度最佳飯店」，日本旅業公會評比的「最佳休閒渡假場所」等。

二、飯店服務品質的分析與控制

（一）飯店服務品質分析

透過品質分析，找出飯店所存在的主要品質問題和引起這些問題的主要原因，使管理人員有針對性地對飯店影響最大的品質問題採取有效的方法進行控制和管理。品質分析的方法很多，常用的有：

1.ABC 分析法

ABC 分析法又稱重點管理法、主次因素法，是義大利經濟學家巴雷特分析社會人員和社會財富的佔有關係時採用的方法。所謂 ABC 分析法是指按問題存在的數量和發生的頻率把品質問題分為 A、B、C 三類：A 類問題的特點是數量少，但發生的次數多，約占總數的 70%；B 類問題的特點是數量較多，發生的頻率相對較少，占總數的 20% ～ 25%；C 類問題的特點是數量多，

但發生次數較少，占總數的 5% ～ 10%。這樣先致力於解決 A 類問題可使飯店服務品質有明顯提高。

ABC 分析法以「關鍵的是少數，次要的是多數」這一原理為指導思想，透過對影響飯店服務品質諸因素的分析，以品質問題的重要性和發生問題的可能性為指標進行定量分析，先得出每個問題在飯店全部品質問題中所占的比重，然後按照一定的標準把品質問題分為 A、B、C 三類，以便找出對飯店服務品質影響最大的問題加以控制和管理，從而實現服務品質的有效改進和提高，使品質管理既保證解決重點品質問題，又能照顧到一般品質問題。

用 ABC 分析法分析品質問題主要由以下幾個步驟構成：

（1）收集服務品質問題訊息。

（2）分類、統計，製作服務品質問題統計表。

（3）根據統計表繪製排列圖。圓形分析圖、排列分析圖

（4）分析找出主要品質問題。

服務品質問題排列圖

排列圖上累計比率在 0 ～ 70% 的因素為 A 類因素，即主要因素；

在 70% ～ 90% 的因素為 B 類因素，即次要因素；

在 90% － 100% 的因素為 C 類因素，即一般因素。找出主要因素就可以抓住主要矛盾。

在運用 ABC 分析法過程中應注意以下幾點：

① A 類問題所包含的具體品質問題不宜過多，1 ～ 3 項是最好的，否則無法突出重點。

② 劃分問題的類別也不宜過多，對不重要的問題可單獨歸為一類。

2. 品質結構分析圖法

品質結構分析圖又稱圓形分析圖、餅分圖。它根據飯店服務品質凋查資料，將統計結果繪製在一張圓形圖上。

其具體分析如下：

（1）收集品質問題訊息

（2）訊息的彙總、分類和計算

（3）畫出圓形圖

3. 因果分析圖法分析：

因果分析圖又稱魚刺圖、樹狀圖，是分析品質問題產生原因的一種有效工具。因果分析圖分析過程如下：

（1）確定要分析的品質問題，用 ABC 分析法等找出存在的問題。

（2）發動飯店管理者和員工共同分析，尋找 A 類問題產生的原因。

（3）整理找出原因，按結果與原因的關係畫出因果圖。

1. PDCA 方法

PDCA 方法是飯店服務品質管理的基本程式。該方法由四個管理階段構成：

第一階段是計劃（PLAN），提出飯店在一定時期內服務品質活動的主要任務與目標，並制定相應的標準。

第二階段是實施（DO），根據任務與標準，提出完成計劃的各項具體措施並予以落實。

第三階段是檢查（CHECK），包括自查、互查、抽查與暗查等多種方式。

第四階段是處理（ACTION），對發現的服務品質問題予以糾正，對飯店服務品質的改進提出建議。

PDCA 方法是一個不斷循環往復的動態過程，每循環一次，飯店服務品質通常都進入一個新的水準。運用 PDCA 方法解決飯店品質問題可按照圖所示具體步驟進行：

（1）計劃階段

①對飯店服務品質現狀進行評估，從中找出對飯店品質影響最大的主要問題。

②運用因果分析法分析問題產生的原因。

③從各類原因中找出主要原因。

④找出首先要解決的品質問題，明確解決這些問題要達到的目標和要求，提出解決問題的具體措施。

（2）實施階段

按照改進服務品質的目標和措施落實計劃。

（3）檢查階段

運用各種方式檢查服務品質是否提高，分析改進服務品質的各種措施實施的效果。

（4）處理階段

①對已解決的問題提出鞏固措施，並使之標準化。對未解決的品質問題，總結經驗教訓，提出改進意見。

②提出新一輪未解決的重要服務品質問題並將這些問題轉入下一個循環解決過程。

下面以一個實例分析 PDCA 循環在飯店全面品質管理中的應用。

某飯店用調查表徵詢客人對飯店服務品質的意見，共發出調查表 500 份，回收了 350 份。其中反映飯店菜餚品質差的有 235 份；服務態度差的有 62 份；服務員外語水準差的有 29 份；反映娛樂設施太少的有 17 份；總台結帳太慢

的有 5 份；對客房設備和安全問題（失竊）的意見各一份。如何運用 PDCA 循環法對飯店的服務品質實行控制管理？

解：按照 PDCA 循環法的 8 個步驟逐步進行。

（1）根據以上調查結果運用 ABC 分析法對飯店服務品質的現狀進行分析，並找出存在的主要問題。將以上調查結果列於：

品質問題	問題數量	累計（%）
菜餚品質	235	67.1%
服務態度	62	17.7%
外語水準	29	8.3%
娛樂設施	17	4.9 %
其他	72	2%
合計	350	100——

飯店目前存在的主要服務品質問題是菜餚品質差（A 類問題）。此類問題占飯店服務品質問題總量的 67.1%，必須設法儘快給予解決。

（2）針對飯店服務品質的主要問題——菜餚品質差，運用因果分析法分析問題產生的原因。經飯店員工的集思廣益，找出飯店菜餚品質差的原因。

（3）對多種原因進行分析，認為最關鍵的原因是廚師缺乏培訓。

（4）針對廚師缺乏培訓的問題，提出加強對廚師培訓和提高的相應措施。由餐飲部和培訓部共同制訂一個為期半年的廚師培訓計劃，由餐飲部經理負責監督執行。目前的應急措施是由飯店臨時聘請若干名有經驗的廚師充實廚師的力量。

（5）經過以上計劃階段的 4 個步驟之後，飯店開始實施其廚師培訓計劃。

（6）68 個月以後，飯店再次運用意見徵詢表的形式收集回饋訊息。收集到的訊息再次經 ABC 分析後，發現對飯店菜餚品質的意見數與上一次 ABC 分析結果相比有了大幅度的下降，而服務態度和外語水準的品質問題所占比重上升，超過了 60%。

（7）為了防止菜餚品質差問題再度發生，飯店修改了餐飲部職位責任制的有關條款。凡是達不到規定技術標準的廚師，不準掌勺，由廚師長檢查和考核。飯店人事部門在應徵廚師人員時，應會同餐飲部對應徵人員用相同的技術標準進行考核。

（8）提出下一循環應重點解決有關服務態度和服務員外語水準的品質問題。

（二）飯店服務品質控制

飯店服務品質的控制是指採用一定的標準和措施來監督和衡量服務品質管理的實施和完成情況，並隨時糾正服務品質管理目標的實現。它是從飯店系統出發，把飯店作為一個整體，以控制飯店服務的全過程，提供最優服務為目標，運用一整套服務品質管理體系、手段和方法，以服務品質為管理對象而進行系統的管理活動。

1. 飯店服務品質控制的特點和任務

飯店服務品質的控制有三特點：

一是全方位，它是指飯店的每一個職位都有要參與服務品質管理；

二是全過程，它是指飯店每一職位的每一項工作從開始到結束都要進行服務品質管理；

三是全體人員，它是指飯店所有員工都要參加服務品質管理。

可見，飯店服務品質控制的特點就是飯店每一見風使職位、每一職位工作從開始到結束的全過程和每一個人都要參加其控制管理。

飯店服務品質控制的任務可以分為兩個方面：

第一是實施服務品質控制所要涉及到的一系列程式的工作，如建立服務品質控制的組織機構，制訂服務標準等。

第二是各部門各職位具體的服務品質體系，也就是把第一方面的內容落實到每一個部門的具體工作中去。

2. 飯店服務品質控制的過程

飯店的生產與服務動作過程由服務的預備（準備）過程、服務過程、服務結束的回饋過程組成。因此，飯店生產與服務動作過程的品質控制包括了上面三個過程的品質控制。

（1）服務預備（準備）過程的品質控制

服務預備（準備）過程的品質控制主要指飯店在接待賓客前的各種服務準備工作的品質控制與管理。控制與管理的內容包括：

①資源整合與配置。飯店在服務預備（準備）過程中要根據所提供的服務產品的品質要求對現有的資源進行合理的整合與配置，透過服務組織將人力、物力、財力、能源、訊息等資源要素合理地組織起來，並充分發揮各資源要素的積極作用和品質功能，以保證服務過程所需資源要素的品質。

②服務過程品質控制策劃

服務過程品質控制策劃就是編制服務過程質最控制文件，包括服務方式與服務操作程式文件、服務品質檢查標準和服務品質管理文件等，以此來規範服務過程，保證服務人員能按照規定的程式在受控狀態下提供服務，使提供的各項服務能滿足服務品質要求。飯店在服務過程品質控制策劃時應重視以下幾個方面：

A. 服務流程的科學性與合理性審核。飯店服務流程設計的科學性與合理性是保證服務產品品質的關鍵。科學、合理的服務流程要既能保證方便服務人員服務提供和服務操作，又能滿足顧客服務消費的需要；既要便於控制與管理，又要方便主客的互動與溝通。因此，必須對服務流程進行審核與優化，以保證服務流程的科學性和合理性。

B.服務過程品質控制文件審核。服務過程品質控制文件包括服務操作程式與操作規程、服務規範與標準、職位職責與責任書、關鍵環節品質控制說明等。飯店應根據不同服務產品的品質特性，結合對服務產品的品質分析和流程分析，研究服務產品品質特性與各影響因素之間的關係，確定必須重點控制的關鍵環節，制定不同的品質控制文件，並對上述品質控制文件內容的合理性和可行性進行審核。

C.服務過程設施設備、物品和人員確認。在服務過程品質控制策劃時，應綜合考慮所需設備、物品和人員的品質因素。要明確提出服務過程中所需的設施設備、物品和人員的品質控制要求，並在實施中對服務過程所需的設備和人員進行確認和審核。飯店服務提供需要的各種設施設備和物品，包括服務設備、客用物品和各種輔助設備，各種物品應始終處於完好、可用狀態。服務提供過程所需的各種人員應按職位要求和規定處於待崗狀態，以保證服務提供過程中的人員品質。

③人員培訓

必須讓各職位人員認識和瞭解自己的職位在服務提供過程中的職位職責和品質職能，必須加強對服務人員，特別是新上崗的人員、特殊職位人員和關鍵環節服務人員專業技能培訓和品質職能培訓，保證服務操作人員真正理解和掌握服務過程品質控製程式文件的內容，使服務操作人員的知識、技能和服務態度能滿足飯店生產與服務質最要求的需要。

（2）服務過程的品質控制

飯店服務過程的品質控制主要指在直接接待賓客過程中的各項服務工作的品質控制與管現。控制與管理的內容包括：

①職位人員控制

服務過程職位人員的控制包括服務人員的技術素質和服務意識要求、職位職責監督、操作程式控制、現場督導、事故處理和服務記錄管理。職位人員控制時要求服務操作人員應按服務過程品質控制文件的要求做好各項工

作，並做好原始記錄。控制中要密切注意員工的情緒和反應，發現問題應立即按規定程式採取有效措施予以解決。

②設備物品品質控制

A. 設備的控制。應保證專業人員或有資格使用的人員使用服務設備（諸如廚具、電梯、水暖設施、電腦及其軟體等）、輔助設備（諸如餐車、客房工作車、吸塵器等），並做好設備使用記錄。設備的質最控制還包括設備的保養與維護，特別是對服務關鍵環節的品質特性有影響的重點設備的維護保養，以保證設備具有持續穩定的品質，符合使用要求。

B. 客用物品的品質控制。客用物品是指客人在服務消費時消費的物品，包括客朋一次性消費物品（諸如餐飲食品、酒水、客房低值易耗品等）和客用重複性消費用品（諸如客房中的家具、潔具、布草、電器，餐廳中的餐具、餐桌椅等）。客用一次性消費物品的品質控制包括物品的識別（標誌或賣相）管理、衛生品質控制、安全品質控制、適用性與滿意度控制等方面。客用重複性消費用品的品質控制包括用品的感觀品質控制、衛生質最控制、適用性與舒適性品質控制、便利性與安全性品質控制等。

③關鍵環節品質控制

飯店服務過程的關鍵環節是指對飯店服務產品品質有重要影響的服務點或服務過程。廣義上說，飯店服務過程中服務員與顧客的每一次接觸都屬於服務過程的關鍵環節。如總台的 CHECK-IN 和 CHECK-OUT，餐廳的引座、點菜和桌邊服務，客房的房內服務、行李員的行李接送都是服務的關鍵環節。關鍵環節品質控制包括：關鍵環節的操作規範與服務程式的控制與管理以及 DIRFT（第一次做好）控制。DIRFT 是第一次就把事情做好的英文字母縮寫。DIFR 就是要保證成功，防止失誤，所以有時也稱為失誤控制。

④服務方式變更控制

由於顧客的個性需求和柔性服務的需要，在服務提供過程申有時需要服務方式的變更（如客房服務中某些服務項同的增減、宴會服務中服務程式的變更等）。根據顧客的需要所進行的個性化服務與柔性化服務是飯店服務的

發展趨勢。飯店個性化、柔性化服務的品質取決於服務人員的綜合素質和服務方式變更的控制與管理。為保證服務品質，飯店對服務程式、服務方式、服務標準都有一套標準化的控制與管理體系，服務方式由標準化方式變更為個性化方式，不是按服務員的意願和認識隨意變更，而是在顧客個性需求基礎上透過一套科學的變更控製程式來實施，這樣才能保證服務方式變更的合理性和有效性。

服務方式變更控製程式包括：

A. 方式變更需要徵得顧客同意，並經服務部門經理批准。因此，必須明確方式變更批准者的職責。

B. 每次方式變更後，應對相應的服務產品進行評價，以驗證方式變更的有效性。

C. 當服務方式變更引起人員能力和服務產品特性之間的關係發生變化時，應將變化情況形成文件，並以文件形式及時通知有關部門和人員。

D. 所有服務方式的變更均應形成文件，以便形成新的標準。

⑤環境的品質控制

飯店服務過程的環境品質控制主要指客人的消費環境品質控制和員工的工作環境品質控制。飯店透過對客人消費環境品質控制與管理，提高服務營運點的「賣場」價值，提高賓客對飯店服務產品的品質感知。而員工的工作環境好壞直接影響到員工的工作品質。員工的工作環境品質控制包括創造方便員工服務操作的環境、環境的學習氛圍塑造、環境的衛生和安全品質控制、環境的舒適度和人性化控制等。

（3）服務結束的回饋過程（服務後過程）品質控制

服務結束的回饋過程品質控制主要是指透過各種方式徵集顧客服務消費後的意見和反映，根據飯店服務產品的品質回饋訊息，分析提高飯店服務品質的方法與手段，以便在未來的服務質中提高品質標準。

①品質回饋訊息控制。服務後過程的品質回饋訊息是評價服務過程品質的重要依據，也是今後服務品質改進和提高的參考依據。品質回饋訊息控制包括服務品質訊息的收集、分析、管理和使用。

②糾正措施與預防措施控制。糾正措施是指為解決已發現的品質問題和消除由於品質問題而引起的負面影響所採取的措施。預防措施是指為解決潛在品質問題和消除潛在的影響因素而採取的措施。控制時應注意以下幾個方面：

A. 職責分配。在飯店服務運作過程中出現品質問題的原因可能是多方面的，往往會涉及飯店多個職能部門或個人，對品質問題的分析和糾正與預防措施的實施也會涉及這些部門。為有效地制定並實施糾正措施和預防措施，飯店應指定專門部門和人員負責品質訊息的管理和糾正措施與預防措施的制定、實施、協調和監督檢查。各有關部門和人員應積極參與品質問題的原因分析，並按照分配的職責，貫徹實施糾正措施與預防措施。

B. 影響性評價。飯店應根據出現的品質問題對顧客及其他利益相關方滿意度的影響程度，對顧客的抱怨和投訴進行影響性評價，並根據影響程度的不同採取不同的糾正措施。

C. 可能原因調查與問題分析。服務問題可能由多種原因造成，對造成品質問題的原因進行調查分析是制定糾正措施的基礎。飯店應對服務程式、服務規範及所有有關的服務記錄、品質記錄、顧客意見進行認真分析，可以採用因果關係圖法和其他有效方法進行統計分析，查清造成品質問題的主觀原因和客觀原因，找出造成品質問題的主要原因，以便針對主要原因採取糾正措施。

D. 糾正措施和預防措施制定。針對品質問題產生的主要原因採取糾正措施時，應重視可能存在的、影響品質的潛在原因，並根據服務過程變化的趨勢、顧客需求的變化趨勢、供應商提供中間產品品質的變化趨勢，建立並實施預防措施控製程式，以防止品質問題出現。因此，飯店應對生產服務過程記錄和品質檢查中的品質記錄所暴露出來的問題進行分析，尋找應重點加強

控制的服務環節和服務點，找出影響品質的主要因素，並提出相應的預防措施。

③新標準制定

要把服務過程品質控制的成功方案和有效措施，納入相應的品質程式文件和服務程式、服務流程說明書中，使其成為新的服務規範和服務標準。

本章小結

服務品質是飯店的生命線，本章著重介紹了飯店服務品質的涵義和特點；揭示了飯店服務品質的內容；詳細說明了飯店建立優質服務的途徑；闡述了透過哪些方式方法對飯店的服務品質進行調查分析，以及如何對飯店服務品質進行控制。

思考與練習

1. 什麼是飯店品質管理？其特點有那些？

2. 飯店服務品質的涵義是什麼？

3. 飯店可以透過那些途徑建立優質的服務？

4. 飯店有哪些個性化多樣化的服務？

5. 飯店服務品質可以透過哪些種方法進行分析？

6. 飯店如何瞭解賓客的需求？

第七章 飯店人力資源管理

本章重點

　　隨市場經濟的日趨成熟和知識經濟的漸入佳境，知識對經濟增長和經濟發展的貢獻將超過資本、土地等傳統要素，人力資本成為決定企業人力資本成為決定企業生存和發展的最重要的資本。可以說，飯店的競爭歸根到底是人才的競爭。然而，從目前飯店現狀來看，大都存在著人才短缺現象，要麼招不到合適的人才，要麼留不住優秀的人才，人力資源的不足已成了企業可持續發展的瓶頸。所以，如何加強人力資源管理，造就充足而優秀的人才庫，將是飯店業人力資源管理的重要課題。

教學目標

▌第一節 飯店人力資源管理概述

一、飯店人力資源管理的概念、重要地位以及飯店人力資源開發的內容

（一）飯店人力資源管理概念

　　人力資源是體力和腦力的結合，包括數量和品質，只有具有相當素質和能力的人才能稱得上是人力資源。

　　人力資源管理是指利用現代科學技術和管理理論，不斷獲得人力資源，把得到的人力資源整合到企業中，與企業融為一體，開發員工潛能，保持和激勵員工對企業的忠誠與積極性，提高工作績效，實現企業目標。

　　飯店人力資源管理是指恰當運用現代管理中的計劃、組織、領導、協調、控制等職能，發現、利用、開發飯店全體員工的素質和潛能，透過合理的錄用、配置、激勵、培訓等手段，實現飯店人力資源的優化組合，激發員工的積極性，發揮員工的潛能，為飯店創造價值，確保飯店策略目標的實現。

透過科學的人力資源管理，可以構築先進合理的飯店人力資源管理體系，體現「以人為本」的理念，在使用中培養和開發員工，使員工與企業共同成長；保持飯店內各部門人事制度的統一性和一致性；保證各項人事規章制度符合國家和地方的有關規定。

飯店人力資源管理是飯店正常運作，提供高品質的服務，獲取經濟效益和社會效益的保證。與傳統的人事管理相比，人力資源管理有更深的內涵。它除了根據飯店經營管理的整體目標提供和選拔合適人才等人事管理職能外，還包括如何創造一個良好的工作環境，激發員工的工作積極性，指導員工工作，挖掘員工潛在的工作能力，使員工具有凝聚力和向心力等等。飯店人力資源管理涉及到飯店的每一位管理人員，不僅僅是人力資源部的工作，更是全員性的管理。

（二）飯店人力資源管理的重要地位

飯店人力資源管理是指恰當運用現代管理中的計劃、組織、指揮、協調、控制等職能，發現、利用、開發飯店全體員工的素質和潛能，透過合理的錄用、配置、激勵、培訓等手段，實現飯店人力資源的優化組合，激發員工的積極性，發揮員工的潛能，形成飯店最有效的競爭力。加強飯店人力資源管理，是飯店企業本身進一步發展的需要。

1. 強化人力資源開發與管理是飯店業發展的需要

無形服務已成為飯店行業競爭的重頭戲，而優秀的員工和管理者是這場重頭戲的主角。在飯店業這個「高接觸」的行業，無論是服務還是管理，必須頻繁接觸他人，遇到大量和人有關的問題。特別是作為管理者不僅要處理好和客人之間的關係，還要有責任指導自己的部下，最大程度的激發員工的工作積極性。因此，飯店人力資源的開發與管理，不僅是高品質完成服務過程、實現組織目標的必要保證，也是飯店實施服務競爭策略的基礎。

2. 加強飯店人力資源開發與管理

建設成為世界旅遊大國的目標。為實現這一歷史性跨越，必須要有人力資源作為保證，需要又有眾多的高素質的旅遊從業人員。其中飯店從業人員

的比重最大，因此，飯店人力資源的開發與管理就成為建設世界旅遊大國的重要內容。

3. 提高人力資源素質是飯店企業發展的根本動力

可以說，提高人力資源素質是飯店企業發展的根本動力，其直接意義如下：

（1）人力資源管理是提高飯店企業素質和增強企業活力的前提。

企業的素質歸根到底是人的素質，企業的源泉在於員工的主動性、積極性和創造性的發揮。因此，提高飯店員工素質，激發員工主觀性自動自發，是提高飯店企業素質、增強飯店活力的關鍵所在。

（2）人力資源管理是提高飯店服務品質，創造良好社會經濟效益的保證。

飯店人力資源管理是全過程、全方位的策略性管理。它不僅能使飯店各項業務保質保量完成，更重要的是透過這種策略管理，能夠使飯店具有較強的凝聚力和向心力，使飯店成為一個團結、協作、有序的集體，為飯店提高服務品質、創造良好社會經濟效益奠定堅實的基礎。

（3）人力資源管理是飯店企業參與競爭的優勢所在。

現在飯店的競爭就是人的競爭。可以說，飯店的興衰存亡很大程度上取決於飯店吸引和留住勝任人才，以及它擁有的員工素質和人才管理水準。

（4）人力資源管理是飯店企業進一步發展的關鍵。

實現由傳統人事管理向現代人力資源管理的轉變，是市場經濟體制下飯店進一步發展的客觀要求。

(三) 飯店人力資源開發的內容

1. 制定飯店的人力資源計劃

制定飯店人力資源計劃要根據飯店的經營管理目標和組織結構需要，對各項工作性質、職位職責及素質要求進行分析，確定飯店員工的需求量和需求標準，然後做好飯店人力資源數量和品質的預測。

2. 應徵錄用員工

應徵錄用員工是根據飯店人力資源計劃應徵所需員工。一般來說，應徵錄用員工應按照科學標準，以達到人與職位的最佳組合。

3. 教育培訓

為了使員工能勝任工作，快速適應工作環境的變化，必須對員工進行經常性的教育培訓。有效的培訓可以減少事故，降低成本，提高工作效率和經濟效益，從而增強飯店的市場競爭能力。

4. 建立完整的考核體系和獎懲制度

考核獎懲是對員工成績、貢獻進行評估的方法，又是飯店人力資源開發管理效能的回饋。定期對員工的工作做出正確的考核和評估，是員工提升、調職、培訓和獎勵的依據，可以造成獎勤罰懶，鞭策鼓勵的作用。

5. 建立良好的薪酬福利制度

薪酬福利對員工基本生活需要的滿足至關重要，飯店可根據自身的情況選用適當的薪資形式，實行合理的獎勵和津貼制度，其勞動保險和福利待遇對員工工作積極性的發揮具有重要的激勵作用。

6. 培養高素質的管理人才

管理人員素質和工作能力的高低，對員工工作積極性的激發及飯店經營活動的正常運轉，具有重要影響，飯店管理人員必須掌握有效的領導方式和激勵、溝通技巧，培養「企業文化」，增強飯店凝聚力，激發員工工作積極性，以提高企業的積極效益。

二、飯店人力資源管理的現狀與發展趨勢

（一）飯店人力資源管理的現狀：

1. 飯店傳統的人力資源管理不適應新的發展形勢

2. 日益激烈的競爭帶來如何留住人才的挑戰

3. 如何提高現有各類專業人才素質

4. 飯店人力資源共給短缺的壓力

（二）飯店人力資源管理的發展趨勢

1. 人力資源管理的策略化

與傳統人事管理相比，策略性人力資源管理將人力資源視為組織的核心資源，視為一種投資；將人力資源的管理重點放在飯店可持續競爭的優勢上，屬於策略性管理。而傳統的人事管理屬於戰術性管理，圍繞具體的事務性工作開展。

2. 人力資源管理的多樣化

一是內部機構的調整，減少如公關部、採購部、工程部的人員，增加人力資源會計、技術指導員，接待生、收銀員、外幣兌換員可三合一；

二是減少管理層次，如不設副職，將主管、領班合併為一個層次；

三是進行跨地區的人才資源配置；

四是視員工為客戶，向員工持續提供客戶化的人力資源產品與服務，以忠誠的員工創造忠誠的客戶；

五是實行倒金字塔式的管理，管理者為員工服務，職能部門為一線部門服務。

3. 人力資源管理的國際化

隨著經濟全球化發展速度的加快，地區與地區之間、行業與行業之間、國家與國家之間的人力資源的開發交流已日顯重要，酒店管理人才的國際化已是酒店人才發展的新趨勢。這要求我們要做到：

一是以全球的視野來選拔人才，看待人才的流動；

二是按照國際市場的要求來看待人才價值；

三是跨文化的人力資源管理成為重要內容；

四是人才網成為重要的人才市場形式，透過網絡加速人才交流與流動。

4. 企業與員工關係的夥伴化

一方面要依據市場法則確定員工與企業雙方的權利義務關係、利益關係；另一方面又要求企業與員工一道建立共同遠景，在共同遠景基礎上就核心價值觀達成共識，培養團隊精神，實現員工的自我發展與管理。此外，員工對組織的心理期望與組織對員工的心理期望之間達成一種「默契」，在企業與員工之間建立信任與承諾關係和雙贏的策略合作夥伴關係，個人與組織共同成長和發展。

5. 員工團隊的知識化

企業的核心是人才，人才的核心是知識型員工和職業經理人。

6. 人事業務的外包化

培訓已經成為酒店人力資源管理與開發的重要手段，目前，一般大中型酒店都設有自己的培訓機構，如培訓中心、人力資源開發中心，有的酒店集團還辦有自己的大學，如假日大學等。（「假日飯店大學」是威爾遜先生為適應國際飯店酒店業的競爭主要是人員素質的競爭的趨勢，於 1968 年創立的。為實現假日飯店聯號的同一風格、同一管理和同一服務品質，對隸屬於該聯號的飯店經理、部門經理、領班、服務員進行多層次、多規格的經營管理、服務程式、服務品質標準的培訓。這樣就使分佈在 53 個國家的 1707 家飯店都能向旅遊者提供廉價、優質、潔淨、舒適、方便、安全的有形設施和

熱情周到、快速敏捷，具有假日飯店聯號同一服務品質標準的無形服務）小型酒店則趨於把培訓工作外包給專職的培訓公司或管理顧問機構，即在培訓方面進行虛擬管理。隨著人才競爭的激勵，企業與院校強強聯受，優勢互補，合作辦學，培養企業所需的專門人才，將成為酒店人才培養的一種新趨勢。

7. 人才流動的仲介化

隨著職業介紹所、人才交流中心、獵人頭公司等人才仲介機構和代理機構的興起與發展，人才流動更多地傾向通仲介組織來實現，這些仲介機構承擔著人才流動中的存檔、保險、聘人等職責。

第二節 飯店員工的應徵、培訓與職業發展

一、飯店員工應徵

飯店員工應徵是指飯店為了發展的需要，根據飯店人力資源的規劃和工作分析的數量與品質的要求，把優秀、合適的人員應徵進飯店，並安排在合適職位上工作的過程。飯店員工應徵是飯店人力資源管理的一項重要工作。

飯店員工的應徵對飯店來說意義重大，在飯店業的激烈競爭中，飯店的效益很大程度上取決於飯店員工的優質服務，而優質服務又依賴於高品質的人力資源，員工應徵可以確保飯店發展所必需的高品質的人力資源。外部管理人員的應徵還可以為飯店注入新的管理思想，為飯店增添新的活力。而目前飯店業員工跳槽現象越來越普遍，為了保障飯店正常運行，員工應徵是增補員工的重要途徑。

（一）飯店員工應徵的原則

1. 公平競爭

對於來自不同應徵渠道的應徵人員應一視同仁，使其憑本身的能力和條件參與競爭。在競爭中杜絕「拉關係」、「走後門」和貪汙受賄等腐敗現象發生。同時，不得人為製造各種不平等的限制，努力為有志之士、有才之士提供平等的競爭機會。不要礙於熟人面子而將不合適的人應徵到酒店中。

2. 遵守法律

員工應徵工作要符合政府的有關法律、政策。如：錄用後與員工簽訂勞動合約，外籍員工聘用辦法，按規定為員工繳納「勞健保費」等。

3. 全面考評

全面考評，就是要對應徵者的德、智、體等各方面進行綜合考察和測驗。應徵者的「德」決定著工作能力的使用方向，制約著工作能力的發揮。「智」是指一個人的知識、智慧、和能力，對「智」的考評是全面考評的重點。「體」是指員工的身體素質。員工良好的體質是智力得以發揮的生理基礎，對「體」的考評是其他一切考評的前提。

4. 擇優錄取

擇優錄取，就是根據應徵者的考評成績，從中選擇優秀者錄用。擇優錄取是應徵成敗的關鍵。擇優的依據是對應徵者的全面考評結論和錄用標準。擇優必須有嚴格的紀律，並能約束一切人，特別是主管。主管必須帶頭遵守應徵紀律，不搞例外。

5. 最匹配的是最合適的

最匹配的是最合適的，是指根據飯店發展的需要和應徵者的專長和能力、志向和條件，為飯店應徵需要的人才。切忌人才高消費。

6. 寧缺勿濫

在沒有合適人選填補空缺的情況下，不要急於應徵不適合的人，否則要麼經試用期考核不合格酒店不用，要麼應徵者適應不了工作自己提出辭職，酒店都要重新花費人力物力重新應徵培訓。

（二）員工應徵的程式

1. 應徵計劃的制定與審批

通常酒店各部門根據年度工作發展狀況，核查本部門各職位人員，於每年年底根據酒店下一年度的整體業務計劃，擬定人力資源需求計劃，報酒店

人力資源部。人力資源部根據酒店年度發展計劃、編制情況及各部門的人力資源需求計劃，制定酒店的年度應徵計劃。

日常運營中，各部門可根據實際業務需求，提出正式的員工需求申請，詳列擬聘職位的應徵原因、職責範圍和資歷要求，並報人力資源部審核。

2. 確定應徵途徑，發佈應徵訊息，獲得候選人資料

飯店人力資源部根據應徵成本預算及時間緩急，選擇適合的應徵管道組合發佈應徵訊息，以獲得候選人資料。例如：

(1) 透過新聞媒介（報紙、電視、電臺及網路）發佈應徵訊息；

(2) 內部的調整、推薦；

(3) 透過定期或不定期舉辦的人才市場設攤應徵；

(4) 從各類人才庫系統中檢索；

(5) 大學、職業學校畢業生推薦；

(6) 在職員工介紹；

(7) 酒店管理集團推薦；

(8) 有關人士介紹；

(9) 透過人才仲介（獵頭）尋找；

(10) 網路訊息發佈與查詢。

3. 初步面試

初步篩選候選人才資料後，預約應徵者到飯店，完善求職申請表，進行初步面試，通常由飯店人力資源部負責應徵的人員主持。透過面談，對應徵者的形象氣質、談吐舉止，工作經歷、受教育情況，求職動機，對工作時間、待遇的要求等有了大致的瞭解。

4. 審核資料

經初步面試認為基本合格的應徵者，要對其資料進行審核，可以透過電話與原工作單位的人事部門進行聯絡。

5. 複試

透過複試，對應徵者進一步瞭解；做任職資格的能力測試；初步瞭解應徵者的潛在能力；進一步加強雙向溝通。通常複試由用人部門負責，主管及以上人員的應徵還需透過飯店總經理的複試。

6. 複試結果的處理與體檢

複試結束後應做出綜合判斷決定是否錄用。對於初步確定錄用的人員應通知其進行體檢。作為服務性行業，為了保護客人的身體健康，飯店不允許患有傳染性疾病的人員進入飯店工作。

7. 審查批准

將應徵者的求職申請書、面試記錄等資料統一彙總，交由飯店最高管理者做最後的審核及批准。

8. 錄用報到

經審核批准、確定錄用的人員，人力資源部應通知其有關報到的具體事宜。錄用包括試用合約的簽訂，員工的初始安排，試用和正式錄用。

（三）員工應徵簡章的編寫

飯店應徵簡章是員工應徵的宣傳資料，它以廣告的方式對應徵對象進行廣泛的宣傳，達到擴大員工應徵來源與渠道、促進應徵工作順利開展的目的。應徵簡章的內容包括：企業介紹、. 職位與要求、甄選方法與錄用條件、報名方法、錄用待遇等。應徵簡章的版面設計應美觀新穎，標題醒目突出、字體大方，能引起看、讀的興趣。

（四）求職申請表

求職申請表是對求職者進行初選的依據，可以幫助飯店減少應徵成本，提高應徵效率。

(1) 個人資料

(2) 家庭狀況

(3) 教育及培訓經歷

(4) 工作經歷

(5) 語言、電腦及其他能力

(6) 面試記錄

（五）內部應徵與外部應徵

根據應徵對象來源的不同，可以分為內部應徵和外部應徵。

內部應徵是指當飯店出現職位空缺時，從飯店內部尋找、挑選合適的人員填補空缺。可以透過提升、工作調換等方式來實現。內部應徵的優點是：飯店內部員工有機會到自己滿意的職位，實現人與事的更好結合；用平等競爭激發員工積極性；易於應徵到合適的員工；節約培訓費用；員工能很快適應新職位。內部應徵的缺點是：供挑選的人力資源有限；自我封閉，減少了新觀點、新技術引進飯店的機會。

外部應徵則是指從飯店外部應徵人員來填補職位空缺。外部應徵的主要方法有：

1. 廣告

2. 職業介紹機構與人才交流市場

3. 職業應徵機構和人員

4. 校園應徵

5. 網上應徵

（六）影響面試效果的因素

1. 不要憑印象過早的做出錄用決策。

2. 過分強調面試表中的不利內容，以致不能全面的瞭解個人。

3. 面試者本人對職缺職位的任用條件不瞭解，無法掌握正確的標準去衡量應徵者。

4. 面試者本人缺乏面試經驗。

5. 面試中，面試者本人講得太多，未讓應徵者多講，失去了應徵面試的意義。

6. 有時，應徵時間緊迫，為完成應徵任務，急於求成。

7. 面試者易受前一位應徵者的影響，並以此作為標準去衡量後一位應徵者。

8. 第一印象、暈輪效應、群體定見、趨中效應、以貌取人、個人偏見等常見心理偏差，均會影響面試效果。

9. 面試無充分準備，結構無條理或不完善。

二、飯店員工培訓與職業發展

（一）員工培訓

飯店員工的培訓是飯店人力資源開發的一個重要內容。從員工、飯店、客人三方面來看，培訓工作都是必需展開的。培訓可以開發員工的潛能，讓員工得到更好的發展；有助於提高勞動生產率；可以降低損耗和勞動力成本；有助於提升服務品質，增加客人滿意，從而培養忠誠顧客，為飯店創造更大效益。

1. 飯店培訓的分類

（1）根據培訓對象的不同，可以分為：

①決策管理層培訓（總經理、副總、總監及各部門經理）

對高級管理人員培訓的主要內容是策略管理、市場與競爭觀念、行銷策略制定、企業文化的建立、預算管理、成本控制、經營決策和管理能力提升等課題。

②督導管理層（各部門副職、主任和領班）

培訓重點在於管理理念與能力的訓練，酒店專業知識的深化培訓及如何處理人際關係、處理客戶異議等實務技巧。

③服務員及操作人員層

培訓重點是提高他們的整體素質，服務意識，即從專業知識，業務技能與工作態度三個方面進行。

（2）根據實施培訓的不同階段可以分為：

①職前培訓

飯店員工入職前的訓練。

②在職培訓

飯店員工在完成生產任務過程中所接受的培訓。

③職外培訓

因飯店經營業務發展的需要或員工因工種變更、職位升遷等需要接受某種專門訓練。

（3）根據實施培訓的不同地點可以分為：

①店內培訓

在飯店人力資源部或部門統一安排下，利用飯店專設的培訓室，在營業時間外利用餐廳或食堂等飯店內部場所進行的培訓活動。

②在崗培訓

受訓員工不離開工作職位，或以現擔任的工作為媒體接受培訓。

③店外培訓

培訓的地點不在飯店內，通常為飯店所屬上級主管公司、業務局或行業協會、學會、院校等部門與機構。

（4）根據培訓內容的不同可以分為：

①職業道德培訓：

提高職業道德認識；培養職業道德情感；鑑定職業道德信念；磨練職業道德意志；培養良好的職業道德行為和習慣。

②文化知識培訓：是飯店員工培訓的重要內容和基礎。其中包括核心專業知識和相關基礎知識。

③操作技能培訓：是飯店培訓的重點和關鍵。是持之以恆的培訓。

2. 員工培訓的方法

飯店理論知識的培訓方法有：講授法．討論法．案例研討法和．角色扮演法，亦稱情景教學法。

（1）講授法：是一種傳統培訓方法，通常以開設講座形式為主，可以同時施教於多數學員，不必耗費太多時間與經費，但員工接受較被動。

（2）討論法：對某一專題進行深入的探討的培訓方法，其目的就是為瞭解決某些複雜的問題或透過討論的形式使眾多受訓者就某個問題進行意見的溝通，謀求觀念看法的一致。

（3）案例研討法：透過對特定案例的分析、辯論受訓員工集思廣益，共享集體的經驗與意見，有助於他們將受訓的收益在未來的實際業務中應用。

（4）角色扮演法：由受訓者扮演某種任務角色，使他們真正體驗到所扮演角色的感受與行為，以發現及改進自己原先職位上的工作態度與行為表現。

（5）技能的培訓方法有．操作示範法、四部培訓法 （即講解→示範→實習→輔導鞏固）。

①操作示範法：

是部門專業技能培訓常用的方法，一般由部門經理或管理員主持，由技術能手擔任培訓員，現場向受訓員工簡單講授操作理論與技術規範，然後進行標準化的操作演示，學員反覆模仿學習，經過一段時間的培訓，使操作者逐漸熟練直至符合規範程式與要求，達到運用自由的程度，培訓員在現場指導，隨時糾正操作中的錯誤表現。

②四步培訓法：

首先，講解。講解工作情況，瞭解員工對該工作的認識，說明工作的目的及重要性，提高員工對培訓的興趣，使學員能夠安心學習，放鬆自如，達到良好的學習效果。

其次，示範。表演、示範該項工作各環節動作。強調要點，動作力求緩慢，對重點難點要反覆示範，注意示範的動作不要超過學員一次接受能力。

再次，實習。讓學員試著演習或操作。教師在旁觀察和指正不足，及時表揚與鼓勵，讓學員逐個環節反覆操作，理解重點內容，直到他們能夠正確掌握該項工作為止。

最後，輔導鞏固。在主要人員的指導下，讓學員獨立上崗操作，以經常檢查作督導，並及時解答疑難問題，輔助員工熟練掌握該項工作並良好應用。這一環節所需時間最長。

3. 培訓流程

（1）分析需求：瞭解問題，並分析有無訓練的必要。

（2）設定目標：訂定明確的訓練目標使學員及培訓者能正確預期訓練成果。

（3）開發培訓課程，選擇培訓方法。

（4）實施培訓：是訓練過程中最重要也最困難的步驟。

（5）評估：檢查訓練效果。

（6）跟蹤：對學員訓練成效的事後考核。

（二）員工職業發展

飯店應鼓勵和幫助員工制定個人發展計劃，並及時進行監督和考察，這樣有利於促進飯店發展，使員工有歸屬感，提高員工忠誠度。

酒店可採用的較為有效的職業生涯開發方法有如下幾種：

1. 重視員工培訓

目前，有些飯店只強調短期經濟效益，缺乏長遠觀點，認為培訓工作只會增加企業的成本費用，降低利潤數額而忽視對員工的培訓。也有不少飯店擔心員工早晚會跳槽而不願花大力氣進行員工培訓。正是由於這一點，許多外資酒店以為員工提供更好的培訓、發展機會為誘餌從國內酒店中挖走了大批優秀人才。在酒店迅猛發展的今天，人是酒店成功諸因素中的第一要素，只有高素質的員工才能提高酒店的競爭力。因而，酒店管理者應本著」員工第一「的原則，重視員工的培訓工作，給他們提供各種再充電的機會，使他們能不斷的學到新的知識，不斷豐富自己、提高自己。

2. 建立店內應徵系統

酒店應採取公開方式如公告欄、發行出版物等向全體員工提供空缺職位的訊息，使符合要求的員工有機會參與應徵。同時，在酒店職位發生空缺時，首先應在店內進行公開應徵補充。店內無法補充時，再從店外進行補充，鼓勵員工只要好好幹就有升遷機會。

3. 定期的工作調動

酒店員工特別是服務第一線的員工通常工作比較單一。員工長期從事重複的工作容易產生厭煩情緒，服務品質也會降低。酒店可以透過工作輪換，安排臨時任務等途徑變動員工的工作，給員工提供各種各樣的經驗，使他們熟悉多樣化的工作。透過員工交叉培訓、工作輪換，既可以在一定程度上避免工作對單調職位工作的厭煩，提高員工的工作積極性。又能節約酒店人力成本。酒店可以根據各部門淡旺季的不同調劑人的配置。此外，透過輪崗，使員工不僅掌握多種職位的服務技能，同時還熟悉其他職位的服務程式，有助於提高部門之間工作的協調。

4. 為員工提供自我評估的工具

員工要樹立正確的職業發展計劃必須要充分認識自己、瞭解自己，從而才能確定切實可行的職業目標。酒店應為員工進行自我評估提供幫助。透過績效考評、測評軟體，員工可知個人能力的強項和弱項，然後再結合自己的興趣及公司的經營發展規劃和實際情況，與上級主管共同來制訂自己的生涯路線，並在飯店的大力支持下逐步來實現。

5. 提供多種晉升途徑

酒店中，服務第一線的員工往往發展前途只有一條，便是提升到管理職位。儘管不少優秀的服務人員經過培訓和鍛鍊後走上了管理職位，並且完全能夠勝任行政管理。然而，也有不少優秀的服務人員卻無法做好行政管理工作，或者不喜歡從事行政管理工作，而服務工作第一線卻失去了一批骨幹。

對此，酒店可為櫃檯服務人員和後臺服務人員制定兩類不同的晉升制度，並為每個職位設立幾個不同的等級。優秀的服務人員可晉升職位級別，增加薪資，卻不必脫離服務第一線。不同等級的服務員需承擔不同的職責。例如：高級服務員不僅需完成自己的服務工作，而且需要培訓新服務員。這樣，既可以實現酒店對優秀員工的有效及力，又可以使企業達到合理用人的目的。

▍第三節 飯店員工績效考核與薪酬管理

一、飯店員工績效考核

酒店的績效考核是指對照工作職位描述和工作任務書，運用科學的定性與定量的方法，對員工的業務能力，工作表現和工作態度等進行考核和評價。追求良好的工作績效是飯店的重要目標，透過績效考評考核，可以給員工提供工作回饋，使其揚長避短，改善工作態度，提高工作能力，激發員工的積極性和創造性；績效考核的結果又是升遷、獎勵、培訓等決策的重要依據。

（一）績效考核的原則

1. 公開與透明

首先根據飯店對員工的期望和要求，制定出客觀的評估考核標準，並將其公佈，讓每位員工瞭解；其次，考評活動的過程要高度透明；第三，在考評中引入自我評價及自我申報機制，對考評體系做出補充。

2. 回饋及時

缺少回饋的評估達不到評估的目的，是沒有意義的。因此，對於考核的結果要及時回饋，好的東西堅持下來，繼續發揚，不足之處，加以彌補和改正。

3. 定期化、制度化與程式化

績效考核是一種連續性的管理過程，所以要將其定期化、制度化和程式化。績效考核是既是對員工目前工作狀態的考評，也是對其未來行為表現的一種預測，只有定期化、制度化的考評才能發現潛在的問題，真正瞭解員工的潛能。

4. 可靠性

可靠性是指評估考核的方法要保證收集到的人員能力、工作績效、工作態度等訊息的穩定性和一致性，不同評價者對同一個人評價的一致性。這就要求考核的尺度要明確，測評者的態度要公正。

5. 可行性與實用性相統一

績效考核方案的制定要考率飯店的具體情況，如人力、物力、財力等因素，要能在飯店實施。

（二）績效考核的內容

飯店員工的績效考核一般包括以下五個方面的內容

1. 員工的素質。主要是檢驗員工的人格品質與道德水準，包括員工是否有上進心，是否忠於本員工作，員工組織性、紀律性、職業道德、個人衛生及儀容儀表等。

2. 員工的能力。員工的能力包括基礎能力和業務能力，主要是指專業知識、專業技能、組織能力、管理能力、創新意識、發展潛力等。對不同職務員工的業務能力要作分類考評。

3. 員工的工作態度。主要指員工的事業心與工作態度，包括出勤情況、工作的主動性、積極性、奉獻精神等內容。

4. 員工的工作業績。一般包括工作方法、服務意識、目標完成度等項目，是對員工工作品質和數量的考評。

5. 員工的適應性。指員工的個性、人品、性格、能力與其工作要求和與合作者的適應和協調。

（三）績效考評標準的要求

飯店員工績效考評的標準是以飯店企業對從業人員的職業要求以及各部門、各工種與各職位對員工的工作要求為依據而制定的。為了使考評有效，考評的標準必須清楚明了。績效考評標準的具體要求如下：

1. 考評標準是依據工作本身來建立的，每項工作的考評標準應該只有一套。

2. 標準是可以達到的。按照確定的標準，所有在職員工都可以達到。

3. 標準應為人所知。

4. 標準是經雙方同意而制定的。

5. 考評的項目要盡可能具體，最好能用數據表示。

6. 標準要有時間限制，必要時標準應定期修訂或調整。

7. 標準要記錄存檔。

（四）績效考評標準的制定

飯店員工工作評估往往容易受評估者的主觀意志或情感因素的干擾而發生偏差，為將這種人為干擾降到最低限度，要求在制定評估標準時，應把重點放在最終結果上，研究哪個測量點最能代表有效的成績。

制定評估標準，應運用定量與定性分析相結合的方法，一要合理計量，而要合理加權。合理計量的前提是要明確哪些要素可以模糊計量，哪些要素可以精確計量。歸納起來，以下因素可以精確計量：

1. 數量指標——管理費用降低多少，銷售額上升多少，淨利潤為多少等等。

百分比指標——利潤率、周轉率、設備完好率等等。

2. 時間目標——完成日期、準備時間等等。

為有些任務確定評估標準，如能力結構和智力結構等諸要素，因為它們很難用數量指標來確定，可採用分等加權的辦法來制定評估標準，也可以採用合理加權的辦法來制定。所謂合理加權，是指按要素的重要程度決定分數或係數的大小。加權可以對不同要素而言，如領導能力中的決策能力、分析能力、處事能力、動手能力分別為 4 分、3 分、2 分、1 分；加權也可以是對不同職位、工種職位的不同人員而言。如文字表達能力對祕書來說加權值要高一些，而對客房服務人員來說就應相對低一些。

（五）績效考核的主要方法

1. 分級法，又成為排序法。即透過比較被考核員工各自績效的相對優劣程度，確定每人的相對等級或名次。常用於對員工整體工作狀況的比較考評。

2. 清單法。先找出待考評職位的員工中多種典型的表現和行為，優劣均有，再將其列成清單，供考評者逐條對照被考評員工的實際情況，最後將兩者一致的項目勾出，即成為對該員工的考評結果。

3. 量表法。量表法用得很普遍，本質上與清單法接近，不同的是，它通常做緯度分解，並沿各緯度劃分等級，設置尺度進行量化考評。

4. 關鍵事件法。是以記錄直接影響工作績效優劣的關鍵行為為基礎的考評方法。使用此方法需要被考評員工的直接領導對其進行日常觀察，隨時記錄員工的工作情況。

5. 強制選擇法。是指事先將被考評員工劃分為幾類，每一類硬性規定一個百分比，然後對照被考評員工實際績效的優劣程度，強制歸入其中的某一類。

6. 評語法。即以一篇簡短的書面鑑定來進行考核，通常涉及被考評員工的優點與缺點、成績與不足、潛在能力、改進方式等內容。

（六）績效考核的過程

1. 考評準備

考評準備即制定績效考評計劃、確定考評人員、準備考評工具、發佈考評訊息，使考評者和被考評者做好思想準備與工作準備。

2. 確定考評標準

酒店員工工作績效必須與某個固定標準對比才能得出公正的評價，確定酒店員工工作考評標準時應注意：

（1）考評標準應該是與工作要求密切相關的，而且是員工能夠影響和控制的。

（2）不能單純根據某一單一的標準對員工進行考評。

（3）確定員工工作考評標準後，需要尋找能夠精確衡量這些標準的方法。

3. 員工自我考評

酒店員工自我考評是由員工本人對照考評標準，對自己在某一時期內的工作表現情況進行自我對照總結的一種考評方法。酒店員工自我考評一般採取寫述職表、自我考評表等形式進行。在西方酒店中，自我考評由考評人對

照自己的職位職責說明書的要求進行自我對照總結；在酒店中，往往是按照上級組織部門或人力資源部門制定的考評表中的要求進行自我總結和考評。

讓員工親自參加考評，可以使酒店員工對考評增強信任感並使其積極性得以發揮。但由於自我考評容易把自己的績效高估，因此，自我考評只適用於協助員工自我改善績效，而不適用於如加薪、晉升等方面。

4. 考核總評價

酒店考核總評價是審核被考評者自我考評的內容，對照考評標準，聽取被考評者的直屬主管、同事、客人或其他有關考評人員意見的基礎上形成的。考評者的總評價，一般採取填寫表格的形式，如填寫各類考核表、鑑定表等形式進行。

5. 考評回饋

酒店對員工績效進行總的評價後應將考評的結果回饋給被考評者。考評回饋具體有兩種形式：一是考評意見認可；一是考評面談。

考評意見認可指考評者將考評的結果回饋給被考評者，由被考評者予以同意認可，簽名蓋章。如果被考評者不同意考評意見，可以提出異議，並要求上級主管或人力資源部門予以裁定。考評面談是指透過考評者和被考評者的談話，將考評意見回饋給被考評者，徵求被考評者的意見或看法。考評面談也要由被考評者簽名認可。

對考評結果進行回饋在整個考評過程中是非常重要的環節，但很多管理部門往往會忽略這一環節，使考評失去提高員工績效和協調員工關係的重要意義。有關專家總結出使回饋更具建設性的和有效性的一般準則，它們是：

(1) 回饋應該是注重相關的績效、行為或結果，而不是注重某個人。

(2) 回饋應該是聯繫特定的、可觀察的行為，而不是一般的和整體的行為。

(3) 回饋的內容應該聯繫已確定的標準、可能的結果或可能的改進，以作為評定」好「或」不好的佐證。

（4）回饋應該使用簡潔明確的語言，以免引起誤解和自衛心理。

（5）回饋應該將回饋對象作為一個值得交流的並有不同權益的人而給予回饋。

（6）當回饋意見遇到自衛行為或情緒抵抗時，考核回饋者應該處理這些對抗反應，而不是試圖說服、評理或提供另外的訊息。

6. 重視運用績效考評的結果

績效考評本身不是目的，而是一種手段，因此應當重視績效考評結果的應用。績效考評結果的應用主要表現在以下幾個方面：

（1）考評結果為薪酬管理提供依據。

（2）考評結果為制定員工晉升、調遷、辭退決策提供依據。

（3）考評結果為員工培訓提供依據。

（4）考評結果為獎懲提供依據。

績效考評結果的應用，是考評目標達成的過程，同時也是檢驗考評活動有效性的一塊試金石。

二、飯店員工薪酬管理

（一）薪酬的含義

薪酬是飯店對員工付出的勞動和工作給與的相應的貨幣形式或非貨幣形式的報酬，它包括薪資、獎金、津貼、補貼、分紅等。其基本的內涵是把薪酬分為內在與外在兩大類，內在薪酬是指非貨幣形式的報酬，外在薪酬是指貨幣形式的報酬。顯然，薪酬與傳統意義上的薪資不盡相同，薪酬的貨幣形式即薪資，而薪資所不能包含的是非貨幣形式的薪酬。

（二）薪酬的基本類型

1. 服務型

它是根據員工的職務差別來決定支付報酬的多少的薪資制度。該制度主要是在酒店的管理人員、主管人員、工程技術人員中實行，他們的差別主要體現在所擔任的職務上。其主要特點是根據酒店工作的複雜程度、責任大小、勞動條件等因素，按照職務高低來規定。同一職務的薪資又劃分為若干個薪資等級，每個員工都在其所任的職務範圍內評定級別，領取薪資。它由酒店薪資等級表、技術等級標準和薪資標準三部分組成。

2. 技能型

它是以酒店員工技能等級為依據的薪資制度。該種制度是根據勞動技術複雜程度、繁重程度和責任大小，規定各個工種技術等級的薪資標準的。它反映了酒店員工的技能水準和熟練程度。這種制度比較適用於技術要求比較複雜的工種，如酒店工程部、廚房各工種。這種制度比職務型要富有彈性和靈活性，有利於酒店進行薪資方案的調整。它要求酒店把注意力集中在提高員工的技能上，有利於提高整個酒店的技術水準，從而提高工作效率。但它也有不足：一方面它沒有充分考慮到績效因素；另一方面，技能有可能」老化「，甚至與本員工作無關。

3. 職位型

這是按照員工的實際操作職位來規定薪資標準的薪資制度，基本上是一職一薪。它適用於專業化程度較高、分工較細、工種技術比較單一、工作對象比較固定的部門。如餐飲部、客房部、前廳部、財務部等部門。職位薪資將薪資、技術、工作成績三者密切結合起來，能夠更好的貫徹多勞多得和同工同酬的原則，促進酒店合理地編制定員和制定定額，加強職位責任制，改善酒店的經營管理，提高勞動生產率。

4. 複合型

這是進一步把員工工作的職務與績效同技能、資歷等因素復合後，作為構成薪酬的不同組成部分來加以考慮的一種薪酬制度。酒店複合型薪酬由三

部分構成：一是底薪（基本薪資），是保障酒店員工基本生活需要的部分，它是相對穩定的報酬，與職務、職位、工作年限掛鉤；二是獎金，是根據員工是業績、酒店的經濟效益而支付給員工的額外報酬；三是津貼，是薪酬的補充，一般不直接與勞動者的業績掛鉤，如特殊作業津貼和職位津貼，是根據員工技術水準和工作環境的艱苦程度、危險程度來確定的；地區津貼、住房津貼等是作為政策性的報酬。

複合型薪酬制度是一種比較有效的薪資制度。較好的體現了薪資的幾種不同功能，有利於實際薪資的分級管理，為薪資分配製度的改革開闢了一條通道，值得酒店業大力推廣。

（三）薪酬的形式

1. 計時薪資

它是一種傳統的採用最為普遍的薪酬形式，是根據勞動者在一定期間內付出勞動量的平均水準，來確定勞動者的勞動報酬的一種薪酬方式。

計時薪資主要適用於：

（1）工作品質的優劣比工作數量的多少顯得更為重要時，如對服務品質的要求十分嚴格的接待服務和餐飲服務，計時薪資可以使員工把主要精力集中在服務品質或工作品質上；

（2）工作成果不便以數量計算的工作；

（3）按職位定員的工種，如保全人員，工程技術人員等。

計時薪資根據計算時間的不同，可分為以下幾種：

（1）小時薪資制；

（2）日薪資制

（3）月薪資制。

2. 計件薪資

計件薪資是根據員工完成的符合要求的工作量，預先規定計件單價，以勞動定額為標準確定的薪酬形式。這種以勞動成果為支付標準薪資的形式，對酒店員工改進操作方法，提高工作效率有較大的刺激作用，但容易忽視服務品質。實行計件薪資的酒店必須具備一定的條件才能發揮對工作的促進作用，這些條件具體包括：

（1）酒店必須具有一定的管理水準，有嚴格的計件標準，記錄統計資料健全。

（2）員工工作量能夠單獨而精確地進行計算，服務品質容易考察。如客房打掃，工作量可以用間數計算，品質檢查也方便。

（3）操作對象比較穩定，有先進、合理的勞動定額，工作批量較大。

3. 協商薪資

協商薪資是指酒店對聘請的特殊技工或其他人員在特定環境和條件下，由雙方協商確定薪資標準。

（四）影響薪酬水準的主要因素

所謂薪酬水準，就是在一定時期內，員工平均薪酬的高低程度。薪酬水準的確定，是薪酬管理的重要問題。薪酬水準是由許多因素相互作用而決定的，其中，最有影響力的因素是勞動力市場、酒店和員工三個方面的因素。

1. 勞動力市場方面的因素

（1）勞動力供求狀況。在市場經濟條件下，當對某種職業的需求與供給平衡時，這種職業所獲得的薪酬水準就會有所改變。酒店內具體工作的薪酬水準也會因社會勞動力市場的供求變化而波動。目前由於種種原因，在酒店業勞動力市場上，尚未形成統一、規範的協調管理機制，員工在各酒店之間流動頻繁，這對於勞動力市場對酒店員工薪酬水準的正常調節無疑是一種干擾。

（2）競爭對手的薪酬水準。酒店往往把薪酬水準與其他酒店的薪酬水準作比較。如果比其他酒店低，就會引起員工的不滿，影響員工隊伍的穩定；如果比其他酒店高，就會增加酒店的費用與支出。基於酒店的長遠發展和風險的防範，薪酬水準會調整到與競爭對手相當的薪酬水準上。

（3）當地經濟發展和消費狀況。在經濟擴張時期，消費水準會明顯提高，薪酬水準也會提高。許多酒店將生活津貼放到薪資裡面，當消費品價格上漲時，酒店可能會增加物價補貼，以保障員工生活水準不受影響。

2. 飯店方面的因素

（1）理層的態度。薪酬在酒店經濟領域既是費用又是資產。當管理層把它作為費用開支時，可能阻止加薪；當管理層把薪酬作為促使員工發揮最大潛能的一種動力源時，它就是一種資產，可能會增加薪資。

（2）酒店的支付能力。酒店員工的薪酬水準取決於可供分配的勞動報酬總量，它與酒店的經營檔次、工作效率和經濟效益有直接關係。

（3）酒店工作方面的因素。酒店工作分析上，酒店工作的職位、工種、強度、難度、技術性、內容、責任等因素都將影響酒店員工的薪酬水準。酒店薪酬等級的建立、等級評定的公平性、薪資結構的合理性、工作評價的科學性等也將影響到薪酬水準的高低。

3. 飯店員工方面的因素

酒店員工本身所擔任的職務、掌握工作的技能水準、資力、學歷、員工的工作表現及業績等都會影響到員工的薪酬水準。

以上幾種因素，是決定薪酬水準的主要因素，但最終決定因素是工作定價。工作定價是指在綜合考慮各因素的基礎上，確定一個員工究竟應該領多少薪資，即確定一個絕對工作價值。一般而言，絕對工作價值不公開，在絕對工作價值的標準上根據需要進行調整，調整後的為相對工作價值，也就是薪酬水準標準。絕對工作價值的調整幅度和相對工作價值的調整間隔也自然會影響到酒店員工的薪酬水準。

（五）酒店薪酬設計的基本原則

1. 定職定編，才職相稱，按勞分配。

2. 個人收入要與酒店效益掛鉤，特別是銷售部門。

3. 兼顧不同部門的利益，針對不同職務不同工種的具體勞動差別和貢獻大小給予合理的薪酬。

4. 正確運用精神鼓勵和物質獎勵相結合的工作方法。

（六）建立合理的薪酬體系

為了有效的對員工進行激勵，酒店必須要從員工的需要出發，建立一套完善的報酬體系。它應該包括直接報酬、間接報酬、非金錢性報酬三方面內容。

1. 直接報酬

直接報酬主要指酒店為員工提供的基本薪資、加班費、津貼、獎金等。為了提高服務人員的待遇，酒店應推行以職位薪資為主的崗員薪資制度。崗員薪資制是從總經理到員工按決策層、領導層、督導層、服務層分成許多級別，各級別有因技術工種的不同有所不同的薪資制度。這樣便可以避免單純按行政級別來劃分薪資高低，工作多年的服務人員的薪資還比不上初出茅廬的管理人員的薪資的不合理的現象。酒店還應採用年功序列獎勵制度，根據工作年限、貢獻大小來給予獎勵。此外，酒店還可實施利益共享劃，設立員工股，讓員工成為企業的股東，分享企業成功的利益。馬里奧特公司創始人Marriot便是第一個倡導利潤共享計劃的人。在九十年代馬里奧特酒店每年要撥出約2000多萬美元的利潤來發給員工。

2. 間接報酬

間接報酬主要指員工的福利。現在，酒店大多採用統一的方式，為員工提供醫療保險、養老金、帶薪假期等福利。事實上，由於員工個性的不同，對各種福利看法不同。認同的價值與主管評價是不同的。為了使激勵的績效達到最大，酒店應考慮員工的個人需要，給予員工充分主動權，為員工提供

自助餐式的福利，由員工自行選擇。比較切實可行的做法便是：酒店為每一個員工建立一個靈活的、規定具體金額的福利消費帳目，並為每種福利標明價格。員工可以自行選擇福利項目，直到他們帳戶中的金額用完為止。

3. 非金錢性報酬

酒店管理人員應認識到員工的需要是多方面的既有物質的需要，又有精神的需要。因而，管理人員應適當的考慮員工的精神需要，透過各種精神鼓勵措施來激勵員工，如評選優秀員工、授予 XX 職位高手稱號等。管理人員還應注意到：不同的員工的精神滿足是不同的。管理人員還應注意到：不同的員工的精神滿足是不同的。管理人員應根據員工個人的差別有針對性的採用各種激勵手段。如有的員工希望有良好的人際關係，酒店可以多組織一些生日聚會、舞會等社交活動以滿足他們的需求；有的員工希望受人尊敬，擁有較高的威望，酒店可透過授予各種榮譽稱號來激勵他們。

第四節 飯店員工激勵

一、飯店員工激勵概述

（一）激勵的含義

激勵即激發和鼓勵，是指為了特定目的而去影響人們的內在需要或動機，從而強化、引導或改變人們的行為的過程。

（二）激勵的要素

構成激勵的主要要素包括：

1. 動機。動機是指推動人從事某種行為的心理動力，它是構成激勵的核心要素，激勵的關鍵環節就是動機的激發。

2. 需要。需要是激勵的起點與基礎，是人們對某一客觀事物或目標的渴求與期望。需要是動機產生的原因之一。

3. 外部刺激。是激勵的條件，是指在激勵過程中，人們所處的外部環境中各種影響需要的條件與因素。

4.行為。是指在激勵狀態下，人們為動機驅使所採取的實現目標的一系列動作。動機是激勵的目的。

以上四種要素相互作用，構成了對人的激勵。

（三）飯店員工激勵的原則

1.整體需求原則

對飯店內不同工種、不同層次、不同職位、不同年齡結構的員工的各種需求是否給予激勵，選擇何種激勵方式，需根據飯店的實際情況，從飯店經營管理的整體需要出發，盡可能的滿足員工的要求，使他們發揮應有的潛力，提高工作效率。

2.目標一致原則

在激勵員工時，要樹立明確的目標，使員工個人、班組、部門、群體與飯店有關各方的需求統一起來，這樣才能使員工激勵取得良好的效果。

3.積極引導原則

在激勵員工的過程中，必須以積極的、及時的，來自多方面的指導。任何一種行為在運作過程中都有可能發生偏差，及時加以指導糾正這種偏差就顯得十分重要。

4.自我激勵原則

激勵首先是幫助員工認識自我，使員工能夠充分認識到自己潛在的能力，其次，飯店各部門各級主管都應該教育員工，使他們認識到，個人需求得以滿足，必須透過自己的不懈努力，勤奮工作才能變成現實。

（四）激勵的基本形式

1.需求激勵

飯店管理者針對每一位員工不同層次的需求，選用合適的激勵方式。

2. 目標激勵

目標管理方法促使每一位員工關心自己的企業，使之成為提高士氣和情緒的原動力。確定目標時，應注意目標難度與期望值，目標不要定的太高。日常工作要積極引導員工努力工作，努力達到目標。對那些表現良好，達到目標，完成任務的員工要給予及時的表揚和鼓勵。

3. 情感激勵

情感激勵是對人的行為最直接的激勵方式。情感激勵的正效應可以煥發出驚人的力量，使員工自覺努力工作。情感激勵的關鍵是，管理者必須以自己的真誠去打動和征服員工。

4. 激勵

管理者充分信任員工並對員工報有較高的期望，員工就會充滿信心，產生榮譽感，增強責任感和事業心。

5. 榜樣激勵

以個人或集體為榜樣，顯得鮮明生動，比說教式的教育更具有說服力和號召力。另一方面，飯店管理者的行為本身就具有榜樣力量。

6. 懲罰激勵

對員工的某種行為予以否定和懲罰，使之減弱、消退、以達到靠強化的方法來激勵員工的目的。

（五）激勵的過程

一般情況下，人們受到外部刺激的誘惑，或是自身需要的驅動，就會產生動機。當有了動機以後，就會引發一系列尋找、選擇、接近和達到目標的行為。

（六）馬斯洛需要層次理論

1. 需要層次理論的內容

美國心理學家馬斯洛於 1943 年在他的《人的動機理論》一文中提出了需要層次理論，是提出最早、影響最大的一種激勵理論。馬斯洛將人的需求按從低到高分為生理需求、安全需求、社交需求、尊重需求以及自我實現的需求。當較低層次的需求滿足後，高一層次的需求就出現了。

2. 需要層次理論在飯店中的運用

（1）關於生理需要

滿足員工生理需要，即關注員工衣、食、住、行等基本需要。薪資和福利是滿足這些需要的基本形式，它可以是員工購買到他們需要的物品。

（2）關於安全需要

飯店中設計的安全因素有防火、防盜和勞動保護。在激勵員工方面，旅遊企業可以從員工更深層的人身安全和職業安全角度考慮為員工提供醫療保險是滿足員工人身安全的一個方面。用工保障制定可滿足員工職業安全的需要。

（3）關於社交需要

旅遊企業組織各種團體活動，如籃球賽、歌詠比賽、郊遊等，這些活動發展了員工的個人興趣，在增加員工結識朋友機會的同時為員工創作了良好的企業氛圍，利於部門間工作的合作，是一條很好的激勵途徑。

（4）關於尊重需要

企業可以透過認識考核、晉升、表彰、選拔、進修等方式使員工得到關注和認可。

（5）關於自我實現需要

在工作中具備相關知識、有一定經驗的員工，有著強烈的發揮自身潛能、實現理想、獲得有挑戰性工作的願望。企業透過讓其負責一個獨立部門的工作或承擔一項能發展其能力的重任，可以滿足其自我實現的需要。

1. 加強與員工溝通，促使員工參與管理

酒店的成功離不開員工的創造性、積極性的發揮。酒店應為員工營造一種和諧的大家庭氣氛，使員工能充分發表意見，積極參與管理。作為服務第一線的員工，他們比管理者更瞭解顧客的需求和要求，更能發現工作中存在的問題。管理者必須加強與員工的雙向溝通，才能做出更優的決策。管理者可以採用總經理意見箱、總經理接待日、與總經理共進午餐等方式來加強與員工溝通。此外，管理者不僅應加強與企業現有員工之間的溝通，而且也要重視與」跳槽「員工往往比酒店現有員工更能直接、詳實的指出經營管理中存在的問題。管理者應深入瞭解員工跳槽的原因，採取相應的措施，更好解決酒店經營管理中存在的問題。其次，酒店還應營造一種學習型的企業文化，促使員工之間相互溝通、相互學習。國外酒店普遍推行咖啡小聚方式，不僅把咖啡應當作員工交流的場所。員工可以在此展開各種討論，分享工作經驗，相互學習。

酒店讓員工參與管理，可以進一步發揮員工的主觀能動性，增強員工工作責任感，使員工更清楚的瞭解管理人員的要求和期望，更願意和管理人員合作，做好服務工作。酒店除了鼓勵員工參與管理之外，還可以進一步採用授權方式，把一部分決策權下放給員工，讓員工根據具體情況對顧客的問題做出迅速的反應。管理人員的工作主要是督導，提供幫助與讚揚員工，這樣可以極大的激發員工的積極性。

2. 關心員工的生活

相對於其他行業來說，酒店員工一般工作壓力較大，可自由支配的時間較少。管理者應從生活上多關心員工，為員工提供各種方便，解除員工的後顧之憂。首先，管理者應高度重視員工宿舍，員工餐廳的建設，為員工提供

各種活動場所，豐富員工的業餘精神生活，真正為員工營造一個家外之家。其次，管理人員還應對員工進行感情投入。在節日、員工生日的時候送上賀卡、禮物等祝福。為有家庭後顧之憂的員工提供托兒與家庭關照服務。如果員工家裡有什麼困難，應盡力提供支持與幫助。另外，酒店還可以考慮一部分員工的特殊需要，為員工提供彈性工作時間、工作分擔等方式，以方便員工。

從以上分析我們可以看到，酒店要想真正建立起一套合理、有效的激勵體制並不是一朝一夕的事。這需要管理人員不斷的努力，不斷的根據客觀環境的變化給予調整。希爾頓曾經說過：只有快樂的員工才會有快樂的顧客。酒店管理人員只有本著為員工服務的觀點，將員工放在第一位，才能從員工的努力工作中得到回報。

第八章 飯店業務管理

本章重點

　　飯店業務部門是指接待從事賓客接待服務等業務活動的部門，包括前廳部、客房部（也叫做房務部）、餐飲部、康樂部等。這些部門是飯店經營活動的主題，即是飯店經營活動的具體操作部門，又是操作管理部門，是飯店業務的第一線。本章主要對前廳、客房、餐飲、康樂、商場這幾個部門的業務職能、組織結構和服務流程進行概要論述。

教學目標

　　1. 使學生明確各業務部門的工作職能

　　2. 使學生明確各業務部門的組織結構形式

　　3. 引導學生掌握制定日常服務流程的依據

　　4. 幫助學生瞭解各業務部門服務工作的內容

▌第一節 飯店前廳管理

　　前廳部位於飯店的大堂，是飯店櫃檯業務活動的中心，主要負責銷售飯店的客房，並做好聯絡和協調各部門的對客服務的工作。

一、前廳部基本工作職能

（一）銷售客房

　　前廳部的首要功能是銷售客房。客房是飯店最重要的產品，在中國客房的盈利占整個飯店利潤總和的 50% 以上。能否有效的發揮銷售客房，將影響飯店的經濟效益。客房銷售包括訂房推銷、接待無預定客人、辦理入住登記、排房和確定房價 4 個方面的工作。客房銷售的能力和實績也是衡量總台服務人員工作的標準，因此，前廳部的全體管理者及員工應全力以赴按確定的價格政策推銷最大數量的客房，積極發揮銷售客房的功能。

（二）聯絡和協調對客服務

除了銷售客房的職能外，前廳還要準確地向各部門發佈有關到客情況、賓客需求、賓客投訴的最新訊息，並檢查和監督落實情況。密切配合各部門向賓客提供高水準的服務。

（三）提供各類前廳服務

前廳部作為對客服務的集中點，還擔負著直接為客人提供各類相關服務的職能，如電話服務、商務服務、行李服務、迎賓接站、郵件服務、票務代辦、鑰匙房卡收發、接受處理投訴、留言問詢服務等。作為直接對客服務部門，前廳部要透過日常完善的機制和管理將各種服務工作做好。高品質的前廳服務能使客人對飯店的總體管理水準留下深刻的印象。

（四）客帳管理

前廳部負責飯店賓客一切消費的收款業務。客人經過必要的信用證明後，可在飯店內的營業點簽單。要做好這項工作，必須建立客人帳單，與各消費點保持密切聯繫。及時核實催收帳單和欠款，保持最準確的客帳帳目，，以保證飯店應有的經濟效益。

（五）建立客史檔案

多數飯店為住店一次以上的零星散客建立客史檔案，記錄客人在店期間的主要情況及數據。這些資料是飯店給客人提供周到的個性化服務的依據，同時也是飯店尋找客源、演劇市場行銷的訊息來源。

二、前廳部組織機構設置和職能劃分

（一）前廳部組織機構設置

前廳部組織的大小，要根據飯店的種類和規模設立。前廳部按照直線制進行組織機構的設計。有效合理的前廳部組織機構應建立統一的指揮體系，規定訊息上傳下達的渠道，明確各職位人員的職位及管理範圍。

在多數大中型飯店中，前廳部單獨設置。小型飯店，可以只設置總服務臺，其業務歸屬客房部負責管理。以中型飯店的前廳部為例。

（二）前廳部的職責劃分

1. 預訂處

（1）受理賓客的預訂要求並妥善處理訂房；

（2）完成填寫預定表、確認預訂、保證預訂、訂房和對、訂房資料的傳遞及存檔；

（3）合理安排超額預訂；

（4）製作客史檔案。

2. 接待處

（1）按住客人完成入住登記手續；

（2）與賓客保持良好關係，適時瞭解賓客需求並及時、準確地反映到相關部門；

（3）及時、準確地核對房態，保證任何房態的準確性；

（4）推銷飯店客房及其他產品，以期獲得最好的經濟效益；

（5）準備重要客人及團隊的各種資料，並及時分發到相關部門；

（6）接受賓客的換房要求並及時通知相關部門及更改記錄；

（7）影印各種報表，分送各相關部門。

3. 禮賓部

（1）替賓客開關車門及店門，問候賓客並協助提拿行李；

（2）向賓客介紹飯店及客房內的設施；

（3）及時向飯店同胞貴賓到達的訊息；

（4）積極爭取未預訂客人入住，妥善回答賓客的問題並提供恰當的服務；

（5）為賓客提供行李寄存和提取服務；

（6）為賓客傳遞傳真、留言、信籤，為飯店傳遞表單、報紙等。

4. 電話總機房。負責內、外電話的接轉，為賓客提供叫醒服務、電話留言、電話諮詢服務；保證緊急情況下的電話通暢等。

5. 商務中心。主要負責為賓客提供複印服務、收發傳真服務、訂票服務、翻譯服務、手機周邊，電腦等辦公用品的出租服務等。

三、前廳部對客服務流程

明確→預訂客人

客源→未預訂、直接抵店的客人→辦理入住登記手續→排房、定房價→建立客帳→辦理離店手續→建立客史檔案

（一）明確客源

前廳部第一階段的工作是區分客源的種類。預訂客房的客人提前將住宿要求及付款方式通知飯店，飯店接受客人的預訂條件後向客人發出預訂確認書，飯店根據客人的預訂資料做出經營活動的預測。在客人抵達前事先按照客人的要求預留好房間，並做好各種抵店前的準備工作。

對於未經預訂直接抵店的客人，飯店要根據經營情況，留出部分客房來接待這部分客人。

（二）接受預訂

一份標準的預訂記錄應包括：客人個人的情況資料（姓名、地址、電話號碼等）；客人對住房的要求（房間的數量與類型）；預期的抵、離店日期與時間；客人所希望的付款方式；客人所希望的其它服務。獲取客人的個人資料和付款方式能使飯店最終回收資金。瞭解客人所希望的其它服務項目是為了向客人提供周到的、具有針對性的服務。

接受客人預訂後最好給客人發出預訂確認書。預訂確認書是飯店對客人預訂要求的正式答覆文件。確認書的內容包括複述客人的個人情況，住房要求，抵、離店日期，付款方式以及聲明取消預訂的具體規定等。

（三）辦理入住手續

完整的入住登記時接待員擁有完整登記資料的基礎。對於預訂客人，接待員也已經瞭解了他們對客房及房價的要求，並為他們預留好了所需要的房間，接待員只需確認客人的預訂內容有無變化。對於未經預訂、直接抵店的客人則要花較多的時間辦理入住登記手續。

（四）排房、定房價

完成了必要的入住登記後，接待員便可以在擁有完整的登記資料的基礎上，著手排房、定房價的要求。

對於預訂客人，接待員已經瞭解了他們對房間及房價的要求，並已為他們預留好了所需的房間，此時，接待員只需要確定一下客人的預訂內容有無變化。對於抵店後對客房的要求與原先的預訂內容又可變化的預訂客人，或未經預訂、直接抵店的客人，接待員在排房、定價時，應進一步瞭解客人對房間的類型、位置、價格、居住期的要求，然後才能根據飯店當時的實際情況進行排房、定價的工作。安排好了房間、確定了房價、發放了鑰匙房卡後，客人在店居住階段便正式開始了。與此同時，客人的帳戶也建立起來了。

（五）製作客人帳單

辦完入住手續後，接待員要根據登記表、預訂資料的內容製作客人的帳單。帳單製作完成，交前廳收款員。飯店各營業點會把客人的消費情況記載在收款憑證上。收款員把各營業點送來的經客人簽字確認的收款憑證的內容累計在客人的帳單上。住店客人的帳單及收款憑證放置在按房間號碼次序排列的帳單架上。在使用電腦的飯店中，所有客人的帳目都儲存在電腦中。也有些飯店在客人預訂客房時就建立起帳戶，這樣做是為了在客人抵店前便將訂金記入帳單。

（六）辦理離店手續

住店結束，客人需要辦理離店手續。這個階段的工作包括收款員核實帳單及結束客帳、客人交回客房鑰匙房卡或房卡、接待員改變客房狀況等。辦完離店手續後，收款員要借請客戶帳和客房部整理客房。

（七）建立客人檔案

賭客服務流程的最後一個階段的工作是建立客史檔案。沒有使用電腦的飯店一般都把登記卡的最後一聯作為客史檔案收集起來。使用電腦的飯店只要把所需的客人資料輸入電腦即可。

四、前廳部的其它服務

（一）迎送賓客服務

這項工作由迎賓員（門僮）負責，迎賓員代表飯店在大門口迎送客人。工作內容主要包括：

迎接客人到達和送別客人離去；做好貴賓和常客及其他住店客人相應的接待服務；為使飯店大門口的秩序，保證飯店大門前的交通暢通。

（二）行李服務

行李服務有行李處擔當。行李處除了為進店和離店客人提供相應的行李服務外，還有為客人擬提供迎送賓客、寄存行李、呼喚找人、遞送郵件及留言等物品，並為客人預訂計程車及其他委託代辦事項。

（三）問訊及郵件服務

前廳問訊處擔當此項工作，負責接受可能的問訊及查詢、處理賓客的郵件、收發住客的房間鑰匙房卡等。

（四）電話總機服務

電話總機接待員的工作主要是準碓地接轉電話，隨時回答客人有關本飯店及當地主要機構的電話號碼。為住店客人提供叫醒服務；做好與有關部門的聯絡，及時滿足客人的要求。

（五）客人投訴的處理

投訴是客人對飯店服務工作感到不滿時提出的意見。有大堂副理來接受和處理客人的投訴。接受投訴時應注意傾聽，保持平靜，不作辯解性的反映，不與客人爭執，同時注意與客人感情的交流。

另外，在處理投訴時，還要認真地記錄客人投訴的問題，並及時做出判斷，告訴客人可以採取的措施。儘量提供可選擇而且切實可行的方案，不作空洞保證。然後，及時將有關訊息通報或轉告有關部門、有關人員，讀錯及時採取有效行動，並掌權進展情況。處理後繼續與客人保持聯繫，瞭解客人對投訴處理結果的反映，最後，做好相應記錄工作。

第二節 飯店客房管理

一、客房部基本工作職能

（一）清潔衛生職能

客房部負責飯店所有客房及公共區域的清潔衛生工作。清潔衛生是保證客房服務品質和體現客房價值的重要組成部分。現代飯店對客房衛生的標準越來越高，因此，客房必須制定衛生操作的標準規程，落實檢查制度，指揮監督樓層班組的工作情況，切實保證客房的清潔衛生品質。

（二）賓客接待職能

客房部要做好賓客的接待服務工作，包括從迎接客人到送別客人這樣一個完整的服務過程。賓客在客房逗留的時間最長，除了休息以外，還需要飯店提供的其他各種服務，如洗衣服務、飲料服務、訪客接待、擦鞋服務等等。能否做好賓客接待工作，提供熱情、禮貌、周到的客房服務，使客人在住宿期間的各種需求得到滿足，既體現了客房產品的價值，又直接關係到飯店的聲譽。

（三）維護和保養客房及設備職能

客房部在日常清潔衛生和接待服務過程中，還擔負著維修和保養客房和公共區域的設施設備的任務，使之常用常新，保持良好的使用狀態，並與工程設備部門密切合作，保證設備設施的完好率，提高它們的使用效率，為客人構築一個舒適的住宿環境。

（四）控製成本職能

客人住店期間在客房逗留的時間最長，設施和物資消耗最大。客房部要根據預測的客房出租率，編制預算，並制定有關的管理制度，落實責任。在滿足客人使用、保證服務品質的前提下，控制物品消耗，減少浪費，努力降低成本，減少支出，使飯店的效益達到最大化。

（五）安全保衛職能

雖然從整個飯店講，飯店的安全保衛工作由保全部門負責，但客房工作比較複雜，容易出現各種安全問題，客房部的安全工作應由客房部和保全部門積極配合，共同負責。

二、客房部組織機構設置與職能劃分

（一）客房部組織機構設置

客房部的組織機構是否合理是客房部做好管理、組織接待業務的重要保證，客房部常見的組織結構。

（二）客房部分支機構的職能劃分

1. 客房服務中心

現在多數高檔的現代化飯店都採用這種服務模式。客房服務中心是客房部的訊息中心，其基本職能包括：

（1）收集和處理客情訊息；

（2）正確顯示客房狀況；

（3）保管和處理客人的遺留物品；

（4）領取和手法客房部的所需物資；

（5）協助有關管理人員進行人力和物資的調配；

（6）與相關部門進行聯絡和協調。

2. 客房樓層

（1）負責客房和客房樓層公共區域的清潔保養和對客服務工作；

（2）管理客房及客房樓層的設施、設備等。

3. 公共區域

（1）負責飯店公共區域的清潔和保養工作；

（2）負責飯店專業性、技術性較強的清潔保養工作；

（3）負責飯店的園林綠化工作。

4. 配件房。主要負責全店部件及員工制服的收發保管和修補工作。有條件的話，還可以加工製作部分部件。

5. 洗衣場。負責飯店部件和員工制服的洗燙，為住客提供洗衣服務等。

清潔衛生工作是房務部的主要工作項目，清潔的客房是客人入住飯店最關心的問題之一，同時也是客人選擇飯店的標準之一。客房清潔衛生可分為日常清潔和計劃衛生兩大類。

三、客房清潔衛生工作

（一）房形與房態

1. 客房的基本類型

（1）標準間（standard room）. 飯店中數量最多的房間類型，房內通常設兩張單人床，適合旅遊客人居住。

（2）豪華房（deluxe standard room）. 面積比標準間大，房內的設施設備以及客房用品也比標準間高檔。

（3）套房（suite）。由兩間或兩間以上的房間組成，通常設有客廳和臥室。

（4）豪華套房（deluxe suite）房內的設施設備豪華齊全，一般房間數均在兩間以上，除客廳、臥室外，還設有會議室和書房。

（5）總統套房（presidential suite）. 由多個具有獨立功能的房間組成，面積比豪華套房還大。通常設有兩間主人臥室及豪華浴室，還有客廳、餐廳、廚房、書房、隨從房間等。是飯店星級和檔次的象徵。

另外根據客房所處的位置不同，還分為內景房（窗戶朝向飯店內院）、外景房（窗戶朝向街道或風景地）、角房（位於走廊盡頭）和連通房（相鄰的兩間客房）。

2. 客房狀態

簡稱房態，是指客房在最近時期所處情況的一種標示。建立適當的房態顯示系統和保持正確的訪臺，是做好飯店客房銷售和提高前廳接待服務品質的關鍵。

（1）住客房（occupied room OCC）。住店客人正在使用的房間。

（2）退客房（check out room C/O）。客人已經退房，但服務員還未清掃的房間。

（3）空房（vacant room VAC）。指房間已經打掃乾淨，並透過檢查，隨時可以出租的房間。

（4）待修房（out of order OOO）亦稱壞房。至房間內的設備設施因發生故障或正在更新改造，隨時可以出租的客房。

（5）請勿打擾（Do not disturb DND）。住客為了不受干擾，在房門外的把手上懸掛「請勿打擾」牌，或者打開牆壁上的「請勿打擾」指示燈。

（二）客房日常清掃工作

程式標準和注意事項

一 . 清掃前的準備工作

1. 換上工作服：換工作服，帶識別證，檢查儀表儀容。

2. 接受領班的工作安排：領班向客房服務員安排工作，並發放「客房服務員工作日報表」，服務員根據此表瞭解房態。

3. 領取客房鑰匙房卡：鑰匙房卡領取時要做好交接紀錄。

4. 準備客房用品和清潔用具：服務員根據所要打掃的房間數量和房間狀況準備客房消耗品以及清潔劑、抹布等各種浴室清潔用具。

二 . 整理床鋪及客房用品

1. 做床：按照飯店規格和要求，整理客人使用過的床鋪。

2. 整理物品：整理客人使用過後的客房用品以及客人放亂的個人物品、衣物等。

3. 清潔洗手間整理洗手間的衛生用品、用具；倒掉垃圾汙物；清潔衛生潔具（洗手台、浴缸、坐廁）鏡面，水龍頭；擦洗牆面和地面。

4. 清掃灰塵用乾濕抹布及吸塵器等清潔用具擦拭門框、窗臺、燈罩、家電和家具設備，清掃地毯地面的灰塵。

5. 補充房內用品補充客人所需的文具用品、衛生紙、肥皂、茶葉等供應品。

6. 檢查設備在客房和洗手間的整理過程中，檢查各種設備是否處於正常工作狀態下，同時檢查家具設備是否被客人損壞等。

（三）計劃衛生工作

客房的計劃衛生是指在日常客房清潔的基礎上，擬定一個週期性情節計劃，針對客房中平時不易或不必進行清潔的項目，採取定期循環的方式作徹底的清潔保養工作的客房衛生管理制度。

計劃衛生的項目應按不同的時間週期進行，下面是樓層計劃衛生及清潔週期安排。

每天 3 天 5 天

1. 清潔地毯、壁紙汙跡

2. 清潔冰箱，掃燈罩灰塵

3.（空房）放水

1. 地漏噴藥

2. 用玻璃清潔劑清掃陽臺，房間和洗手間鏡子

3. 用雞毛撣清潔壁畫

1. 清潔洗手間抽風機機罩

2. 清潔吸塵機真空器保護罩

3. 員工洗手間虹吸水箱、磨洗地面

10 天 15 天 20 天

1. 空房馬桶水箱虹吸

2. 清潔走廊出風口

3. 清潔洗手間抽風主機濾網

1. 清潔熱水器、洗杯子

2. 冰箱除霜

3. 酒精棉球清潔電話

4. 清潔空調出風口、百葉窗

1. 清潔房間迴風過濾網

2. 用 BRASSC 擦銅油擦銅家具、煙灰筒、房間指示牌

25 天 30 天 一季度

1. 清潔製冰機

2. 清潔陽臺地板和陽臺內側噴塑面

3. 牆紙吸塵、遮光簾洗塵

1. 翻床墊

2. 抹拭消防水龍帶和噴水槍及膠管

3. 清潔被罩

（十二月至次年三月，每十五天洗一次，四月至十一月一季度洗一次）

1. 乾洗地毯、沙發、床頭板

2. 乾（濕）洗毛毯

3. 吸塵器保養

半年 一年

清潔紗窗、床罩、燈罩、保護墊

1. 清潔窗簾

2. 紅木家具打蠟

3. 濕洗地毯；有項目有財產主管具體計劃，通風管清潔

四、客房對客服務項目與流程

1. 會客服務流程

會客服務主要是為客人做好會客前的準備工作，當客人有來訪者時，客房服務員按照賓客的要求提供相應的服務。其服務要點包括：

（1）在來訪前半小時做好所有服務準備，問清客人來訪人數、時間，是否準備飲料，要不要鮮花有沒有其他服務要求等。

（2）在徵得住店客人同意後，協助住客將來訪者引到客人房間。

（3）將茶水、飲料、水果、煙缸等物品送到客人房間。

（4）做好訪客期間的服務工作，及時進房倒水及添加飲料。

（5）來訪結束後，客房服務員協助賓客送客，並做好訪客進出時間的紀錄，來訪時間以儘量不超過晚上 11：30 為原則。

（6）客房服務員對房間進行整理，撤出添加的家具和其它物品。

2. 洗衣服務流程

洗衣服務是飯店向賓客提供的一項客房附加服務，同時也是一項容易引起賓客投訴的服務項目。客房部要加強對洗衣服務的管理和控制是減少投訴和提高賓客滿意度的重要措施。

（1）接到賓客洗衣要求後服務員前往客房收取客衣。

（2）清點衣物數量，檢查衣物有無破損及汙漬，仔細核對客人填寫的洗衣單，並告知客人送衣時間。

（3）通知洗衣房服務員到樓層收取客衣。

（4）洗衣服務員在下午 15：00 後將洗好的衣服送到樓層，樓層服務員按房號將衣服送到客人房間，並請客人做好查驗和簽收工作。如果客人不在房間將可以擺放在床位，只留表單請客人簽字。

3. 客房小酒吧服務流程

（1）客人住店期間服務員每天上午和晚間做夜床時檢查房內小酒吧，如有飲用應及時補充。並將飲料的品種和數量記錄在工作單上，開好帳單。

（2）零星客人結帳時有客房服務中心聯絡員，樓層服務員進房核查小酒吧，然後將該房客人飲用的飲品數量通知櫃檯收銀處。

（3）團對客人離店前半小時服務員根據「客人進店裡店通知單」，對所有客房的小酒吧進行核查，開好飲料帳單，由領班送至櫃檯收銀處。

（4）每月底由領班對樓層飲料櫃內的飲料進行檢查，如有接近保存期限的立即與倉庫進行調換。

有些高級酒店對房內的小酒吧進行電腦管理，當客人從冰箱中取出飲料後，冰箱內的開關信號將指示機器驅動，客人在總台的帳目會立即自動增加。

4. 托嬰服務流程

（1）請客人填寫「嬰兒看護申請表」，瞭解客人的要求及嬰幼兒的特點。

（2）向客人說明有關注意事項。

（3）在規定區域內照看嬰幼兒，嚴格遵照家長和飯店的要求看護，不隨便給嬰幼兒食物吃。

（4）如在照看期間嬰幼兒突發急病，應立即報告直接上級，以便及時妥善處理。

托嬰服務是高星級飯店向客人提供的一種服務項目，因此負責該項服務的服務員必須經過專業培訓，懂得照看孩子的專業知識和技能，有照看嬰幼兒的經驗。

五、客房部日常清潔控制

建立完善的檢查制度和科學的情節標準是保持穩定的客房衛生品質的保證，因此必須在實際工作中嚴格執行客房檢查制度和標準。

客房檢查制度是客房部日常管理的重要規範和內容之一，是飯店客房部控制日常衛生品質的一項重要措施。根據查房人員不同的級別，查房制度包括四項內容。

1. 服務員自查

自查時間在整理客房完畢並交上級檢查之前。自查內容包括設備性能完好、客房環境整潔和物品佈置等。自查的目的在於培養服務員檢查房間的習慣，增強他們的責任心，提高客房的合格率，減輕領班查房的工作量和融洽領班和服務員之間的關係，建立和諧的工作環境等。

2. 領班檢查

領班檢查是服務員自查之後的第一關，往往也是最後一道關，因為一般領班認為合格的客房就可以報送櫃檯出租給客人，所以這道關責任重大。因此客房部必須加強領班的監督職能，讓其從事專職的客房某樓面的檢查和協調。在客房部，通常一個早班領班要帶 6 ～ 10 名服務員，對 60 ～ 80 間客房都進行檢查以確保其符合規定的品質標準。而夜班領班的查房數量一般為早班領班數量的兩倍，要負責約 160 間客房的檢查。早班領班原則上應對其所負責的全部房間進行普查，但對優秀員工所負責清掃的房間可以只進行抽查，甚至「免檢」。

3. 主管抽查

主管對客房進行抽查，有助於加強領班的責任感，激勵其更好開展工作。主管抽查房間數要求在領班查房數地 10%以上。

4. 經理抽查

經理查房一般定期進行。因為經理人員查房的要求比較高，所以被象徵性地稱為「白手套」檢查。主要檢查內容：家具設備狀況、清潔保養狀況等。經理抽查對於掌握員工的工作狀況，改進管理方法，修訂操作標準，更多地瞭解客人意見，具有十分重要地意義。

第三節 飯店餐飲管理

　　餐飲部是現代旅遊飯店必不可少的主要對客服務部門和創收部門。在旅遊飯店的眾多部門之中，餐飲部一般是最大的部門之一，餐飲品質是衡量一家飯店整體素質的主要指標，它的菜餚及飲料實物產品應當滿足甚至超出顧客的期望，菜單及宣傳品上的說明介紹應當真實。凡是經營管理成功的飯店，無不以精湛的餐飲服務、獨特的風格、精美的菜餚食品而著稱於世的。

一、餐飲部基本工作職能

　　餐飲部人員肩負著餐飲服務和銷售兩方面的職能，全部工作和活動大致可以分為四大部分：

（一）提供賞心悅目、清潔衛生的就餐環境

　　餐廳裝潢要精緻、舒適、典雅、富有特色；燈光柔和協調；餐廳陳設佈置要整齊美觀；餐廳環境及各種用具要絕對的清潔衛生；服務人員站立位置得當，儀態端莊、表情自然。令人放心的清潔衛生有兩條標準：

　　一是外表上的無汙漬、無異味、無塵、無水跡，在視覺和嗅覺上能直接檢測。

　　二是內在清潔衛生上的無菌無毒，要達到衛生檢疫標準。

（二）接待服務

　　接受顧客預訂，迎賓，衣帽服務，領座，遞送菜單等。其中最核心的還是提供精緻可口的菜餚，所謂「精緻可口」，至少應具備五種特性和七個要素。五種特性為：特色性，時間（令）性，針對性，營養性，藝術性。菜餚食品的七個要素是：色、香、味、型、質、器、名。

（三）銷售菜餚

　　接受顧客點菜或飲料，指導和推薦顧客選菜或飲料，回答顧客對菜餚的詢問，顧客的就餐服務等。顧客在點菜或飲料的同時，更期望得到方便、舒適、周到、友好、愉快的精神享受。

（四）銷售控制

餐飲部門要制定一定的銷售計劃，大到完成總經理室下達的各項經濟指標，小則要檢查餐飲菜餚的品質和數量，填寫帳單，收款等。為此就要求餐飲部要根據市場需求不斷擴大經營範圍和服務項目以及產品品種，同時還要加強餐飲成本控制，減少利潤流失。

二、餐飲部組織機構設置和職能劃分

（一）餐飲部組織結構

餐飲部的組織機構和人員配備一樣，取決於飯店的星級、規模，餐廳、酒吧的種類、特色和經營方針以及服務方式等。

小型飯店的餐飲部機構比較簡單，一般包括廚房、餐廳兩部分，分工也比較粗略。如餐廳主管實際上還要負責宴會、酒吧、總務部等項工作等。主廚實際上還要負責西餐製作、活鮮採購驗收工作。廚房內部也常常是一人身兼數職。

大中型飯店的結構相對比較複雜，分工明確細緻，內部形成四星級管理體制。

（二）餐飲部職能劃分

1. 餐廳部

（1）用熟練的餐飲服務技能，按照操作標準及程式，為賓客提供各項餐飲服務；

（2）推銷餐飲產品，擴大餐飲部銷售；

（3）加強對餐廳財產和物品的管理，控制開支，降低成本；

（4）及時檢查餐廳設施設備的使用情況，做好維修保養工作；

（5）做好餐廳的安全保衛工作。

2. 宴會部

（1）宣傳並銷售飯店不同種類的宴會產品，提高宴會廳的利用率；

（2）負責中西餐宴會、冷餐酒會、雞尾酒會等各種活動的預訂、準備和服務工作；

（3）與餐飲部其他機構配合協作，控製成本，增加效益。

3. 酒水部

保證整個飯店的酒水供應，併負責控制酒水成本，做好酒水的銷售，擴大收入。

4. 總務部

（1）根據預先確定的庫存量，負責為制定餐廳的廚房供給、儲存、洗滌和補充各種餐具；

（2）負責洗滌設備的正常適用於清潔維護保養；

（3）負責收集垃圾和各種飲料瓶的收集和處理。

5. 廚房部

（1）根據就餐賓客的需求，向客人提供安全、衛生、可口的菜餚；

（2）加強對食品生產流程的管理，控制原料成本，減少費用開支；

（3）負責廚房的清潔衛生以及廚房設備的安全使用與維護保養；

（4）不斷開拓創新新的菜餚品種，擴大銷售。

三、餐飲部對客服務流程

餐飲部作為接待客人用餐的部門，有著一套相對完整的服務流程。

（一）中餐服務程式

1. 迎接顧客。詢問顧客是否預訂；顧客人數；若客滿，幫顧客介紹其他餐廳；引領顧客入座。

2. 顧客點菜。詢問顧客是否點用酒水；倒茶水；遞送菜單；接受顧客點菜，推銷菜餚或精選；重複顧客點菜內容。

3. 餐前服務。遞送熱毛巾、餐巾紙；添加茶水或飲料。

4. 就餐服務。儘快將顧客所點菜餚端上餐桌；上菜後觀察顧客的反映；更換餐碟；添加茶水或飲料；為顧客盛湯。

5. 撤臺。清理桌面。

6. 餐後服務。如需要為顧客添加茶水，點用甜點；遞送熱毛巾。

7. 顧客結帳。呈上帳單，檢查帳單是否正確；接受顧客付款。

8. 送別顧客。拉椅起身，檢查顧客是否有遺忘物品；表示謝意，歡迎再來。

9. 整理與鋪臺。整理好桌面，為下一桌顧客的到來做好準備。

此流程為一般服務流程，在對客服務中，可以根據餐飲部的實際情況進行增加或減少服務內容。

（二）西餐服務流程

西餐的服務流程是完全按照西餐的就餐順序進行的，大致可以分為以下幾個流程：

1. 迎接顧客。問候顧客；詢問顧客是否預訂；顧客人數；若客滿，幫顧客介紹其他餐廳；引領顧客拉椅讓座。

2. 餐前服務。打開口布；斟倒冰水；上麵包和奶油；為顧客點雞尾酒。

3. 點菜服務。遞上菜單；推銷菜餚；接受點菜，記下座位號碼；菜餚的特別要求；遞上酒單，為顧客點佐餐酒；重複顧客的點菜內容。

4. 就餐服務。上開胃菜；上湯；沙拉；主菜；水果，奶酪，甜品；隨時補充麵包，奶油，冰水。

5. 餐後服務。撤臺清理臺面；上餐後飲料，雪茄等。

6. 結帳。呈遞帳單；接受顧客付款。

7. 送別顧客。表示感謝，歡迎再來。

（三）宴會服務

酒店宴會業務的對象往往不是侷限於住店客，而以社區外來客人為主體。公司、企業、機關、個人婚禮宴會、各種慶典，豐富多彩。

宴會業務由預訂開始。少至十餘人，多達千人的宴會，常常在一個月、幾個月甚至半年前就有預訂。

1. 宴會預訂。包括：宴會的正式名稱、目的；舉辦宴會的具體時間。年、月、日等；人數、人均預算；宴會廳名稱；餐食內容、飲料內容；準備餐車；準備；菜單、坐位順序、休息室；廳內、外裝飾、音響、照明、紀念品、印刷品等。

2. 宴會形式

（1）正餐會

按坐席順序入座，既可以以中餐形式，也可以以西餐形式。開餐時間的確定往往要等待一些參加者而改變，並且溝通僅限於左右近鄰，無法廣泛進行。

（2）雞尾酒宴會

以雞尾酒等飲品為中心的宴飲集會形式。菜單較自助餐更簡單。人們之間可以自由交流，輕鬆愉快，時間長短也不限於就餐本身。

（3）自助餐會

就自助餐會本身要求而言，較之雞尾酒宴會更自由。現在人們往往將二者融合而一，稱為雞尾自助酒會或餐會。由於自助餐能滿足顧客自己動手、各取所需的要求，加之較為隨意、自在，因此越來越受消費者的歡迎。會後會後還可以參加展覽會、展銷會、會議等。

▍第四節 飯店康樂管理

一、康樂部基本工作職能

設置康樂設施和設立康樂部是高星級飯店的代表之一。

由於現代旅遊意識日益被人們所接受廣大旅遊者和非住店賓客對康樂的意義都有了進一步的認識，康樂活動成了賓客必不可少的活動之一，而且是現代旅遊飯店中必不可少的部門之一。

康樂部的各種設施設備可以滿足客人的享樂、健身、健美和心理的需求，他的主要職能是：適應賓客體育鍛鍊的基本需求；適應賓客的健美需求；適應賓客的娛樂需求；為賓客提供運動技能技巧的指導性服務；為賓客提供娛樂趣味性的優質服務。

二、康樂部組織機構設置

康樂部作為飯店的一個業務部門，實行直線制管理機構。康樂部門的類型、規模和組成不盡相同，因此組織形式要為康樂部的經營服務，其結構要適應經營業務，出於需要而設置機構。如果有的飯店的康樂部規模較小，就可以將它隸屬於餐飲部。大型飯店一般都設有屬於中層結構的康樂部。

三、康樂部對客服務流程

（一）游泳池的服務流程

1. 服務人員每天提前 5 分鐘到位，換好工作服，到服務臺前到並查看交接班記錄落實上班次交辦的工作。

2. 檢查水質水溫，打掃水中雜物，整理池邊座椅和躺椅。

3. 主動迎接客人請顧客填寫登記表請顧客換取更衣櫃鑰匙，主動為顧客提供浴巾和拖鞋。

4. 根據顧客需要適時提供飲料和小食品，開好飲料單，用托盤送到顧客面前。

5. 顧客離開時，注意及時檢查更衣櫃，用客房鑰匙房卡換回更衣櫃鑰匙，在登記表上註明顧客離開時間。

6. 營業結束時，收齊更衣櫃物品，檢查游泳池，做好交接班記錄。

（二）健身房的服務流程

1. 主管領班提前 20 分鐘到安保部領取鑰匙房卡開門。

2. 召開班前會，分發當天工作，安排員工職位，傳達上級指示，檢查儀容儀表。

3. 做好營業前的清潔工作，準備好營業用品。

4. 當顧客到櫃臺辦理消費手續時櫃臺服務員應熱情待客詢問具體要求辦理簡單手續後請顧客到收款處交款。

5. 顧客交款後服務員指引顧客到他們所要的消費的項目，提供必要的服務。

6. 檢查顧客歸還的物品是否完好。

7. 客人離開時，提醒顧客交換本部物品，待顧客離開後作簡單的清潔工作。

（三）保齡球館的服務流程

1. 服務員簽到，檢查儀容儀表，領班分配工作提出具體要求。

2. 服務員站立在職位迎接顧客，指引顧客到收銀臺買單開道。

3. 服務員主動幫助顧客選擇合適的公用鞋和一次性球襪，然後引領客人到相應的球道換鞋。

4. 服務員主動協助顧客選擇合適的保齡球，並詢問顧客是否需要提供飲料服務。

5. 在打球過程中注意顧客的情況，對初學者可進行適當講解.同時提醒顧客看好隨身攜帶的物品。

6. 注意設備運行情況，對違規打球的顧客要注意勸阻。

7. 顧客打完球後服務員提醒顧客換下球鞋還回服務臺。

8. 顧客離開球道服務員清理休息區和發球區。

（四）撞球廳的服務流程

1. 服務員簽到，檢查儀容儀表，領班分配工作提出具體要求。

2. 打掃衛生做好開業準備。

3. 服務臺服務員為顧客登記，開記錄單，收押金。

4. 大廳服務員將顧客引領到自己負責的區域內的球臺旁，負責將球擺好，並詢問顧客是否還有其他服務。

5. 顧客結束服務後，責任區的服務員應檢查客人所用的撞球設備是否完好。

6. 顧客結帳表示感謝，顧客離開表示歡迎再來。

7. 對於投訴的顧客，如不能解決的應及時向領班主管經理匯報請示處理。

（五）卡拉 OK 歌廳的服務流程

1. 服務員簽到，檢查儀容儀表，領班分配工作提出具體要求。

2. 打掃衛生檢查設備做好開業準備。

3. 顧客到來時，主動迎接問好引領顧客入座，及時按顧客要求提供飲料，並詢問顧客是否還有其他服務。

4. 大廳顧客點歌時，歌單要及時送到音控室，由音控室按先後順序播放。

5. 包廂顧客入座時，主動調好音量，並按顧客要求講解設備使用方法。

6. 顧客結帳表示感謝，顧客離開表示歡迎再來，然後將房間整理好。

（六）夜總會的服務流程

1. 服務員簽到，檢查儀容儀表，領班分配工作提出具體要求。

2. 打掃衛生做好開業準備。

3. 顧客到來時，主動迎接問好引領顧客入座，按顧客要求提供飲料和食品，並詢問顧客是否還有其他服務。

4. 當顧客示意要求買單時，服務員應先回應一聲，然後向收銀員索要帳單並取出清潔毛巾，送到顧客手中。

5. 服務員接過顧客付的錢後，應唱收錢數，然後送給收銀員；若要找錢，應送回顧客，並道一聲「多謝」。

6. 顧客離座後，立即清理臺面，並留意是否有顧客遺落的隨身物品；如有，應及時送還顧客或上交領班。

▌第五節 飯店商場管理

一、商場部基本工作職能

商場部設在飯店的公共區域，以便住店客人和入店客人購物。由於處於飯店第一線，在人員素質、儀容儀表、服務品質要求等方面，都應達到較高的水準。商場部的基本職能是商品經營組織商品從生產領域到消費領域的流通，實現商品價值。滿足賓客的購物需求，增加飯店的營業收入，為賓客提供良好的優質服務，促進旅遊商品的生產和發展。商場部要把商品經營作為經濟活動的中心。

二、商場部組織機構設置

商場部的組織機構受商場規模大小、商品銷售點的集散程度、經營方式等因素的制約。在組織設計上，應本著精簡、統一、高效的原則。一般小型商場部採用直線制結構，大中型商場採用直線職能制結構。

三、商場部對客服務流程

商場部的所有工作，都是圍繞著商品銷售展開的。商品銷售是決定能否滿足消費、提高商場經濟效益的關鍵。商場的對客服務主要是銷售服務，一般包括售前準備、售中服務、結帳和售貨服務四個環節。

1. 售前準備工作

（1）打掃衛生。做到地面乾淨、櫃臺清潔。

（2）商品上櫃。驗收從倉庫送來的商品，放入貨櫃。要求商品布局合理，陳設悅目。

（3）覆核隔夜帳目。

（4）整理儀容儀表，佩戴識別證，進入工作職位，迎接賓客的到來。

2. 售中服務工作

（1）招呼客人

當賓客走進商場時，要微笑致意，迎客招呼要主動熱情，恰當的使用尊稱和敬語，講究語言藝術。

（2）瞭解需要

接待中，要細心瞭解顧客購物目的，是為自己還是代為他人購；是傾向於高檔商品還是一般商品。

（3）幫助挑選，展示商品

營業員一般比顧客更瞭解商品的性能和特色，應該根據顧客消費特點，幫助挑選有關商品並加以展示。展示商品時應亮出商品的主要部位或全貌，充分體現商品的性能和特點，使客人對該商品有充分的瞭解，以便於其他商品進行比較、挑選。

（4）主動介紹

客人選中商品後，營業員應根據消費規律，連帶介紹推銷有關商品以擴大銷售。

（5）開票結算

開票找零應唱收唱付，並向顧客交待清楚。

（6）包裝付貨

客人選定商品後，應根據客人的需求對商品進行包裝。包裝好的商品要美觀、平整、牢固、便於客人攜帶。遞交商品要講究禮貌，並向客人道別。

3. 結帳工作

營業結束，營業員應仔細清點貨款，及時解交至核算員。營業員或收銀員交款時，應填寫交款單，並填制進銷存日報表。

4. 售後服務工作

為使客人享受到完整的服務，商品出售後，還要提供相關的售後服務。售後服務包括送貨服務、安裝服務、維修服務、再加工服務、包裝服務、退換服務、報關託運服務等。商場部應根據自身的條件為顧客提供儘量完善的售後服務。

本章小結

飯店接待部門是飯店從事賓客接待、服務等業務活動的部門，包括有前廳部、客房部、餐飲部、康樂部、商場部等。這些部門均位於第一線，是飯店經營活動的主體。本章主要介紹這些部門的主要職能、組織結構和業務運轉等內容。

思考與練習

1. 簡述飯店各部門的主要職能？

2. 前廳部的接待程式有幾個步驟？

3. 客房服務有幾項內容？

4. 簡述餐飲中西餐的服務流程。

5. 簡述康樂部游泳池和保齡球館的對客服務流程。

6. 簡述商場部的對客服務流程。

第九章 飯店財務管理

本章重點

實現企業價值最大化，走可持續發展的道路是現代飯店不懈追求的目標。而飯店財務管理，正是幫助企業實現這一目標的重要手段。在飯店價值創造過程中，財務管理之所以發揮十分重要的作用，是因為它是有關飯店資金的籌集、投放和分配的管理工作，它關係到飯店的生長與發展。飯店要取得經濟效益，就有必要研究飯店資金的具體形態和運動規律，依據規律對資金運動進行管理，不斷使資金增值。

教學目標

1. 熟悉飯店財務成本控制的原則。

2. 掌握飯店成本控制的概念和構成。

3. 瞭解財務管理的概念、任務和內容。

4. 重點掌握飯店的營業收入與利潤的管理。

▋第一節 飯店財務管理概述

一、飯店財務管理的概念

與其他企業一樣，飯店活動也是為了將其掌握的資源轉化為有利可圖的商品，從而為其他經營活動或最終客戶創造價值。所以說，飯店也需要利用價值形式，對飯店的經營活動進行綜合性管理，即進行財務管理。財務管理是有關資金的籌集、投放和分配的管理工作。財務管理的對象是現金的循環和周轉，主要內容是籌資、投資和股利分配。而飯店財務管理是指飯店利用貨幣形式，根據客觀經濟規律和國家政策，透過對飯店資金形成、分配、使用、回收過程的管理，利用貨幣價值形式對飯店經營業務活動進行綜合性的管理。

飯店財務從本質上來說體現了飯店在經營過程中由資金運動所形成的經濟關係。這些關係主要有：飯店與國家稅務部分之間的財務關係，飯店與投資者之間的財務關係，飯店與債權人之間的財務關係，飯店與其他企業之間的財務關係，飯店內部的財務關係，飯店與客人之間的財務關係。在處理所有的經濟關係中，飯店財務都實行計價、記帳、付款、結算，目的是為了飯店的經濟活動能按規律正常進行。同時，飯店透過記帳、核算、分析、決策來控制飯店的成本、價格、利潤、分配，目的是為了飯店的經濟效益。可見，飯店只要存在著經濟活動和經濟關係，飯店財務就有其特殊的作用。

二、飯店財務管理的內容

飯店的目標是企業價值最大化。企業價值最大化的途徑是提高資本報酬率和減少風險。而飯店資本的報酬率高低和風險大小又取決於投資項目、資本結構和股利分配政策。因此，飯店財務管理主要是資金管理，飯店財務管理的主要內容是投資決策、融資決策和股利分配三項。

（一）投資決策

投資是以收回現金並取得收益為目的而發生的現金流出。投資決策應側重以下幾個方面：

1. 考慮在何種投資規模下，飯店的經濟效益最佳。

2. 選擇合理的投資方向、方式和投資工具。

3. 確定合理的投資結構，提高投資效益，降低投資成本和風險。

按不同的投資標準又可將飯店投資決策分為以下幾類：

1. 直接投資與間接投資。直接投資也稱為生產性投資，是將資金直接投放於飯店的經營性資產，以便獲取利潤的投資，如興建飯店，購置設備、存貨等。間接投資又稱金融性資產投資、證券投資，包括政府債券、企業債券、股票等的投資。

2. 長期投資和短期投資。長期投資是指在一年或一個營業週期以上才能收回的投資，主要是對固定資產及無形資產的投資。有時長期投資也稱為固

定資產投資。短期投資是指可以在一年或者一個營業週期以內收回的投資，主要包括應收帳款、存貨、短期有價證券的投資。短期投資亦稱為流動資產投資。

(二) 融資決策

融資是指融通資金，如發行股票、企業債券、取得借款、賒購、租賃等。融資決策，應側重以下幾個方面：

1. 據投資需要，確定融資總規模。

2. 選擇運用合理的融資渠道、融資方式、融資工具。

3. 在保證數量和時間的前提下，合理確定融資結構，以降低融資成本和風險。

可供飯店選擇的資金來源的渠道，按不同的標準分為：

1. 權益資金和借入資金。權益資金是指飯店股東提供的資金。它不需要歸還，籌資的風險小，但其期望的報酬率較高。借入資金是指債權人提供的資金。它要定期歸還，有一定的風險，但其要求的報酬率比權益資金低。

2. 長期資金和短期資金。長期資金是指飯店長期可使用的資金，包括權益資金和長期負債。習慣上把一年以上、五年以內的借款稱為中期資金，而把五年以上的資金稱為長期資金。短期資金是指一年內要歸還的資金。由於長短期資金的融資速度、成本、風險等影響，因此飯店融資決策中要解決的一個重要問題就是如何安排長期和短期融資的相對比重。

3. 內部籌資和外部籌資。飯店應在充分利用內部資金來源後，再考慮外部籌資問題。內部籌資是指在飯店內部透過計提折舊而形成以及透過留用利潤等而增加的現金來源。其中計提折舊並不增加飯店的資金規模，只是資金的形態轉化，為飯店增加現金來源；其數量的多寡由飯店的折舊資產規模和折舊政策決定。留用利潤則增加飯店的資產總量，其數量由飯店可分配利潤和利潤分配政策（或股利政策）決定。內部籌資是在飯店內部「自然地」形成的，它一般不需要花費籌資費用。外部籌資是指在飯店內部籌資不能滿足

需要時，向飯店外部籌集形成的資金來源。剛剛開業的飯店，內部籌資的能力很有限；即使成長階段的飯店，內部籌資也往往難以滿足需要。因此飯店就要廣泛開展外部籌資。外部籌資通常需要花費籌資費用，如發行股票、債券需支付發行成本，取得借款需支付一定的手續費等。

（三）股利分配

對於股份制飯店企業來說，財務管理還涉及到一個重要的問題，──股利分配。股利分配是指在公司賺得的利潤中，有多少作為股利發放給股東，有多少留在公司作為再投資使用。過高的股利支付率，影響飯店再投資的能力，會使未來收益減少，造成股價下跌；過低的股利支付率，可能引起股東不滿，股價也會下跌。股利決策的制定受多種因素的影響，包括稅務、未來投資機會、資金來源成本及股東對未來收益的偏好等。因此飯店應根據自己的具體情況確定最佳的股利政策。

三、飯店財務管理的任務

飯店財務管理的基本任務是做好各項財務收支計劃、控制、核算、分析和考核工作，依法合理籌集資金，有效利用企業各項資產，努力提高經濟效益。飯店財務應當履行財務管理的職責，參與經營預測和決策，做好財務管理工作。飯店財務管理的具體任務主要包括以下幾個方面：

制定財務決策、搞好財務控制、實施財務監督。

（一）制定財務決策，保證財務成果，分配企業收入。

飯店財務管理應在保證飯店收入及利潤的情況下，按時計算和繳納稅金。這就要求我們要制定良好的財務決策，加強對結算資金的管理，及時結算並收回各項收入，縮短應收款的回收期，維護財務成果的完整性，同時應按集合支出費用或節約耗費。在取得財務成果的基礎上，財務管理要遵照政府政策進行飯店收入的分配。在分配中要嚴格按政府規定辦事，遵守政策和財經紀律。

（二）搞好財務控制，保證飯店經營所需的資金的籌措和合理使用，提高飯店的經濟效益。

財務管理首先要組織和籌措資金，透過內部籌措和外部引進解決資金來源，滿足飯店經營的資金需求。飯店有了資金也不能無節制地使用。為了合理使用資金，財務要核定各部門資金的需用量，根據需要分配資金。各部門所需的資金，財務必須千方百計保證供給。但對計劃外的資金需要應嚴格審核，透過批准方能給予。對非必需的資金要求，則應嚴格控制不予分配。財務在理財過程中要把好第一關和最後一關。對分配給部門的資金要加以監督，並對使用效果進行考核，指導部門合理使用資金，節約資金，節約費用支出。財務在對資金使用的分析考核中，應揭露經營中存在的問題，提示經營中應予以重視的問題，從而降低成本費用，引導飯店正常經營，以取得良好的經濟效益。

（三）實施財務監督，發揮財務綜合管理的作用。

財務管理能利用價值形式對飯店實行綜合性管理，能較實際、全面、及時地反映飯店的經營情況。正確執行財務監督職能，能保證資金的完整性，保證飯店財產不受損失，並能準確掌握各部門的經營情況。

財務監督要保證飯店財產的完整性。在日常工作中，財務管理要嚴格並健全財務制度，認真遵守財經紀律，對現金的進出、耗費，物資的採購、收發、使用、報廢等都應有一套健全的制度和嚴格的手續。財務部門不但要從帳務上去發現問題，更要與接待、後勤、採購、勞動人事部門密切合作，減少並杜絕工作中的漏洞。對違反財經紀律、損公肥私、貪汙浪費、挪用公款、營私舞弊者要堅決抵制並予以揭露，同時利用財務權利採取措施。

第二節 飯店的成本控制

簡單而言，飯店的利潤可以視為收入減去成本後的剩餘，因此加強成本控制是利潤管理不可缺少的條件，成本控制被視為企業管理的重要組成部分。顯然，我們應該先瞭解成本控制的一些基本概念。

一、飯店成本控制的概念與構成

在飯店管理活動中常會遇見這樣的現象：經濟形勢不好、資金緊張時，人們就開始強調「開源節流」，但是在經濟形勢比較好的時候，就不大講「節約成本」了。這就給人一種印象，似乎成本控制就是節約，就是「少花錢多辦事」。如果管理者以為成本控制就是節約開支，那麼就會進入管理上的誤區，給飯店的經營帶來損失。例如：市場的銷售形勢不好，收入減少，於是設法節約開支，減少工序，降低服務標準，期望透過這樣的「成本控制」來抑制利潤下降。事實上這並不是成本控制管理，而屬於產品降等、偷工減料，有害於飯店的持續發展。

（一）成本控制中的成本概念

若想避開誤區，更具體地瞭解成本控制，首先要瞭解會計中的「成本」，必須瞭解三種成本概念：

1. 產品成本概念

它是確定產品價格或計算產品利潤所需的數據，一般只考慮記入那些在產品生產過程中比較直接的消耗，而人事部、財務部等職能部門的消耗是不能計算到產品成本的數據中去的。

2. 部門成本概念

它是對直接產生營業利潤的部門考核經濟指標時，為了計算部門的收益所需要的數據，一般包括部門的可控成本和企業對該部門的一些費用上的分配。如果不能計算出某個部門（如人事部、財務部等職能部門）的直接收入，並不單獨考核它的效益，也就不必使用部門成本的概念。在飯店中有可能單獨計算客務、餐飲、商場、娛樂部門的利潤指標，此時就需由會計來計算部門的成本數據。

3. 期間成本概念

無論計算產品成本還是部門成本,進行成本核算時必須按照相關原則(如連續經營原則、配比原則、應計原則、謹慎原則)來進行期間確認,即任何一筆涉及成本的數據必定是有時間性的。

(二)飯店的成本控制的構成

廣義的成本控制其實就是成本管理工作,它是一個完整的體系,包括:成本核算、成本控制、成本壓縮、成本預測。

1. 成本核算

在成本標準化管理中需要核算標準成本,還需要核算實際發生的成本和標準成本的差異,飯店經營管理中的成本核算工作由專職會計完成,許多飯店的財務部都安排有專職的成本控制主任。

2. 成本控制

確定的產品價格、品質、功能、工藝對應確定的成本水準(標準成本),成本控制就是對照已確定的標準成本來分析實際的成本差異,調整經營管理,追求成本水準的穩定。成本控制的目標並非是成本越少越好(否則將引起產品品質下降等),而是越穩定(趨近標準成本)越好,「控制」就是要減小實際水準與標準水準間的差異。

在建築工程中涉及到一門學科:價值工程學,它研究少花錢多建築。因為工程資金總是不夠用,人們總是希望減少開支,這往往有三個途徑:一是減少材料費用,「這看起來是最有可能省錢的地方」;二是減少設計費和工程承包費;三是縮小建築規模。國外的經驗是:減少材料費、設計費、工程承包費,但這並不能節省成本,只能推遲成本發生。例如買便宜地毯,一年就要換掉;放冰箱的空間設計狹窄,使用小冰箱,結果不得不頻繁購買小包裝食品,日復一日使得商品費用上升5%~6%。所以人們宣傳說,「優質設計並不比劣質設計貴」,「使用好的設計商、承包商更省錢,特別是在早期就能使用他們。」

類似的情況也發生在飯店的開業培訓中，開業培訓品質常會受費用（成本）的制約，開業前培訓非常重要，但是開業時資金緊張，可用於培訓的資金反而少，在飯店經營中期可能更捨得花錢搞培訓以求得新發展。

價值工程學是在兼顧工程費用、工程品質、工程規模、工程進度的同時實現預期目標。這種兼顧（一體）的概念和成本控制的科學概念是一致的，即：不可單獨談「錢」和「事」，不可單獨談「費用」和「目標」。如果以為價值工程學就是提倡節省投資，這是不對的，所謂「少花錢多辦事」，首先是確保「辦事」，然後才是「少花錢」，這裡的「少花錢」實際上是科學地確定標準成本。

1. 成本壓縮

調整標準成本是必要的。費用會進入成本，而費用具有自然膨脹的慣性，人們說，「總經理的辦公桌總是越來越大，職能部門辦公室的裝修總是越來越豪華」，這就是費用自然膨脹的一種表現。針對這種情況，必須壓縮成本。企業中還常常會聽到「減員增效」，對此需要具體問題具體把握。減員增效有其原因，作為成本自然膨脹的表現，人員的效率勢必會自然下降，但是減員有時會造成產品品質下降等，這時就不能將其作為克服成本慣性的增效措施了。儘管不減員而增效是好辦法，企業在經濟危機中也往往首選減員，但是應該明確的是，這種危機應對措施本質上屬於壓縮經濟規模，並不是壓縮經營成本。如果不減規模卻要簡單地減少投入，「偷工減料」恐怕就在所難免了。

2. 成本預測

在飯店新產品定價、經營計劃和投資預測中都可能涉及成本預測，所以也要做好飯店成本的預測，才能有效地進行成本控制。

二、飯店成本控制的重要性

飯店經營成本和費用，從理論上講，是在經營過程中消耗的物化勞動和活勞動的表現，它是飯店財務管理的重要組成部分。對飯店的成本進行控制可以保證飯店經營服務活動的不斷進行。在完成銷售預算和品質計劃的前提

下，經營成本與費用越低，則表明飯店經營管理水準越高，經濟效益越好。飯店產品與服務的價格，雖然與國際、國內旅遊市場的供求關係緊密相關，但起決定作用的還是經營成本和費用的大小。飯店價格的最低限度是經營成本與費用，低於經營成本和費用就會發生虧損。在市場競爭中，誰的成本低，誰就能以較低的價格水準招徠客人，獲得較多的利潤，而這些都需要我們在保證品質的情況下有效地進行成本控制。.

三、飯店成本控制的原則

飯店成本費用開支的大小，直接關係到飯店能否盈利及盈利的大小。飯店應加強對成本費用的管理，對成本費用的預算，對各種消耗物品的採購進貨、驗收、儲存、盤點、耗用等各個環節實施全面控制，做到成本費用形成之前有預算，預算執行過程之中有控制，成本費用形成之後有分析。

飯店各部門應根據自身的經營特點，制定成本費用預算目標，測算出各項成本費用開支的消耗額或消耗率指標，並將指標相應地分解到各個時間段（如月份），以作為成本費用控制的標準和依據。同時，飯店也應將成本費用管理職責加以分解落實，激發各方面的積極性和主動性，實行成本費用的全員控制。在預算執行過程中，飯店應根據預算計劃，嚴格控制各項成本費用的支出，減少和杜絕不合理開支。最終根據實際成本費用與預算目標的對比，找出兩者差異的原因，以分清責任，加以改進。

▊第三節 飯店的營業收入與利潤管理

營業收入和利潤是考核和分析飯店經營管理工作好壞的兩項綜合性效益指標，是飯店財務管理的一個重要方面。

一、飯店營業收人

收人是指企業在銷售商品、提供勞務及讓渡資產使用權等日常活動中形成的經濟利益的總流入。飯店營業收入主要來自飯店各營業部門在經營中提供勞務所獲取的收人。

（一）業收入的類別

根據規定，按企業經營業務的主次分類，企業營業收入可以分為主營業務收入和其他業務收人。企業經常性、主要業務所產生的收入為主營業務收入，非經常性、兼營業務交易所產生的收入為其他業務收入。通常，主營業務收入占企業收入的比重較大，對企業的經濟效益產生較大的影響。其他業務收入則占企業收入的比重較小。

現代飯店是經營提供食宿為主兼有其他多種綜合服務的旅遊接待設施，收入來源眾多，但主要以提供服務為主，非經常性業務較少。因此，飯店客房收入、餐飲收入、康樂收入、商品收入等項均為飯店主營業務收入。同時，在上述各項之下，飯店又可按需要劃分為若干個項目，例如：客房收入可分為房費租金收入、房內食品飲料收入、洗衣收入等；餐飲收入可按各餐飲銷售點（如中餐廳、西餐廳、酒吧、咖啡廳等）劃分；康樂收入可按康樂項目劃分；商品收入可按所銷商品種類劃分；等等。

（二）飯店營業收入的回收方式

飯店營業收入的回收，不外是預收、現收和事後結算三種方式。

1. 預收

預收是指在向客人提供服務之前，預先收取全部或部分房餐等費用，亦稱押金。例如，一般飯店在客房預訂確認以後，會向客戶收取一部分的預訂金。對某些客人（如隨身只帶小件行李者），飯店也會在他們登記入住時，要求預收以後住店期間的全部房費。

2. 現收

現收是指飯店在向客人提供服務的同時收取費用。例如飯店商場在向客人銷售商品的同時，當場就要收取商品銷售收入款項。對非住店的散客，飯店在其各個服務點向客人提供服務時，也需向客人當場收取該項服務的費用。

3. 事後結算

事後結算是指飯店在向客人提供服務以後，定期地或最後一次性向客人收取費用。比如飯店和信譽良好的旅行社之間，大多採用這種事後結算的方式。一般飯店對住店賓客也會採取這種事後結算的方式，在客人離店時收取全部費用，或定期收取已消費的一部分費用。

（三）營業收入控制

1. 一次性結帳的收費辦法

飯店一般採用一次性結帳的收費辦法，即客人一旦入住飯店，就可在飯店內部（除商場等個別消費點外）簽字賒帳消費。飯店應建立起與之相配套的管理辦法和控制制度。如客人總帳單上的每一筆帳目都應附有客人簽字的原始附件，同時應規定欠款的最高限額，一旦超過限額，就應及時催促客人付款，以免因欠款累計太多、太久而使飯店陷入被動。

2. 營業收入稽核

為防止經營過程中作弊、貪汙等不正常行為發生，飯店應建立營業收入稽核制度，確保營業收入的回收，維護飯店的利益。為此，飯店應設立收入稽核職位，以便從收款員到夜審員、日審員層層審核，層層把關，以保證營業收入不受損失。

3. 收款的控制

飯店應加強對各收款點的控制，如對帳單的管理，飯店應建立起專人負責帳單發放的管理制度，對發出的帳單進行編號登記，對帳單存根逐筆逐號進行審核。各營業點收款員值班結束後，都需填報「收入日報表」和「交款單」，飯店據此檢查收回的帳單與交來的表單是否相符等。

（四）收帳款控制

應收帳款是指飯店已經銷售但款項尚未收回的賒銷營業收入。它是一種以商業信用提供商品（或勞務）而被買方占用的一項資金。飯店提供商業信用，一方面有利於增加銷售，擴大市場佔有率，另一方面又可減少存貨，降

低存貨管理成本，減少存貨過期貶值的可能性。但對因提供商業信用而產生的應收帳款，飯店應加強控制，以確保營業收入款項的回收，防止壞帳損失的產生。

飯店應收帳款的大小，通常取決於企業外部的大環境和企業內部自身的行銷方針，就飯店的外部環境而言，宏觀經濟情況會影響企業應收帳款數額的大小，如在經濟不景氣時，就往往會有較多的客戶拖欠付款。當然，飯店可以透過內部的管理，透過自身信用政策的變化，來改變或調節應收帳款的數額，對應收帳款加以控制。但是，這種控制往往會影響到飯店銷售收入的減少。

飯店的信用政策包含了信用期限、現金折扣、信用標準和收款方針等內容。信用政策的鬆緊直接決定了企業賒銷數額的大小，決定了應收帳款數額的大小。鬆弛的信用政策雖然能夠刺激銷售，增加收入，但同時也增加了應收帳款的數額和一些信用管理上的費用；而緊縮的信用政策，雖然能減少應收帳款，減少信用管理費用，但也相應地減少了收入。飯店應透過對採取信用政策後收入和成本費用變化的分析，確定採取合理的信用政策。

飯店透過信用政策對應收帳款實施控制，同時應對應收帳款的回收工作進行分析檢查，將本飯店的應收帳款及回收情況同本地區同行的情況進行對比，以考察本飯店信用政策的鬆緊程度，檢查應收帳款的回收、管理情況，飯店也可據此考核有關部門的工作實績。

二、飯店利潤

飯店利潤是指飯店在一定會計期間的經營成果，包括飯店的營業利潤、利潤總額和淨利潤。

（一）營業利潤

營業利潤是指飯店主營業務收入減去主營業務成本和主營業務稅金及附加，加上其他業務利潤，減去營業費用、管理費用和財務費用後的金額。即：

營業利潤＝主營業務收入－主營業務成本－主營業務稅金及附加＋其他業務利潤－營業費用－管理費用－財務費用

其他業務利潤是指其他業務收入減去其他業務支出後的淨額。

（二）利潤總額

利潤總額是指飯店營業利潤加上投資收益、補貼收入、營業外收入，減去營業外支出後的金額。即：

利潤總額＝營業利潤＋投資收益＋補貼收入＋營業外收人－營業外支出

投資收益是指飯店對外投資所取得的收益，減去發生的投資損失和計提的投資減值準備後的淨額。

補貼收人是指飯店按規定實際收到退還的增值稅，或按銷量或工作量等依據國家規定的補助定額計算並按期給予的定額補貼，以及屬於國家財政扶持的領域而給予的其他形式的補貼。

營業外收入和營業外支出是指飯店發生的與其生產經營活動無直接關係的各項收入和各項支出。營業外收入包括固定資產盤盈、處置固定資產淨收益、處置無形資產淨收益、罰款淨收入等。營業外支出則包括固定資產盤虧、處置固定資產淨損失、處置無形資產淨損失、債務重組損失、計提的無形資產減值準備、計提的固定資產減值準備、計提的在建工程減值準備、罰款支出、捐贈支出、非常損失等。

（三）淨利潤

淨利潤是指飯店利潤總額減去所得稅後的金額。即：

淨利潤＝利潤總額－所得稅

三、飯店收益管理

（一）收益管理要點

1. 飯店經營管理必須以貫徹飯店經營宗旨為前提，在研究賓客消費心理的基礎上，開拓服務項目，提高服務品質，改善經營管理，降低成本費用消耗，透過合理的途徑增加利潤。

2. 飯店應遵守財經制度的有關規定，正確計算企業的經營收支、投資盈虧和營業外收支，如實反映企業財務成果，並準確及時地核算企業利潤。

3. 飯店應按規定正確計算、按時繳納所應繳納的稅金，並及時做好財務上的處理。

4. 飯店應保持利潤的相對均衡性，即以豐補欠，以盈補虧。

（二）收益的分配

飯店當期實現的淨利潤，加上年初未分配利潤（或減去年初未彌補虧損）和其他轉入後的餘額，為可供分配的利潤。飯店可供分配的利潤按以下順序進行分配：

1. 取法定盈餘公積。飯店應按當年稅後利潤（減彌補虧損）的 10% 提取法定盈餘公積，當法定盈餘公積達到註冊資金的 50% 時則可不再提取。

2. 提取法定公益金。公益金按照稅後利潤 5%～10% 的比例提取，主要用於飯店員工集體福利支出。飯店可供分配的利潤減去提取的法定盈餘公積、法定公益金等後，為可供投資者分配的利潤。

需要說明的是，外商投資企業實現的淨利潤在首先彌補以前年度尚未彌補的虧損之後，應當按照法律、行政法規的規定按淨利潤提取儲備基金、企業發展基金、員工獎勵及福利基金等。中外合作經營企業按規定在合作期內以利潤歸還投資者的投資，也應從中扣除，隨後的淨額才為可供投資者分配的利潤。

飯店可供投資者分配的利潤，應按下列順序分配：

1. 應付優先股股利，即飯店按照利潤分配方案分配給優先股股東的現金股利。

2. 提取任意盈餘公積，即飯店按規定提取的任意盈餘公積，通常按公司章程或股東會議決議提取。

3. 應付普通股股利，即飯店按照利潤分配方案分配給普通股股東的現金股利，包括飯店分配給投資者的利潤。

4. 轉作資本（或股本）的普通股股利，即飯店按照利潤分配方案以分派股票股利的形式轉作的資本（或股本），包括飯店以利潤轉增的資本。

飯店可供投資者分配的利潤，經過上述分配後，剩餘的為未分配利潤，不足的為未彌補虧損。未分配利潤可留待以後年度進行分配。飯店如發生虧損，可以按規定由以後年度利潤進行彌補。

第四節 飯店的財務分析

財務分析是指對飯店財務情況進行的分析，它的主要職能是為飯店找到最合理的生財、聚財、理財之路。財務分析是財務管理工作的重要手段，透過財務分析，可以促使飯店正確執行符合規定的方針、政策、制度、法令；正確處理企業與各方面的財務問題，加強計劃管理，加強經濟核算，提高經濟效益；總結經驗，找出管理工作中的薄弱環節，逐步掌握飯店財務活動的規律性，採取必要的措施，不斷改進財務管理工作。飯店主管部門以及財政、銀行部門，透過財務分析便於掌握、指導和監督企業的經濟活動。

一、財務分析工作的組織和程式

（一）財務分析工作的組織

在飯店的財務分析中，有著各種不同的分析形式。為了正確組織分析工作，充分發揮財務分析應有的作用，就必須瞭解每種分析形式的特點並能夠正確地加以運用。從進行財務分析的時期來看，可以分為定期分析和不定期

分析；從分析的具體內容和目的來看，可以分為全面分析、簡要分析和專題分析。

1. 全面分析

是指對飯店財務情況進行比較全面的系統的分析，以便考核飯店在執行政策法令、完成預算的全過程中取得的成績和存在的問題。全面分析也必須有重點，不同企業、不同時期，可以有不同的重點，這要根據飯店的具體情況決定。全面分析一般是定期（季度、半年或年度）進行。

2. 簡要分析

是指對財務情況的幾個主要問題或財務指標進行扼要的分析，揭示經營管理上的基本情況和存在的主要問題。簡要分析一般在月份分析時採用。

專題或典型分析是指對飯店經營管理中存在的問題，或對某項經濟政策的執行，或對某項經濟措施的採用，或對某些典型事例進行專項的深入分析，以便能及時總結經驗，解決存在的問題。專題分析一般是不定期進行的，應根據實際需要而定。

飯店財務分析是企業管理的一項綜合性工作，貫穿於整個經營過程，涉及到管理的各個方面，因此要在總經理、總會計師的領導下，根據經營管理的需要，確定分析的對象、內容、目的、要求、形式與時間，科學地加以組織。飯店財會部門是總經理領導下的一個職能部門，是總經理進行管理和制定決策方案的「參謀部」。因而，飯店財務分析應由財會部門在群眾分析的基礎上，對飯店各個部門的財務活動進行全面綜合分析，透過系統總結飯店各方面的經驗，揭露存在的問題，特別要從企業這個全局出發，在對各部門工作以及它們之間的相互聯繫和相互對比中發現問題，指揮全局。所以，飯店財會部門應該透過分析，更好地發揮「參謀」和助手作用。飯店內部各部門應根據企業財務分析的要求，組織群眾分析。群眾分析最主要的特點是「幹什麼分析什麼，有什麼問題分析什麼問題」。由於基層的員工群眾是各項業務活動的直接參加者，他們最瞭解實際情況，最能夠發現問題和提出解決問

題的辦法。同時，這樣也更有利於激發員工參加企業民主管理、當家理財的積極性，發揮監督的作用。

（二）財務分析工作的程式

財務分析除了需要採用各種不同的分析形式外，還需要按照一定的工作程式來進行。分析形式多種多樣，分析工作的程式也就有所不同。一般說來，分析工作包括以下步驟：

1. 明確目的，制定計劃

在進行財務分析前，要針對飯店在經營管理中存在的問題和出現的情況，明確分析的目的。根據不同的分析形式，編制財務分析工作計劃，確定分析的範圍，、目的、要求；分析工作的組織與分工、日程安排等，以便有目的、有步驟地開展分析工作。

2. 掌握情況，佔有資料

財務分析的廣度、深度和品質的高低，在很大程度上取決於是否全面掌握情況，佔有充分的資料。財務分析的主要依據，是財務預算和反映實際財務狀況的會計報表及其日常核算資料。每個獨立核算的飯店，都應完整具備這些資料。

由於財務分析是綜合分析，要綜合研究飯店管理中的問題，還需要掌握各項經營預算的執行情況、旅遊業發展和市場變化情況、國家經濟政策的變化及推行重大經濟措施等等。

3. 整理數據，比較差異

在掌握情況、佔有資料的基礎上，按照分析的目的和要求，整理數據，比較差異，用數字說明分析對象的現狀和存在的問題。

（1）按照預算指標體系歸類、整理反映實際情況的數據，剔除不可比的因素；

（2）將需要分析的總括指標，利用分組法作必要的分組歸類，便於分析總體內部結構變動情況；

（3）以本期完成預算的實際為基礎，利用比較法與預算數相比或進行動態對比，或進行結構對比，確定各個指標的差異，然後編制各種分析表、圖等，作好準備工作。

4. 綜合評價，寫出報告

在對各種數據整理、歸類、比較之後，便要著手於每項指標的分析。在分析飯店的財務狀況時，先要考察飯店完成各項基本指標的總括情況，以便對飯店的各項工作有基本的瞭解，然後再分析各項預算的完成情況。在分析各項預算完成情況時，要先瞭解該項ｊ麗算總的完成情況，然後再研究該項預算的哪些部分（部門）完成或超額完成了，哪些部分（部門）沒有完成，進一步查明完成或未完成的原因，對飯店財務狀況做出中肯的綜合評價。依據分析的結果，寫出財務分析報告，財務分析報告應提交一定的會議討論：並應上報主管部門及分送有關的財政銀行部門，供領導和有關部門作為加強領導、改進工作的參考，作為改進財務管理工作、進行新的財務預測的依據。

二、飯店財務分析的方法

財務分析的方法主要有：會計報表分析法、比率分析法和趨勢分析法。還有比較分析法、動態分析法、因素分析法平衡分析法等。

（一）會計報表分析

在飯店中，會計人員在特定的會計期末編製出各類財務報表，提供各種經濟業務的數據。這些財務報表直接將經營數據按照一定的邏輯順序進行排列，形成有價值的財務訊息。在完成編制報表之後，會計循環中的最後一項工作是解釋財務訊息，在此基礎上進行更深入地分析，便是財務管理中的基礎工作。

財務會計編制報表提供訊息的目的在於幫助決策。在決策時，飯店管理者、飯店投資人、銀行及政府的稅收等管理機構，它們對會計數據各取所需。如果是面向飯店管理者的財務分析，屬於企業內部的財務分析，除了使用財務會計提供的報表外，還要利用管理會計的工作成果。如果是面向其他方面的財務分析，涉及企業外部，在使用財務會計的報表之外，還要使用飯店內

部和外部更多的數據。在管理決策時，具體使用哪些數據，採用哪些分析方法，人們將根據自己的決策任務有不同選擇。

1. 增減分析

對損益表數據進行增減分析。這種分析是對比兩個會計期間的報表數據以及它們之間的增減變動差額，編製出比較對照表，透過很直觀的差額分析，對企業的財務狀況和經營成果進行評價。

2. 構成比率分析

損益表數據是相同的，採用的方法是構成比率分析法，也稱作百分率分析法。它在進行對比分析時，只列出各數據占相應總額的百分比，對比找出各組比率的變化。這種分析是將分析對象（如銷售淨額）列為 100%，這樣比較的基礎已經和企業自身的規模大小無關。因此，它既可用於企業自身狀況的分析，也可用於同行業平均水準的對比分析。

成本雖然有所增加，但由於銷售收入增加，實際上的成本比率是下降了，到下降 0.7，最終導致利潤比率有所上升。由於管理費用和其他費用的比率上升，使利潤比率的上升大為減少。成本比率高於行業一般水準，尤其是管理費用比率高出較多，因此造成利潤比率低於行業一般水準。分析實例，可以瞭解到構成比率分析有其特殊的優越性，它不僅可用於同一企業不同時期的縱向對比分析，還可用於同一時期不同企業的橫向對比分析。

3. 橫向分析和縱向分析

無論是報表的增減分析還是構成比率分析，在列出兩組數據進行比較時，如果選擇企業外部的同期數據作對比，稱為橫向比較分析；如果選擇企業內部的不同期的數據作對比，稱為縱向比較分析。

兩種不同方向的分析，其意義顯然不同。一般地講，橫向分析便於發現企業與同行的差距，而縱向分析便於發現企業內部在不同時期的變化。兩種分析都是常用的方法，構成比率分析方法在橫向分析中更具有優勢。

（二）比率分析

前面我們討論的各種財務分析都是對基本財務報表數據的直接分析，而比率分析方法是將不同類的會計數據進行相關組合對比，計算比值，用它來衡量數值的大小是否處於合理的範圍，以及它們相互影響的結果，從而反映經營管理的狀況。

具體的比率分析方法可以有很多，根據需要，對各個企業進行財務分析時將使用各自不同的比率指標。這裡只討論部分常用比率分析方法，重點放在內部財務分析上。一些涉及股份制企業股東權益的財務比率分析，這裡就不再介紹了。一些涉及資產管理的比率分析，在這裡僅僅做個簡介，大家瞭解就行。

這裡我們大致將所介紹的比率分析方法分為四類：有關營運能力的分析、有關償債能力的分析、有關獲利能力的分析和有關飯店營業的其他分析。在討論中以 A 飯店為例，提供一些飯店經營中的實際數字供參考。

1. 比率分析的目的

飯店經營的管理者在使用比率分析時，希望能依靠這些分析幫助監督經營狀況，考察管理決策的結果，分析原因以便調整決策。飯店的債權人在使用比率分析時，最關心的是對飯店償付能力的估價，包括償還短期債務的能力和償還長期債務的能力，希望能依靠這些分析幫助判斷放貸的風險，以便確定或調整放貸決策，如放貸的額度、貸款的限制條件等。

飯店的投資人在使用比率分析時，最關心的是飯店經營的獲利情況。有的股東最感興趣的是分紅多少，即投資報酬率的大小；也有的股東對股本的增值更有興趣。無論怎樣，飯店的效益要讓股東滿意是非常重要的。至於潛在投資人在使用比率分析之後，將考慮是否對飯店投資以及投資的數量。

顯然，各類人的關注點不相同，債權人希望飯店保持較多的流動資產，以便保證飯店償付債務的能力；投資人希望流動資產少一些，讓更多的資金投入經營，以便得到更高的回報；飯店的管理者希望保持一個適當數量的流

動資產，讓債權人、投資人都滿意，而實際上管理者最關心的是保持一個穩定的科學管理體系。

2. 營運能力的比率指標

這裡所列的有關營運能力的比率，大多是與流動性相關的指標，它反映出飯店經營中應付各種風險、保持經營活力的能力，涉及資產變現能力，還涉及資產的周轉能力。

（1）流動比率

流動比率是流動資產與流動負債的比率。

流動比率表示用全部流動資產償還流動負債的能力。這一指標的意義在於幫助飯店管理者掌握飯店的短期債務情況，控制債務水準，使之保持在全部流動資產能清償的範圍之內，從而使飯店能夠承受得住債務負擔。企業的負債通常是用自己資產償還的，如果負債的規模不超過資產的規模，則企業的償債能力是較強的；相反，企業將面臨債務危機。

本公式中的流動資產包括現金、有價證券、應收帳款和存貨。流動負債包括應付帳款、應付票據、應付費用、短期內到期的長期債務、應付稅款等。

若比率小於 1，說明流動負債大於流動資產，債務過重，應想辦法擴大流動資產規模，降低負債水準。

如 A 飯店某季度的全部負債為 240.000 元，流動資產為 210.000 元。

該比率顯示每 1 元的負債只有 0.88 元的資產用於償債，顯然債務負擔較嚴重。

流動比率合理，飯店不但能償還債務，而且有能力去擴大經營。如果完全取消負債也不是明智之舉，因為負債實際上是利用企業以外的資金為自身發展服務，所以保持合理的債務水準是必要的。根據國內外的經驗，飯店的流動比率一般保持在 1.5 為較合理水準。

（2）速動比率

速動比率又稱酸性測試比率，指速動資產與流動負債的比率，表示飯店立即償還流動負債的能力。所謂速動資產是指流動資產中能很快轉化為貨幣以償還流動負債的那部分資產，如現金、有價證券、應收票據和應收帳款。能很快轉化為貨幣的資產中不包括存貨及其他一些變現能力差的資產。速動比率更能準確地反映飯店具備的短期債務償還能力。

速動比率保持合理的水準，可以為企業財產的保全提供安全的保證。在經濟不穩或債務緊張的情況下，保持足夠的具有變現能力的資產能充分保證企業甩掉債務危機，保存企業發展的基礎。今天的債權人往往更看重速動比率，而不是流動比率。

（3）應收帳款周轉率

在飯店裡保持一定比例的應收帳款可以造成擴大銷售、增加營業額的作用，但應收帳款控制不當，也會給飯店造成壞帳損失，導致收入流失和過多地占用飯店資金，更有可能導致經營能力下降。因此，利用應收帳款周轉率能夠幫助管理人員進行較好的應收帳款管理工作。應收帳款周轉率是指營業收入總額與應收帳款平均值之比。

應收帳款的平均值是指在特定的會計期間內，期初應收帳款餘額與期末應收帳款餘額的平均值。應收帳款平均餘額=1／2（應收帳款期初餘額＋應收帳款期末餘額）。飯店在進行應收帳款管理時，通常以1個月為一個賒帳期，最長的賒帳期超過3個月，因此應收帳款月周轉率和季度周轉率至關重要。應收帳款周轉率越高，說明應收帳款回收速度越快，變現能力越強。應收帳款周轉率高也說明營業收入中已收回現款所占的比重更大，產生壞帳的可能性也越小。

當然，飯店的應收帳款不是越少越好，而是應該穩定在一個水準上，作為管理者要特別注意的是應收帳款周轉率的變化及其原因。

例如A飯店某季度的全部營業收入為960萬元，而季度之初的應收帳款餘額為100萬元，季末為130萬元，則應收帳款周轉率為8.3次，即：

9.600.000÷0.5 ×（1.000.000+1.300.000）= 8.3 說明應收帳款周轉率比較高。

（4）平均收款期

與應收帳款周轉率連帶產生的指標是平均收款期，表示應收帳款回收時間的長短。由於應收帳款是對飯店流動資金的占用，因此占用時間越短，資金所能發揮的效用越高。在以擴大銷售為目的增加賒銷款數量時，考察平均收款期成為控制應收帳款的較好方法。如果應收帳款期限延長，會帶來壞帳增大的副效應。因此，在處理擴大銷售與壞帳增加這一對矛盾時，合理的平均收款期變得至關重要。

平均收款期是指賒銷款從產生到收回的平均時間。

其中，365 天是按會計年度的時間天數為計算依據，也可根據企業的需要設計為季度天數。

如上例中應收帳款周轉率為 8.3 次，用季度天數去除，則平均收款期為10.84 天（90 天 ÷8.3 次），即 1 個季度內平均 10 天就可收回欠款。

平均收款期直接影響飯店營業收入的實現。在權責發生制下，飯店的營業收入是在客人消費產生時計算的。飯店允許一部分客人賒欠帳款，以刺激和鼓勵客人消費。在這種情況下，營業收入從產生到全部實現成為飯店管理中的重大課題。不難看出，平均收款期越長，營業收入實現的速度越慢，產生壞帳的可能性就越大。因此，每一家飯店都應制定合理的平均收款期標準，飯店業一般都將平均收款期定為 1 個月左右，超過 3 個月未收回的就有可能成為壞帳。

（5）資產周轉率

資產周轉率反映資產的利用效率，通常用每一年度資產周轉次數或周轉天數來表示，反映每一年度銷售總收入與資產平均總額的比。

資產周轉率還可分解為流動資產周轉率、固定資產周轉率以及營運資產周轉率（流動資金周轉率）等多個指標。一般地講，這些周轉率越高，反映資產的利用效果越好。

3. 償債能力的比率指標

償債能力指標是債權人最關心的，飯店管理者只有控制住這些比率，才有利於進行新的舉債籌資，保證飯店的長期良好經營。

（1）流動比率和速動比率

流動比率表明飯店在流動負債到期之前，有多少流動資產可以變成現金用以抵債。速動比率表明飯店流動資產中可以立即用於償還流動負債的能力。總之，這兩個比率都是反映飯店短期償債的能力。

（2）資產負債率

資產負債率是負債總額（短期＋中長期）與資產總額的比值，反映負債在全部資產中的比重及資產對負債的保障程度，一般在資產總額中不考慮無形資產。

這個比率表明飯店有多少資產作為償債的準備。如果飯店的資產總額超過負債總額，企業不但沒有倒閉之憂，而且還有更多的資產做後盾擴大經營規模。在負債經營的企業，企業所有者往往透過對外來資金的借入，增加企業的資產規模，但這種規模應保持在合理的程度上，過重的負債會導致經營困難；但負債過小，則企業資金緊張，外來資金得不到充分利用，企業擴大資產規模的進程就會放慢。因此，合理的資產負債率對企業或投資人至關重要。

例如：1993 年 A 飯店流動資產與固定資產總額是 59.670.000 元，而全年的負債．（包括短期負債和中長期負債）為 48.630.000 元。

也有人認為，對於債權人和飯店所有者及經營者來說，這個比率越低越好。站在債權人角度看，這個比率低，說明企業還債能力強。站在飯店所有者角度看，這個比率低，說明飯店剩餘資產多，會增加所有者權益。站在經

營者角度看，則說明飯店經營有方，成績顯著，無須為償債而擔憂，更有擴大經營運轉之能力。

有較低的資產負債率，即使處於經濟不景氣時期，企業宣布破產，債權人仍然可以收回全部債款，還債之後，企業仍然有歸屬所有者權益的剩餘資產。而一旦這個比率高於 1.0，不但所有者一無所獲，債權人也將蒙受經濟損失。因此，從資產負債率看企業經營狀況和財務狀況是一個非常有效的指標。

另一方面，在估計財務風險的同時，飯店也可以利用這個比率分析確定一個滿意的比值，還要最大限度地從事舉債經營。一般地講，經營效果好、資金流動穩定的企業，其營運能力、獲利能力較強，其資產負債率也可以相對高一些。在財務分析時，特別是進行投資決策分析時，還要充分考慮其他指標，這個比率分析才有意義。有時人們又採用稱為償債能力比率的指標。

此比值大於 1 即相當於資產負債率小於 100%，表明飯店具有一定的償債能力。

（3）利息保障倍數比率

利息保障倍數比率是飯店某一時期實現的利潤與舉債的利息費用的比值，又稱已獲利息倍數比率，反映一定時期飯店用已獲利潤支付利息的能力。

例如，A 飯店本年度的稅前利潤與利息費用的總額為 304.500 元，其中利息費用是 60.000 元。

一般地講，這個指標數字大於 400%，表明飯店有足夠的獲利金額以負擔它現有債務的利息費用。

這一指標對飯店很重要，因為很多飯店都是在承擔一定債務負擔下經營的，只要能很好地付息，就可以得到貸款。對飯店來說，債務的還本是次要的，更要緊的是保證按期付息。利息保障倍數比率是一種債務保障比率，反映飯店的償債能力，但是它是從流量的觀點來分析，使用的是損益表上的數據，與前面的償債能力比率有所不同。

4. 獲利能力的比率指標

有關企業獲利能力的比率指標有很多，對於股份制企業，更有很多比率涉及股東權益，這些比率在本章不做討論，留待以後在有關籌資管理的章節中討論，現在只介紹資產報酬率、銷售收益率和成本率。

（1）資產報酬率

資產報酬率是衡量飯店獲利能力和效益的最有用的比率，也稱為資產總利潤率。

這裡的稅前利潤又稱稅前淨收益，資產平均總額是用（期初資產總額＋期末資產總額）÷2 求得的。

人們有時採用類似的一種資產利潤率作為飯店資產的獲利能力總指標。

每 1 元資產的毛利是 0.2717 元，每 1 元資產的淨利是 0.1309 元。這些比率如果比去年下降，則原因可能是本年度利潤下降，也可能是資產增長過多。資產報酬率不涉及對籌資成本的分析，而資產利潤率的大小要受到籌資成本的直接影響。

（2）銷售收益率

銷售收益率也稱銷售利潤率，是稅後淨利潤（淨收益）與銷售收入的比值，它反映每 1 元的銷售收入可以帶來多少利潤。

如果這個銷售利潤率低於預期目標，應當多方面審查，定價和銷售量低可能導致這個比率降低；如果經營部門的毛利潤並不低，則問題可能出在間接費用上，應分析管理部門的工作。

（3）成本率

成本率是飯店營業成本與營業收入總額的比率。

這個比率反映飯店各項直接成本消耗創造收入的結果，也表示在特定收入水準下營業成本的一般狀況。在合理的範圍內，成本率越低說明經營中的消耗越少，則飯店的經營效益越高。

例如 A 飯店在某一會計月份內產生成本為 150. 000 元，實現收入 500. 000 元；

說明飯店營業收入中的 30% 為補償成本的部分。經驗表明，飯店業營業成本率保持在 33%～ 38% 為較合理範圍。

5. 飯店常用的其他比率

在飯店的經營管理中，除了使用基本財務報表數據，還要使用其他營業統計數據和管理會計的報表數據進行更多的比率分析，現只做些簡單介紹。

（1）房率

住房率是反映飯店銷售業績的主要指標。它用售出的客房數與飯店可以用來出售的客房數相比較的百分數來表示，是反映設施利用程度的關鍵指標。

其中，可供出售的客房數 = 每天可供出售客房數 ×365 天

如 A 飯店每天有 80 間客房可供出售，可供出售客房數 = 80×365=29 200（間），本年度售出客房總數為 21. 000 間。

（2）平均房價

平均房價是客房部的關鍵比率。

在飯店中，無論是不同類型客房的基本房價，還是在不同時間對不同客人的優惠房價，相互之間的差別很大，但是大多數飯店仍然要計算平均房價。

（3）平均飲食供應帳單

平均飲食供應帳單是餐飲服務中的關鍵比。

這個比率反映了就餐客人的平均消費水準，也是服務部門對客人的平均銷售額。有時，飯店將餐飲收入細分為食品、飲料來分別計算平均消費額，甚至希望按不同就餐時間或不同就餐地點來分別計算平均帳單。當採用電腦管理餐飲銷售後，這些分析比率是不難得到的。

（4）食品成本率

食品成本率是餐飲服務中的又一個重要比率。

管理人員可依靠這個比率來評價和控制食品成本。和預算的標準相比，如果食品成本率較高，可能是售品的份量控制不好，或成本過高，或有失竊、浪費、食品腐壞等情況；如果食品成本率較低，可能售品的份量不足或品質標準不夠。總之，偏高或偏低的食品成本率都應受到重視，都需要對餐飲管理工作進行調整。

（5）飲料成本率

餐飲成本率是現代飯店管理中成本管理的重點。和食品成本率一樣，飲料成本率也應受到重視。

這種平均成本率有時也可以按不同種類飲料或不同銷貨地點來分別計算，以便加強考核。

（6）人工成本率

飯店是勞動力密集的企業，人工成本在費用成本中佔有重要份額。在先進國家，這種人工費用包括薪資、獎金及相關的稅金、福利等。

在飯店管理中，由於人工成本份額大、易上升，所以要小心地研究差異變化，嚴格控制其增長。

以上介紹了部分常用的比率計算方法，這些計算結果本身並不說明什麼，只有將它與相關數據進行對比才能有重要的意義。

在前面的比率介紹中我們也會發現，人們經常使用預算中的比率作為各種比率的對比標準，特別是對於飯店管理人員來說，把比率和計劃比率相比較尤為重要。飯店制定各種計劃時已充分地分析了歷史基礎、各方面的因素變化和經營目標需求，是慎重制定的。經營活動中的當期計算比率，無論它是否好於歷史指標，是否好於行業的同一平均指標，只要它和預算的比率相比有差異，就應該去分析和調整管理決策。

總之，選擇比率分析的不同標準和選擇不同的比率分析方法一樣，都要依據比率分析的目的來決定，飯店的投資人、債權人、管理人的目的不同，所重視的比率和分析標準也就各不相同。

（三）趨勢分析

在資產負債表和損益表中，金額欄內都有期初與期末的對比，這種對比反映了各個項目增減變化情況。將連續數年的財務報表有關項目進行順序排列，然後對各個數字的絕對值和變化值進行對比，形成經濟活動項目連續變化及發展趨勢的分析方法，稱為趨勢分析法。

很多企業在他們的年度報告中都要摘要提供過去 5 年或 10 年的數據，這些提供的訊息能使財務分析人員觀察比較一段較長時間內的數據變動，從而作出判斷。

B 飯店在第二年、第三年時，其淨收益的增長高於同期銷售收入的增長，業績突出，而第四年、第五年淨收益的增長低於銷售收入的增長，其中第五年已出現二者增長很不相稱的局面，情況不容樂觀，必須認真分析淨收益增長率下降的原因，及時採取對策。

這種採用基年百分比計算的趨勢分析方法更能科學地揭示出事物的變化，而且這種方法的對比數據是百分率，所以又可以用於進一步和行業內其他企業的對比分析，或是和行業平均水準、行業最佳水準進行比較分析。

A 飯店經營損益表與利潤構成表進行連續 4 年排列，將基年數字全部取標準值 100，透過在基年基礎上 4 年各項目的逐項變化，揭示各項目的變化趨勢，A 飯店除 2013 年因為向銀行借款而使利息比 2012 年驟然增加 214.60 以外，其他各項收入和費用在 2010 年的後 3 年間變動的趨勢較為平緩，只有 2013 年稅後利潤增長得較快。

先從資產人手。全部資產的總額在 2010 ～ 2013 年的 4 年中，2011 年比 2010 年增長了 33.60％，2013 年比 2011 年增長了 26.42％ .2013 年比 2012 年增長了 46.18％，這是一種穩步增長的趨勢。再分析流動資產，其中 2011 年比 2010 年增長了 65.30％，2012 年比 2011 年增長了 31.10％，2013

年比 2012 年增長了 44.20％。總的來說還算正常，但 2013 年比 2012 年的存貨增加了 1.44 倍，應值得研究，要注意分析原因。

流動負債的增勢比流動資產要猛，尤其是應付帳款和其他應付款的增加趨勢很不正常。資產的增加顯然與長期負債的增加有關。

再從業主權益來考察，從 2010 年到 2013 年，資本的增加和資產的增長趨勢比較協調。

在實際工作中，人們一般使用 5 年以上的數據進行趨勢分析，這樣做既是經驗所為，也有其科學道理。在進行趨勢分析時，必須注意剔除各種不可比因素，如偶然事件的影響、通貨膨脹的影響，特別是調整會計方法（如調整折舊計算方法）帶來的影響。

（四）其它常用財務分析方法

財務分析的常用方法主要還有：比較分析法、動態分析法、因素分析法和平衡分析法。

1. 比較分析法

比較分析法是將經濟指標進行對比的一種方法，通常以本期實際指標與下列各項指標相比較。

（1）與本期預算指標相比較，用以檢查預算完成程度，瞭解實際與預算的差異。

（2）與上期、上年同期或歷史最好水準的實際指標相比較，用以瞭解各項指標的升降情況和發展趨勢。

（3）與條件大致相同的先進飯店的實際指標相比較，找出本單位的薄弱環節，向先進企業看齊。

採用比較分析法，必須注意各指標之間的可比性，即在時間、範圍、項目、內容、計算方法等方面具有一致性，只有這樣才能得出正確的結論。

2. 動態分析法

動態分析法是將某項財務指標歷年的數據，按時間順序排列成動態數列，據以分析其發展趨勢、發展速度和發展規律的分析方法。此方法具體有兩種形式：

（1）定基對比。即均以一個固定的年份為基數進行對比；

（2）環基對比。即各年的同一指標都以上年為基數進行連續對比。

3. 因素分析法

因素分析法是對某項綜合性財務指標的變動原因，按其內在組合的原始因素進行數據分解，以測定每一因素對綜合指標影響程度的一種分析方法。運用因素分析法，需將各個原始因素順序地把其中一個因素當做可變因素，把其他因素當做不變因素，進行逐個替換，分別找出每一因素對綜合財務指標的影響程度。其計算程式如下：

（1）先計算預算數，以預算數為基礎。

（2）從各因素的實際數逐次替換預算數，每次替換後，實際數就保留下來，直到各因素都換成實際數為止。

（3）將每次替換的結果與前一個計算結果進行比較，兩數的差額即為某一因素對預算完成結果的影響程度。

（4）求出各因素影響數值的代數和，就等於實際完成數與預算數的總差額。

例如：飯店商品部某年毛利額完成情況以因素分析法分。

分解模式：商品銷售額 × 毛利率＝毛利額

計劃數：$10\,000 \times 10\% = 1000$

替代（1）：$11.500 \times 10\% = 1150$ 由於銷售增加 +150（千元）

替代（2）：$11.500 \times 9.8\% = 1127$ 由於毛利率降低 -23（千元）

驗證：1127-1000 ＝ 150-23 ＝ 127（千元）

上述計算說明，飯店商品部毛利額增加 127 千元，是商品銷售額增加和毛利率降低綜合影響的結果，其中，前者是主要因素。

4.平衡分析法

平衡分析法是利用指標間的平衡關係，分析指標間的差異，測定指標變動的影響因素的一種方法。

本章小結

企業管理作為獨立的科學理論是社會生產力發展的需要，也是社會生產力發展的結果。而飯店這種特殊的企業更是需要多角度全方位的管理。作為企業血液的財務工作，在飯店的管理中就不得不造成舉足輕重的作用了。但因為章節有限，本章在這裡就只對飯店的財務管理做一簡要的概述，希望大家透過對財務管理的概念、內容和任務的瞭解，熟悉飯店成本控制的內容和原則，掌握基本的飯店營業收入與利潤的管理，同時學會簡單的財務分析方法。要注意的是，在決策中，飯店管理人、飯店投資人、銀行及政府的稅收等管理機構，它們對會計數據的興奮點不同；在綜合分析會計數據時，可以抓住關鍵性的比率數據並結合使用適當的財務分析的方法。

思考與練習

1. 什麼是飯店的財務管理？飯店財務管理的任務是什麼？

2. 飯店財務管理的內容有哪些？

3. 飯店成本控制的構成是什麼？

4. 什麼是飯店營業收入？

5. 飯店營業收入的回收方式有哪些？

6. 如何進行飯店營業收入的控制？

7. 飯店利潤都包括什麼？

8. 如何對飯店收益進行分配？

9. 財務分析的工作步驟有哪些？

10. 常用的財務分析方法有哪些？

11. 比率分析和會計報表分析的主要不同是什麼？

12. 進行趨勢分析的意義在哪裡？進行趨勢分析的條件是什麼？

第十章 飯店安全管理

本章重點

　　作為酒店，為客人提供吃、住。前提和根本是保證客人生命和財產安全，這是酒店最大的社會效益。酒店經濟效益也是以安全為前提和保證。因此，安全雖然不直接創造經濟效益。但是，它都保障經濟效益的實現。一旦失去安全保障，那麼酒店的經濟效益、社會效益都會付之東流。因此說，安全是酒店實現效益的最根本的保障。酒店做好安全管理，保證客人的生命和財產安全，是向客人負責。同時，也是向經營管理者自身負責。

第一節 飯店安全管理概述

一、飯店安全的概念

　　飯店安全管理，是指為了保障客人、員工的人身和財產安全以及飯店的財產安全而進行的計劃、組織、協調、控制等系列活動。

二、飯店安全的概念，有三層含義：

　　（一）飯店客人、飯店員工的人身及財物以及飯店財產和財物、在飯店所控制的範圍內不受侵害；

　　（二）飯店內部的服務及經營活動秩序、工作及生產秩序、公共場所秩序保持良好的安全狀態；

　　（三）飯店內不存在導致對飯店客人及員工的人生和財物以及飯店財產造成侵害的各種潛在因素。

三、飯店安全管理的特點

（一）政策性

　　飯店安全管理的政策性，是由這項工作的性質和內容決定的。飯店安全工作，既要維護客人的合法權益，又要對一些觸犯法規的人員進行適當的處

理。安全部在處理這類事件中需要分清：是屬於刑事範疇，還是屬於治安範疇；是國內人，還是國外人。安全部在處理上，要根據不同的對象、不同性質的問題，採用不同的法規和政策。

（二）複雜性

飯店是一個公共場所，是提供各種服務的的企業。因此，每天有大量的人員進出，客流量大，人員複雜，往往是犯罪分子作案和隱藏的地方。於是，飯店安全管理工作比過去變得工人能夠為複雜，除防火、防食物中毒之外，還需防盜、防暴力、防黃、防賭、防毒、防突發事件等等。

（三）廣泛性

飯店的安全工作涉及飯店內的各部門，涉及每個工作職位於每個員工。

飯店安全管理工作雖由安全部主要負責，但由於飯店的特點，必須要有各部門的通力合作，還必須依靠全體員工的共同努力。安全部要將安全工作與各部門及職位的職責、任務結合起來，要在全飯店形成一個安全的網絡體系。只有飯店各級領導和全體員工都增強了安全管理意識，本著「內緊外鬆」的管理原則，高度重視，飯店安全才能有保障。

（四）長期性

社會環境改變帶來了重大的變化，同時也產生了一些負面影響，社會治安變得較為嚴峻。因此，侵害飯店的各種不安全因素將會長期存在，飯店安全工作具有長期性。

（五）突發性

發生在飯店內的各種事故，往往帶有突發性。飯店的各類安全問題往往是在很短時間內發生的，如火災、搶劫、兇殺、爆炸等。因此，飯店在平時要有處理各種突發事件的準備，只有這樣，在發生突發事件時才能臨危不亂。

四、飯店安全管理的內容

（一）客人安全

為保證客人人身及財產安全的有關程式及活動有：

1. 入口控制

飯店是為社會公眾提供各種服務的公共場所；既要歡迎每位到店的客人，又要控制不良分子進入飯店。在日常的進出飯店人流中，不良分子往往混在其中，如果再用過去的那種檢查、盤問的方式顯然是不行了。因此，飯店應當採取一些措施加以管理。飯店的禮賓員應當也是安全員，應對他們加以培訓，使他們能夠善於識別不良分子。安全部可在出口或大廳內設警衛，注意進出人員動態。

從安全的角度來看，飯店的出入口不宜太多。除員工通道外，最好只有一個主要的出入口，這樣可以進行重點控制。但是，如果將飯店的其他出入口封上，則於消防不利。特別是那些高層建築的飯店，按照消防建築規範，必須要有一定的疏散出口。如果將這些出口全部封上，非常危險。因此，飯店可以採取以下幾種方法：

（1）在一些消防疏散通道通向外部的門上，安裝緊急疏散推動裝置。平時此門處在關閉狀態，外部人員不能入內；一旦發生火災等緊急情況必須疏散人員時，只要推動此裝置，門即可打開，監控室即刻可接到警報。

（2）如有可能，在上述消防疏散通道門的緊急疏散推動裝置上方，在安裝一閉路監控電視攝影機，監控室一旦接到警報，監控器的畫面即刻切換到該出入口。這樣，在監控室就可以對該部位予以控制。

（3）消防疏散通道同向外部的門由消防中心控制：平時鎖上，一旦飯店發生火災，消防中心的控制電器啟動，該通道的門即刻打開，供人員疏散。

2. 電梯控制

在多層和高層飯店，電梯是到達客房的主要通道。從飯店性質來說，飯店是一公共場所。但是，飯店的客房區域不屬於公共場所。為保證住店客人

的人身和財產安全，防止閒雜人員進入客房區域，飯店可在電梯入口處設一服務職位，既為客人提供服務，或在電梯加裝樓層房卡管制，可防止可疑人員進入住客樓層。

3. 客房走道安全

客房部管理人員、服務人員以及安保部人員對客房走道的巡視是保證客房安全的一個有力措施。在巡視中，應注意在走道上徘徊的外來陌生人、可疑的人及不應該進入客房樓層或客房的酒店員工；注意客房的門是否關上及鎖好，如發現某客房的門虛掩，可敲門詢問；如客人在房內的話，提醒他注意關好房門；客人不在房內的話，就直接進入該客房檢查是否有不正常的現象。即使情況正常，純屬客人疏忽，事後也應由安保部發一道通知，提請客人注意離房時鎖門。

裝備有閉路電視監視系統的酒店，在每個樓層上都裝有攝像機，對客房走道上的人員進行監視，發現疑點，可請客房部人員或安保部人員進一步監視或採取行動制止不良或犯罪行為。

另外酒店還應注意客房走道的照明正常及地毯鋪設平坦，以保證客人及員工行走的安全。

4. 客房安全

客房是客人暫居的主要場所、客人財物的存放處。所以，客房內的安全是至關重要的。客房部應從客房設備的配備及工作程式的設計這兩個方面來保證客人在客房內的人身及財產安全。

客房設備的配備主要包括以下幾點：

（1）為防止外來的侵擾，客房門上的安全裝置是重要的，其中包括能雙鎖的鎖裝置，安全鏈及廣角的窺視貓眼（無遮擋視角不低於 160°）。除正門之外，其他能進入客房的入口處都應能上閂或上鎖。這些入口處有：陽臺門、與鄰房相通的門等。

（2）客房內的各種電氣設備都應保證安全。洗手間的地面及浴缸都應有防止客人滑倒的措施。客房內的茶具及洗手間內提供的漱口杯及水杯、冰桶等都應及時、切實消毒。如洗手間的自來水未達到直接飲用標準，應在水龍頭上標上「非飲用水」的標記。平時還應定期檢查家具，尤其是床與椅子的牢固程度，使客人免遭傷害。

（3）在客房桌上還應展示專門有關安全問題的告示或須知，告訴客人如何安全使用客房內的設備與裝置、專門用於安全的裝置的作用、出現緊急情況時所用的聯絡電話號碼及應採取的行動。告示或須知還應提醒客人注意不要無所顧忌地將房號告訴給其他客人和任何陌生人；注意有不良分子假冒酒店員工進入客房及識別的方法等事項。

（4）客房工作程式的設計。客房部的員工也應遵循有關的程式來協助保證客房的安全。客房清掃員在清掃客房時，房門必須是開著的，並注意不能將客房鑰匙房卡隨意丟在清潔車上。在清掃工作中，還應檢查客房裡的各種安全裝置，如門鎖、門鏈、警報器等。如有損壞，及時報告客房部。客房部員工不應將入住的客人情況向外人洩漏；如有不明身分的人來電話詢問某個客人的房號時，可請總機將電話接至該客人的房間，而絕不能將房號告訴對方。

5. 客房門鎖與鑰匙房卡控制

為保證客房安全，嚴格的鑰匙房卡控制措施是必不可少的。客房鑰匙房卡丟失、隨意發放、私自複製或被偷盜等都會帶來各種安全問題。

客房專用鑰匙房卡只能開啟某一個房間，不能互相通用。供客人使用的樓層或區域通用鑰匙房卡可以開啟某一樓層或某一樓層上的某個區域內的所有客房。供客房部主管、領班及服務員工作之用。供客房全通用鑰匙房卡可以開啟各樓層所有的客房，有的還包括客房部所負責的公共區域內的場所，此類型鑰匙房卡供客房部正、副經理使用。

在客房部辦公室內設置一鑰匙房卡箱，集中存放樓層或區域通用鑰匙房卡及樓層儲物室鑰匙房卡、公共區域的通用鑰匙房卡。該箱由客房部辦公室

人員負責保管。每次交接班都需盤點清楚，如發現有遺失，必須馬上向客房部經理報告。

鑰匙房卡領用應有嚴格的制度：每天上班時，根據工作需要，客房主管、領班及服務員來領用客房鑰匙房卡時，客房部辦公室人員都應記錄下鑰匙房卡發放及使用的情況，如領用人、發放人、發放及歸還時間等，並由領用人簽字。還應要求客房服務員在工作記錄表上，記錄下進入與退出每個房間的具體時間。

客房服務員掌握的客房鑰匙房卡不能隨意丟放在工作車上或插在正在打掃的客房門鎖上。應將客房鑰匙房卡隨身攜帶，因此，多數酒店將客房鑰匙房卡發給工作人員，要求他們佩戴。客房服務員在樓面工作時，如遇自稱忘記帶鑰匙房卡的客人要求代為打開房間，應請他們去服務臺領取鑰匙房卡，絕不能隨意為其打開房門。

適時更換客房門鎖的鎖頭是保證客房安全的進一步措施。尤其是在丟失鑰匙房卡、私自複製鑰匙房卡等事件發生的情況下，酒店應果斷地更換客房門鎖頭。在通常情況下，酒店也應定期變換整個酒店的鑰匙房卡系統，以保安全。

6. 旅客財物安全保管箱

旅客財務安全保管箱，應設置在使用方便、易於控制的場所。未經許可任何人不得進入該場所。旅客財務安全保管箱一般設在櫃檯收款旁邊、專門的小房間內。小房間內設置一安全閉路電視監控攝影機，有些飯店僅在櫃檯放置一般的保險箱，供所有需存放貴重物品的客人使用。在這樣的飯店，一旦與客人發生糾紛，容易留下把柄。飯店應當設置符合標準的保險箱。每位客人使用貴重物品保險箱時只使用保險箱其中的一個抽屜，每一抽屜有兩把鎖，每一把鎖只有一把鑰匙房卡，一把鑰匙房卡由客人保管，另一把由飯店保管，兩把鑰匙房卡同時啟用才能打開保險箱。

7. 客人失物處理

客人丟失了物品，應馬上瞭解事件經過及損失程度，並要取得相關材料。首先應徵得客人同意作一次客人所住房間的徹底檢查，檢查各人必須在場，檢查時要注意相關問題。其次要

對相關部員工進行調查：如是否在工作中見到過客人損失之物；除住客外，是否見到過其他人進出此地等。

8. 行李保管

行李員要瞭解每天的客情，做好行李的接送工作。行李到店時，弄清準確的件數，檢查有無遺漏和損壞，將團隊名稱、行李件數填入登記表，請有關人員簽名。

送到客人房間的行李需交到客人的手上，不要隨便放在房門口。進入客房的行李要妥善放置，專人看管。暫放在大廳的團隊行李應有網罩。行李離店時，需將行李按時送到指定的地點，點清數字，按要求掛好行李卡，與旅行社陪同人員聯繫、核對，辦好交接手續。

需要注意的是行李房內不得堆放員工的私人物品，對散客存放的行李應按規定程式辦理。行李房內禁止閒人進入。

（二）特殊緊急情況的處理

1. 客人傷病的處理

由於酒店配備專業醫護人員的數量極少，所以應選擇合適的客房部員工接受有關急救知識及技術的專業訓練。在遇到客人傷病的時候，能協助專業醫護人員或獨立地對傷病客人進行急救。酒店還應備有急救箱，箱內應裝備有急救時所必需的醫藥用品與器材。

任何員工在任何場合發現有傷病的客人應立即報告，尤其是客房部的服務員及管理人員在工作中，應隨時注意是否有傷病客人。對直到中午十二點仍掛有「請勿打擾」牌房間的客人，要透過電話進房詢問。電話總機也要注意傷病客人來電求助。

一旦接到有傷病客人的報告，客房部管理人員應立即與專業醫護人員或受過專業訓練的員工趕到現場，實施急救處理。如傷病情況不嚴重，經急救處理後，或安排醫生來出診或送客人去醫院，作仔細檢查及治療。如傷病情況嚴重的話，邊進行急救處理，邊安排急救車將傷病客人送到醫院去治療，絕不可延誤時間。

最後，事後應由客房部寫出客人傷病事故的報告，列明病由、病狀及處理方法和結果。該報告除呈報酒店總經理室外，還應存檔備查。

2. 醉酒客人的處理

醉酒客人的破壞性比較大，輕則行為失態大吵大鬧，隨地嘔吐，重則危及其生命及客房設備與家具或釀成更大的事故。客房服務員遇上醉客時，頭腦應保持冷靜。根據醉酒客人不同的種類及特徵，分別處理。對輕的醉客，應適時勸導，安置其回房休息。對重的醉客，則應協助保全人員，將其制服，以免擾亂其他客人或傷害自己。在安置醉酒客人回房休息後，客房服務員要特別注意其房內的動靜，以免客房的設備及家具受到損壞或因其吸菸而發生火災。

3. 遇到自然災害時的處理

威脅酒店安全的自然災害有：水災、地震、颱風、龍捲風、暴風雪等。針對酒店所在地區的地理、氣候特點，酒店應制定出預防及應付可能發生的自然災害的安全計劃。客房部則應有相應具體的安全計劃，內容包括：

（1）客房部及其各工作職位在發生自然災害時的職責與具體任務。

（2）應備各種應付自然災害的設備器材，並定期檢查，保證其處於完好的使用狀態。

（3）情況需要時的緊急疏散計劃。

4. 停電事故的處理

停電事故可能是外部供電系統引起，也可能是酒店內部供電發生故障。停電事故發生的可能性比火災及自然災害要大。因此，對有 100 個以上客房

的酒店來說，應配備有緊急供電裝置。該裝置能在停電後立即自行起動供電。這是對付停電事故最理想的辦法。在沒有這種裝置的酒店內，客房部應設計一個周全的安全計劃來應付停電事故，其內容包括：

（1）向客人及員工說明這是停電事故，保證所有員工平靜地留守在各自的工作職位上，在客房內的客人平靜地留在各自的客房裡。

（2）用設備照明公共場所，幫助滯留在走廊及電梯中的客人轉移到安全的地方。

（3）在停電期間，注意安全保衛，加強客房走道的巡視，防止有人趁機行竊。

5. 客人死亡處理

如發現客人在客房內死亡，應立即將該房雙鎖，通知安保人員來現場，將現場加以保護。由安保部向警察部門報案，由警方專業人員來調查及驗屍，以判斷其死因。

如客人屬自然死亡，經檢調部門出具證明，由酒店向死者家屬發出唁電，並進行後事處理。如警方判斷為非正常死亡，則應配合警方深入調查死因。

在有適當的目擊者在現場的情況下，整理死者在客房中的遺物，妥善保管，等候警察部門的處理意見。

（三）員工安全

員工安全應是飯店安全管理的組成部分。員工安全管理包括：

1. 勞動保護措施；

2. 保護員工的個人財務安全；

3. 保護員工免遭外來的侵襲。

（四）飯店財產安全

飯店擁有大量財產及物品，這些財產及物品為飯店的正常運營、服務及客人享受提供良好的物質基礎。

飯店安全管理應包括周密制定的政策、方法和措施來加以控制從而保證飯店的財產免遭損失。

1. 防止員工的偷盜行為。

防止員工偷盜行為時，應考慮的一個基本問題是員工的素質與道德水準。這就要求在錄用時嚴格把關，進店後進行經常的教育並有嚴格的獎懲措施。

2. 防止客人偷盜行為。

客人偷盜的對象往往是客房內的物品，逃帳及冒用信用卡、支票等欺騙行為。酒店應採取相關的措施來預防。

3. 防止外來人員的偷盜行為。

客房部、保全部、前廳部員工的高度安全意識對防止外來人員的偷盜行為有非常有效的作用。

（五）飯店消防安全

消防是飯店的頭等大事，應作為一個長期工作來持之以恆的管理。飯店消防安全管理應包括：

1. 消防安全告示

消防安全告示，應使客人一住進飯店就注意到。從法律上來說，客人從登記入住時起，就是飯店的客人了。飯店對每位客人的安全都負有法律上的責任。所以，從客人一入住店就應當告訴客人防火安全知識和火災逃生的辦法。有的飯店在客人入住登記時發給客人一個歡迎卡，在歡迎卡上除註明飯店的服務設施和項目外，還註明防火注意事項，印出飯店的簡圖，並標明飯店的緊急出口。

客房是客人休息暫住的地方。客人在店期間，時間呆的最長的地方是客房。飯店應當利用客人告訴客人的有關消防的問題。在房門背後應當安置飯店《火災疏散示意圖》，在圖上把本房間的位置及最近的疏散路線用醒目的顏色標在上面。這可使客人在緊急情況下迅速的撤離。

2. 火災的預防

客房部應相應地成立防火組織，由客房部經理擔任負責人，結合本部門的運轉制定具體的火災預防措施及處理程式，在其管轄的客房及公共區域內預防火災、處理火災事故。

預防措施的主要內容：

(1) 客房內安裝煙霧感測器；地毯、床罩、家具、房門等應選用具有防火效能的材料製作。房內「安全須知」中包括防火災要點及需客人配合的具體要求。房門背面應有遇火災時的安全通道出口指示圖。客房服務員在房內清掃時，應注意可能引起火災的隱患。

(2) 客房走道上應安裝警報及滅火裝置；較長的走道中間應有防火隔離門；安全通道應保持暢通，定期打掃檢查：安全通道應有抽風機、通氣裝置，在火災時能自動啟動，抽排燃燒引起的大量煙，使安全通道真正造成安全的作用。

(3) 配合安保部定期檢查防火、滅火設備及用具，提出維修保養及更換的要求，訓練員工掌握使用及操作的知識和技能。

(4) 制定客房各職位員工在防火、滅火中的職責和任務。

(5) 制定火警時的緊急疏散計劃，包括如何引導客人疏散，保護重要財產等。

3. 火災警報

飯店一旦發生火災，比較正確的做法是先報警。飯店應當使每一名員工明白，除非是非常小的，並且是有把握可以一下子把火撲滅，否則在任何情況下都應當首先報警。有關人員接到火災警報後，應當立即抵達現場，組織撲救，並視火情通知警察消防隊。是否通知消防隊，應當由當日在場的擔任最高行政職務的消防委員會成員來決定，其他任何人無權直接通知地方消防隊。如果飯店員工直接通知地方消防隊，往往會造成一些混亂。因為飯店是一個人員高度集中的場所，在任何時候飯店內都有成百上千的人員，大多數

的客人對飯店的構造情況不瞭解，一旦聽說飯店失火，他們會不知所措。有些比較小的火情，飯店是能夠在短時間內組織人員撲滅的。如果不分火情大小，就把消防隊的消防車調來，會給客人造成心理壓力，也有損與飯店聲譽。但是如果火情較大就一定要通知消防部門。是否通知消防部門，要由飯店主管決定。我們這裡所指的報警是透過飯店的警報系統向飯店消防中心報警。

在發現火情進行警報時，為了不驚動店內的客人，飯店應把警報分為二級。一級警報是在飯店發現火情時，只是在消防中心警報，飯店其他場所聽不到鈴聲，這樣不至於造成整個飯店的緊張氣氛。二級警報是在消防中心確實認為店內已發生了火災的情況下，才向全飯店發布警報。

(1) 自動警報系統

在自動警報系統由火災探測器和火災警報控製器構成，火災探測器主要用來發現火災隱患。

①火災探測器

在自動警報系統中起主導作用的是火災探測器。飯店常見的火災探測器有煙霧探測器，溫感式探測器，和光感式探測器。

煙感式探測器。煙感式探測器有兩種，一種是離子感應式，另一種是光電感應式。兩種探測器的原理基本相同：在火災發生時產生的煙霧微粒對探測器中的電離子或光波產生干擾，探測器就發生警報信號，其中電子感應式更為靈敏可靠。這種探測器安裝在四米以下的高度時，其保護面積為 100 平方米。它適用起火時煙多而升溫慢的場所，如飯店客房、餐廳、走廊等。

溫感探測器。溫感式探測器在火災發生時因周圍溫度升高而啟動警報，溫感式探測器可分為定溫探測器、差溫探測器、定差溫探測器。

光感式探測器。光感式探測器可以感受到火光的輻射能，它又有紅外線光感探測器和紫外線光感探測器兩種，光感式探測器雖然對火焰光反應很靈敏，但只能用來探測直接可見的火光。如果在探測器和火焰之間有障礙物時，它就會降低靈敏度。這些探測器透過不同方式感應火災隱患，將信號傳遞到

火災警報控製器上。除些以外，在廚房還會設置煤氣警報器。用於探測煤氣的洩漏，防止火災發生。

②火災警報控製器。

火災警報控製器是警報系統的控制顯示器，它是由電子元件及繼電器組成的高靈敏火災監視、自動警報控製器。火災警報控製器的主要功能是：

a) 能為火災探測器供電，並備有儲電池。

b) 接收火警訊息後發出聲、光警報信號，並顯示火災區域。

c) 自動記錄火警訊息輸入時間。

d) 能檢查火災警報控製器的警報功能。

e) 當系統發生故障時，能發出故障信號。

由於飯店部門多，範圍廣。各種探測器和警報設備分佈在飯店的每一防火地點。為了能及時準確發出火警信號並採取有效措施，規模較大的警報系統由區域警報系統和集中警報系統兩級組成。

（2）人工警報系統

雖然飯店有完備的自動警報系統，但由於火災發生時的情況較為複雜，火災探測器也不可能遍佈在飯店的每一個角落，所以透過人工警報系統，進行輔助非常必要。

首先，手動警報器。手動警報器安裝在公共區域或機房、過道等較為明顯的地方。警報按鈕為防止誤報，通常用玻璃罩住，在發生火災時將玻璃擊碎警報，所以又稱破玻璃警報器。手動警報器往往與自動警報系統聯網。

其次，電話報警。電話報警是最方便而有效的方法。在飯店幾乎每一個地方都有電話，任何人發現火情，即可用電話向消防中心報警。用電話報警還可以準確的把著火部位及火勢情況報告給相關部門。

再次，對講機報警。飯店保全人員一般隨身攜帶對講機，發現火情即可用對講機報警。此外當消防中心需要核查一個部位火災詳情時，查看的安全人員也可透過對講機將火災情況直接報告給消防中心。

最後，警鈴警報。警鈴警報是由發現火情者拉警鈴向附近人員警報，這種方法一般在酒店不使用。例如：鍋爐間、配電室、機房等式。當一個部門發生火災用警鈴警報後還必須用電話或其它方式向消防中心報警。

4. 火災發生時各部門應採取的行動

（1）飯店消防委員會的行動

飯店消防委員會在平時擔負著防火的各項工作，一旦飯店發生火災，消防委員會就肩負著火災應變小組的職責。

在飯店發生火災或發生火災警報時，消防委員會有關人員應立即趕到火災指揮部。各飯店應當根據自己的布局情況事先設立火災指揮部。火災指揮部要求設在便於指揮、便於疏散、便於聯絡的地點。

消防委員會有關人員到達指揮部後，要迅速弄清火災的發生點、火勢的大小並組織人員進行補救。火場的情況，一般由飯店的專職消防員或消防中心人員提供，因為他們是最先瞭解飯店火患情況的人。當他們得知飯店發生火情時，應立即前去查看並迅速弄清以下情況：

①火源確切位置、燃燒物質的性質、、燃燒的範圍以及火勢的蔓延方向。

②是否有人被困在火場，所困位置、人員數量、搶救的通道以及需採取的措施。

③是電起火還是其它原因。

④是否有重要物資、文件資料或貴重物品需要搶救。

⑤在進行撲救時需攜帶哪些器材，是否要進行破拆。

以上這些情況，對飯店應變小組很重要。但這只是大概的情況，要求在最短是時間內做出判斷，並報告有關人員。

應變小組應視火情迅速做出決定是否通知消防隊，是否通知客人疏散，並組織搶救仍在火場的人員。在當地消防對即將到來之前，飯店消防委員會全權負責消防指揮工作。在長的消防委員會擔任最高職務的主管，既是火場中的最高指揮，飯店的一切人員都服從其指揮。

（2）飯店義務消防隊的行動

當飯店義務消防隊員聽到火警警報聲時，應當立即穿好消防衣，攜帶平時配備的器具趕赴現場。這時，應有一名瞭解火場情況的消防中心人員，在集合地帶領消防對去火場。如果火災發生在高層客房或樓層，消防隊員應乘消防電梯在發生火災的樓層以下兩層下來。從安全通道趕到發生火災的樓層。到達樓層後，由一名消防隊員乘消防電梯到一樓，向飯店火災應變小組報告火災的確切位置與火情，並守候在消防電梯旁，等待當地消防隊的到來。飯店其他人員無特殊情況一律不準使用消防電梯，消防隊抵達飯店時由該義務消防隊員指引到火場。消防電梯價格昂貴，因此飯店內的電梯不可能都具備消防功能。為了便於在緊急情況下能識別，方便使用，消防電梯上應醒目的書寫上「消防專用電梯」的字樣。

（3）安全部人員的行動

聽到火災警報後安全部主任應立即攜帶對講機等必備物品，趕赴火災指揮部。安全部內勤應監守職位不要離開電話機。把安全部重要的檔案資料準備好，以便在接到撤離的指示時，把重要文件資料轉移到安全地點。飯店大門警衛聽到火警鈴聲後應立即清理飯店周圍的場地，為消防車的到來做好準備。阻止一切無關人員進入，特別要注意防範有圖謀不軌者趁火打劫。巡邏人員在火災發生時要注意保護飯店的現金和其他貴重物品，並護送出納員和會計把現金轉移到安全的地方。保護好商場及公共場所的貴重物品。各職位的安全人員在發生火災時要嚴守職位。隨時注意有無不法分子渾水摸魚。有許多飯店平時沒有很好的組織訓練，在發生火災時造成一些不必要的損失。

（4）櫃檯人員的行動

櫃檯人員包括問詢、開房、行李、收款及大堂經理等在櫃檯部位工作的人員。當飯店發生火災警報時，靠近電梯的櫃檯人員要把所有的電梯關閉，告誡客人不要乘坐電梯，不要返回房間取東西。要把大廳所有通向外面的出口打開，迅速將大廳內的人員疏散，協助維持好大廳的秩序，阻止無關人員進入大廳。

（5）工程部人員的行動

工程部接到火災警報時，工程部負責人應當立即趕往火災現場查看火情。工程部負責人應視火情決定是否全部或部分關閉飯店內的空調通風設備、煤氣閥門、各種電器設備、鍋爐、製冷機等設備，防止事態進一步發生。當飯店的火災已發展到一定程度，消防委員會或當地消防隊做出決定、工程部人員也要進行撤離時，應採取下列步驟：

①關閉所有電源開關。

②關閉所有煤氣閥門。

③關閉所有製冷設備。

④關閉所有鍋爐。

⑤關閉所有門窗。

⑥攜帶重要的工程資料。

⑦在場的最高行政主管要確保每一位員工撤離現場。

（6）醫務人員的行動

當飯店發生火災時，醫務人員要迅速準備好急救藥品和搶救器材，根據火災指揮部的命令組織搶救受傷人員。由於飯店醫務人員較少，可安排辦公室、人事部等部門人員擔任搶救工作。但這一責任應在平時確定下來，並配備必要器材。

（7）客房部人員的行動

當火災發生在客房時，客房部經理應立即到達著火樓層，指揮樓層服務員引導客人疏散，在疏散客人時，要特別注意幫助那些老、弱、病、殘者，客人離開房間後要立即關閉好房門。客房部內勤在接到火警的報告後要整理好客房部的文件資料、客情考勤記錄，守候在電話機旁等待通知。

（8）餐飲部人員的行動

當火情發生在餐飲部的某個營業點時，值班的最高主管要迅速帶隊撲救，並疏散在場的客人，如果火情不是發生在餐飲部區域內，餐飲部經理和總廚師長應查看所屬部門，並帶領員工整理好內部文件資料和員工值班記錄。如果火情發生在廚房內，工作人員應保持鎮定。根據情況關閉煤氣總閥門和分支閥門，關閉各爐灶門，關閉通風、抽風設備，關閉各種電器開關並妥善處理烹調用油。當接到疏散的命令時，各營業點首先把客人疏散出去。各點的主管要確保沒有任何人員留下後方可撤離。

（9）總機人員的行動

如果火警警報系統安置在總機房內，一旦顯示器發出警報信號，總機人員要立即通知飯店的消防員到現場查看，是誤報還是火情。總機人員務必保證電話線路的暢通，並隨時準備同當地消防部門取得聯繫。對於任何內外部無關人員的詢問，一律不得透露火災的情況。

5. 火災疏散程式

賓館、飯店建築內應按照有關建築設計設計防火規範設置防煙樓梯間或封閉樓梯間，保證在發生火災時疏散人員、物資和撲救火災。安全出口的數量，疏散走道的長度、寬度及疏散樓梯等疏散設置的設置，必須符合《建築設計法規》或各類場所消防安全設備設置標準的規定。嚴禁占用、阻塞疏散走道

和疏散樓梯間；為確保防火分隔，樓梯間、前室的門應為乙級防火應向疏散方向開啟；樓梯間及疏散走道應設置應急照明燈具和疏散指示標誌；應急照明燈宜設在牆面上或頂棚上，安全出口標誌宜設在出口的頂部；疏散走

道的指示標誌宜設在疏散走道及其轉角處距地面 1m 以下的牆面上，且間距不應大於 20m；疏散用應急照明燈，其地面最低照度不應低於 0.5LX，且連續供電時間不應少於 20min。

▌第二節 飯店安全管理措施

一、飯店的日常保安工作

飯店日常保安時安全部工作的重要內容，占用人力、物力最多，工作面廣，情況也複雜多變，應引起高度重視。

（一）晝夜巡視，嚴格監管

以巡視形式在飯店範圍內進行安全檢查，是日常保全工作的內容之一。保全人員應根據飯店的具體情況，在不同的時間，針對不同的場所有所側重地進行巡檢，特別要注意那些容易發生問題的場所或部位的安全情況。

（二）公共場所的保全

1. 保全部門對公共場所的檢查督促內容有：

（1）建築物和各項設施的堅固安全和出入道口的暢通。

（2）消防設備的齊全有效、放置得當。

（3）在夜間營業的，必須有足夠的照明設備和突然停電時的應急措施。

2. 盡可能將公共場所與客房區、工作區劃分開來，防止公共場所客人進入客房區和工作區，確保公共場所秩序井然。

（三）客房區域的保安

保全部門的內保員在各樓面巡檢時，除了要直接發現各種問題及事故隱患外，還要加強與客房部人員的協作，並收集有關情況，督促各項制度和措施的落實。

1. 協助客房部門從防火、防盜、防破壞、防事故出發開展工作，確保客房安全。

2. 配合樓層巡檢,設置安全監視設備,確保樓層安全。

二、飯店的安保設施

(一) 人身安全與環境控制

飯店客人需要有效的環境安全設施,以減少他們遭受損害的機會。

(二) 監視系統

電視監視系統是飯店較先進的監視設備。飯店一般在出入口、大堂、收銀台、收貨、倉庫、電梯、商場內某一重要櫃臺或其他存在潛在安全事故的敏感位置,安置固定的攝影機或監視器。它能較全面地掌握情況,如飯店的客流量,人員進出情況,可疑的人,緊急情況等,都能透過電視螢幕顯示出來。

監視系統的安置:

首先安置在飯店大廳。飯店大廳是人員較集中的地方,一般安裝大角度的旋轉攝像機,以確保控制整個大廳。

其次安置在電梯處。電梯升降時處於封閉狀態,電梯內的犯罪時有發生。因此,在每個電梯內需安裝攝像機。為防止不法分子用膠布或其他物品將攝像機封上,一般以隱蔽型為主。

再次安置在樓層過道處。這是進入客房的主要通道,在每一過道應安裝一攝像機。

最後安置在前廳。前廳客人貴重物品安全寄存處是客人寄存貴重物品的地方,為防止發生貴重物品的丟失,應安裝一攝像機。

如有條件,飯店的監視系統還可連接到警察機關,以便警察機關隨時瞭解飯店的安全情況。

(三) 通訊系統

為了對安全情況做出迅速反應,需要有一個能快速通知相關人員的通訊系統。飯店治安通訊系統主要有治安專用電話、BP 傳呼系統和對講機。

（四）警報系統

警報系統的種類：在飯店主要使用的有被動紅外警報器、主動紅外警報器、超聲波警報器、手動警報器、煤氣泄露警報器等。飯店一些重要場所和部位，必須安裝相應的安全警報系統，以防止盜竊、搶劫、煤氣泄露等突發事件的發生。

警報系統安裝的部位：

紅外警報系統，一般安裝在財務部、珠寶商場以及其他有貴重物品的地方。當這些場所的人員下班離開時，打開紅外警報器。一旦有人進入上述區域，安全部就可以立即接到警報，前去查看。

手動警報系統，一般安裝在財務部收款處和樓層服務臺等處。一旦上述部位發生突發時間或重大案件，安全人員能以最快的速度到達現場。這種警報系統不僅要同安全部相連，還可以和警察派出所相連。

煤氣泄露警報器要安裝在飯店使用煤氣的地方，如廚房和煤氣罐房等地，在煤氣泄露時警報器即刻發出警報。

（五）客房安保設施有以下幾種：

1. 電子門鎖

2. 窺視孔

3. 客房通訊裝置

4. 房內安全須知

5. 逃生圖

三、意外事故處理

（一）停電事故的處理

1. 當值員工應安靜地留守在各自的工作職位上，不得驚慌；

2. 及時告知客人是停電事故，正在採取緊急措施恢復供電；

3. 如在夜間，應用緊急照明燈照亮公共場所，幫助滯留在走廊及電梯中的客人轉移到安全的地方；

4. 加強公共場所的巡視，防止有人趁火打劫，並注意安全檢查；

5. 防止客人點燃蠟燭而引起的火災；

6. 供電後檢查各電器設備是否運行正常，其他設備有否損壞；

7. 做好工作記錄。

（二）客人報失的處理

1. 接到客人報失後，應立即瞭解情況；

2. 在瞭解情況時，應詳細記錄失主的姓名、房號、國籍、地址，丟失財物的名稱、數量，以及型號、規格、新舊程度、特徵等；

3. 儘量幫助客人回憶來店前後的情況，丟失物品的經過，進店後最後一次使用或見到該物品是什麼時候，是否會錯放在什麼地方；

4. 在徵得客人的同意後，協助客人查找；

5. 如果一時找不到客人丟失的物品，請客人將事件經過填寫在「客人物品報失記錄上」；

6. 要及時同其他部門聯繫，詢問是否有人拾到，如果客人的物品是在飯店以外丟失，請客人到警察部門報案。

（三）打架鬥毆的處理

1. 對容易發生打架鬥毆的區域要重點防範，並配備保全人員加強巡邏；

2. 舞廳、酒吧工作的服務員，在工作是要注意飲酒過量的客人，如果發現，因禮貌性勸阻，一旦發現有打架鬥毆的情況，應立即制止並保護客人，同時報告保全部門，並視情況有禮有節進行勸阻；

3. 檢查店內的物品是否有損壞，如有損壞，應確定損壞程度及賠償金額，以向肇事者索賠。

（四）突發暴力事件的處理

1. 立即打電話通知保全部門，講清楚現場情況；

2. 保全部門接到警報後，應立即趕赴現場，同時立即視情況著手處理，要維護現場秩序，勸阻圍觀人員，保護好現場；

3. 向當事人、報案人、知情人瞭解案情，做好記錄，並對現場拍照；

4. 看守犯罪人員，保管好客人遺留在現場的物品，並統一登記；

5. 及時與警察機關聯繫，並協同警察人員做好有關善後工作。

（五）客人損壞設備的處理

1. 發現客人破壞設備設施

（1）立即上前制止；

（2）如個人無法控制局勢，則迅速通知保全人員、領班到場；

（3）維持現場秩序，避免無關人員圍觀。

2. 保護事故現場，檢查受損設備

（1）將客人帶離事故現場，服務員仔細檢查設備受損情況，並做好詳細記錄；

（2）保持現場原狀，等待保全部門和工程部人員到場。

3. 要求客人賠償

（1）向有關部門查詢受損設備的價格，根據可修復情況，確定客人賠償金額；

（2）向客人提出索賠；

（3）如果客人同意賠付，陪同客人到收銀處繳納罰款；

（4）如果客人拒付，請值班經理出面協商。

4. 報修

為加強飯店管理，規範報修、催修程式，確保對客服務的品質，在各部門所轄區域內，凡發現設施、設備出現故障、損壞等情況，必須立即上報；工程部接到報修後，在報修單上籤署接單人姓名、接單時間，維修人員接單後須立即趕往維修地點，維修人員到現場後在 10 分鐘內到能解決故障的，須立即通知主管或經理到現場解決；其他一線面客區域報修，工程部須在 15 分鐘內到達維修現場。如因故不能在規定時間內到達的，須與報修部門溝通，在不影響對客服務和飯店的前提下，協商確定維修時間，否則報修部門有權投訴；二線部門區域維修，工程部須在半小時內到達維修現場。如因故不能在規定時間內到達的，須與報修部門溝通。在不影響正常工作及服務的前提下，協商確定維修時間，否則報修部門有權投訴；報修部門在報修後，須作好報修時間、接單人等相關記錄。凡工程部未在規定時間內到達維修現場的，應視緊急程式、是否面客、是否影響服務（工作）等，立即或在營業前半小時電話催修並記錄，仍未在規定時間內解決的或可能及影響工作或服務的，必須立即上報部門經理或向質管部投訴；維修人員到達維修區域後，一線面客區域人員根據所在區域，監督維修人員，注意保護環境衛生及其它設施設備；維修時必須由所在區域員工跟隨，監督維修情況。

5. 記錄事情經過

將事情起因、經過及處理結果詳細記錄在值班日誌上，以備日後查閱。質管部根據每日報修單、調查設施設備損壞原因，並對人為破壞或因責任心不強、監督不力等非自然損壞而造成的報修提交調查意見。

（六）客人食物中毒的處理

1. 食物中毒以噁心、嘔吐、腹痛、腹瀉等急性腸胃炎症狀為主，如發現客人同時出現上述症狀，應立即報告本部門主管，並通知醫務室醫生前往診斷；

2. 初步確定為食物中毒後，應立即對中毒客人緊急救護，並將中毒客人送醫院治療；

3. 餐飲部對客人吃過的所有食品取樣備查，以確定中毒原因，並通知當地衛生防疫部門；

4. 餐飲部對可疑食品及有關餐具進行控制，以備查證和防止其他人中毒；

5. 由餐飲部負責、安全部協助，對中毒事件進行調查，查明中毒原因、人數、身分等，當地衛生防疫部門到後，要協助進行調查；

6. 前廳部和銷售部要通知客人的有關單位和家屬，並向他們說明情況，協助做好有關善後工作。如內部員工事物中毒，人事部負責作好善後工作；

7. 由於飯店提供的食品造成客人食物中毒，所以飯店應當負損害賠償責任。

第三節 飯店的火災防範

一、飯店的火災危險性

（一）室內裝飾裝修標準高，使用可燃物多

飯店雖然大多採用鋼筋混凝土結構或鋼結構，但大量的裝飾、裝修材料和家具、陳設都採用木材、塑料和棉、麻、絲、毛以及其他可燃材料，增加了建築內的火災荷載。一旦發生火災，大量的可燃材料將導致燃燒猛烈、火災蔓延迅速；大多數可燃材料在燃燒時還會產生有毒煙氣，給疏散和撲救 帶來困難，危及人身安全。

（二）建築結構易產生煙囪效應

現代飯店，很多都是高層建築，樓梯間、電梯井、電纜井、垃圾道等豎井林立，如同一座座大煙囪；還有通風管道縱橫交錯，延伸到建築的各個角落，一旦發生火災，極易產生煙囪效應，使火焰沿著豎井和通風管道迅速蔓延、擴大，進而危及全樓。

（三）疏散困難，易造成重大傷亡

飯店是人員比較集中的地方，且大多數是暫住的旅客，流動性很大。他們對建築內的環境情況、疏散設施不熟悉，加之發生火災時，煙霧迷漫，心情緊張，極易迷失方向，擁塞在通道上，造成秩序混亂，給疏散和施救工作帶來困難，因此往往造成重大傷亡。

（四）導致火災的因素多

飯店用火、用電、用氣設備點多量大，如果疏於管理或員工 違章作業極易引發火災；加之住店客人消防安全意識不強，亂拉電線，隨意用火，臥床吸菸等也是造成火災的常見現象，因此飯店的消防管理十分重要，預防火災的任務相當繁重。

飯店發生火災的原因主要是：客人酒後躺在床上吸菸 ，亂丟菸蒂和火柴梗；廚房用火不慎和油鍋過熱起火；維修管道設備和進行可燃裝修施工等動火違章；電器線路接觸不良，電熱器具使用不當，照明燈具溫度過高烤著可燃物等四個方面。飯店最易發生火災的部位是：客房、廚房、餐廳以及各種機房。

二、飯店各重點部位的防火

（一）客房

發生火災的主要原因是菸頭、火柴引燃可燃物或電熱器具烤著可燃物。發生火災的時間一般在夜間和節假日，尤以客人酒後臥床吸菸，引燃被縟及其他棉織品等發生的事故最為常見。所以，客房內所有裝飾、裝修材料均應符合防火規範的規定，採用不燃材料或難燃材料，窗簾一類的絲、毛、麻、棉織品應經過防火處理，客房內除了固有電器和允許旅客使用的吹風機、電動刮鬍刀等日常生活的小型電器外，禁止使用其他電器設備，尤其是電熱設備。

對住客及訪客應明文規定：禁止將易燃易爆物品帶入飯店，凡攜帶進入飯店者，要立即交服務員專門儲存，妥善保管。

客房內應配有禁止臥床吸菸的標誌、應急疏散指示圖、客人須知及飯店內的消防安全指南。服務員在整理房間時要仔細檢查,對煙灰缸內未熄滅的菸蒂不得倒入垃圾袋;平時應不斷巡邏查看,發現火災隱患應及時採取措施。

(二) 餐廳、廚房

餐廳是飯店人員最集中的場所,包括大小宴會廳、中西餐廳、咖啡廳、酒吧等。這些場所內部可燃裝修多,可燃物數量很大,並連通失火率較高的廚房。有的餐廳,為了增加地方風味,臨時使用明火較多,如點蠟燭增加氣氛,菜餚加熱使用爐火等,這方面已多次發生事故。

廚房內設有冷凍機、廚房設備、烤箱等,由於霧氣、水氣較大,油煙積存較多,電器設備容易受潮和導致絕緣層老化,造成漏電或短路起火;廚房用火較多,油鍋起火是十分常見的。因此,餐廳和廚房應採取的消防安全措施主要是:

1. 留出足夠的安全通道,保證人員安全疏散

餐廳應根據設計用餐的人數擺放餐桌,留出足夠的通道。通道及出入口必須保持暢通,不得堵塞。

2. 加強用火、用電、用氣管理

建立健全用火、用電、用氣管理制度和操作規程,落實到每個員工 的工作職位。如餐廳內需要點蠟燭增加氣氛時,必須把蠟燭固定在不燃材料製作的基座內,並不得靠近可燃物。供應火鍋、燒烤風味餐廳,必須加強對爐火的看管,使用酒精爐時,嚴禁在火焰未熄滅前添加酒精,酒精爐應使用固體酒精燃料。

對廚房內燃氣燃油管道、接頭、儀表、閥門必須定期檢查,防止洩漏;發現燃氣燃油洩漏,首先要關閉閥門,及時通風,並嚴禁使用任何明火和啟動電源開關。燃氣庫房不得存放或堆放餐具等其他物品。樓層廚房不應使用瓶裝液化石油氣,煤氣、天然氣管道應從室外單獨引入,不得穿過客房或其他公共區域。

廚房內使用廚房機械設備，不得超負荷用電，並防止電器設備和線路受潮。油炸食品時，要採取措施，防止食油溢出著火。工作結束後，操作人員應及時關閉廚房的所有燃氣燃油閥門，切斷氣源、火源和電源後方能離開。廚房內抽菸罩應及時擦洗，煙道每半年應清洗一次。廚房內除配置常用的滅火器外，還應配置石棉毯，以便撲滅油鍋起火的火災。

（三）電氣設備

隨著科學技術的發展，飯店設備的電氣化、自動化日益普及，因電氣設備管理使用不當引起的火災時有發生。賓館、飯店的電氣線路，一般都敷設在吊頂和牆內，如發生漏電短路等電氣故障，往往先在吊頂內起火，而後蔓延，並不易及時發覺，待發現時火已燒大，造成無可挽回的損失。因此，電器設備的安裝、使用、維護必須做到：

1. 客房裡的檯燈、壁燈、落地燈和廚房機電設備的金屬外殼，應有可靠的接地保護。床頭櫃內設有音響、燈光、電視等控制設備的，應做好防火隔熱處理。

2. 照明燈具表面高溫部位應當遠離可燃物；碘鎢燈、螢光燈、高壓汞燈（包括日光燈鎮流器），不應直接安裝在可燃構件上；深罩燈、吸頂燈等如靠近可燃物安裝時，應加墊不燃材料製作的隔熱層；碘鎢燈及功率大的白熾燈的燈頭線應採用耐高溫線穿套管保護；廚房等潮濕地方應採用防潮燈具。

3. 空調、製冷和加熱設備等要加強維護檢查，防止發生火災。

三、常用滅火器的使用

（一）滅火器的結構：由筒體、筒蓋、瓶膽、瓶夾器頭、噴嘴等部件組成，是撲救初起火災必備的滅火器材。

（二）滅火器的分類：

1. 按移動方式可分為手提式和推車式；

2. 按驅動滅火劑的動力來源可分為儲氣式、儲壓式和化學式；

3. 按所充裝的滅火劑可分為泡沫、乾粉、二氧化碳、酸鹼和清水類。

（三）手提式乾粉滅火器的使用方法：

1. 滅火時，快速將滅火器扛到火場病晃動滅火器比買乾粉結塊，在距離燃燒物 5 米處拔掉保險，一隻手提住滅火器提把，並用力壓滅火器壓把，另一隻手握住噴嘴，對準火焰猛烈噴射；

2. 撲救可燃、易燃液體時，應對準火焰根部進行噴射，如所撲救的液體火災是流淌燃燒時，也應對準火焰根部由近而遠進行噴射；

3. 如榮磷酸銨鹽的乾粉滅火器撲救固體可燃物的初起火災時，應對準燃燒最猛烈處進行噴射，也可以集中多個滅火器同時滅火。

（四）乾粉滅火器的維護

1. 滅火器應放置在通風、乾燥、陰涼處，環境溫度在零下 5 攝氏度至零上 45 攝氏度為好；

2. 滅火器應避免在高溫、潮濕等場合使用；

3. 每隔半年應檢查乾粉是否結塊、儲氣瓶內的二氧化碳氣體是否洩漏等；

4. 滅火器一經開啟必須要進行再充裝，每次再充裝前或者是滅火器出廠三年後，應進行水壓試驗。

四、火災緊急處理程式

（一）員工要保持冷靜與鎮定。立即報告飯店消防中心和上級；

（二）值班主管必須立即奔赴現場，帶領員工參加滅火。飯店高管到場後，視火情嚴重程度，由值班經理決定是否報火警 119 及客人疏散，並對現場及附近的安全負責任；

（三）關閉所有電器及通風、排風設備，撤離現場時不得使用電梯。幫助客人撤離時要將房門關上。要特別照顧老弱病殘及兒童。保護好起火現場以便查明起火原因。

國家圖書館出版品預行編目（CIP）資料

基礎飯店管理 / 郭防 主編 . -- 第一版 .
-- 臺北市：崧博出版：崧燁文化發行 , 2019.10
　　面；　　公分
POD 版

ISBN 978-957-735-922-3(平裝)

1. 旅館業管理

489.2　　　　　　　　　　　　　　　108015857

書　　　名：基礎飯店管理

作　　　者：郭防 主編

發 行 人：黃振庭

出 版 者：崧博出版事業有限公司

發 行 者：崧燁文化事業有限公司

E-mail：sonbookservice@gmail.com

粉絲頁：　　　　　　　網址：

地　　　址：台北市中正區重慶南路一段六十一號八樓 815 室

8F.-815, No.61, Sec. 1, Chongqing S. Rd., Zhongzheng

Dist., Taipei City 100, Taiwan (R.O.C.)

電　　　話：(02)2370-3310 傳　真：(02) 2370-3210

總 經 銷：紅螞蟻圖書有限公司

地　　　址：台北市內湖區舊宗路二段 121 巷 19 號

電　　　話:02-2795-3656 傳真:02-2795-4100　　　網址：

印　　　刷：京峯彩色印刷有限公司（京峰數位）

　本書版權為旅遊教育出版社所有授權崧博出版事業股份有限公司獨家發行電子
書及繁體書繁體字版。若有其他相關權利及授權需求請與本公司聯繫。

定　　　價：550 元

發行日期：2019 年 10 月第一版

◎ 本書以 POD 印製發行